オーストラリア

ケアンズ探鳥図鑑

Field Guide to the Birds of Cairns and Tablelands

松井 淳・著
Jun Matsui

文一総合出版

目 次 Contents

は じ め に
Introduction

オーストラリア大陸の北東部に位置する，北部クイーンズ
ランドでは約500種の野鳥が記録されています（Birdlife
Northern Queenslandによる）。その中でも400種以上
が観察されているケアンズ，アサートン高原，およびその
周辺はオーストラリアでも有数の探鳥地です。本書では，
ケアンズとアサートン高原（北はマリーバから南はレーベ
ンスホーの範囲）に加え，マリーバより北のマウントカー
バインとデインツリー，および沿岸のいくつかの島々とそ
の周辺で見られる鳥類328種を紹介しています。

Far North Queensland has the largest avifauna of anywhere
in Australia with over 500 species recorded (Birdlife Northern
Queensland, Northern Queensland Species List, revised
Apr.2013). An area of great biological diversity it offers,
coastal and estuarine habitats, low, mid and high altitude
rainforest, riverine thickets and wetlands, and even large
tracts of savannah, with examples of each habitat being easily
accessible making it one of the best areas to bird in Australia.
The Wet Tropics area around Cairns and the Tablelands
stretches from Mt Carbine and the Daintree in the north to
the Palmerston Highway in the south and from the coast inland
to Mareeba and Wondecla, and holds an astounding 13 local
endemics. Iconic birds include Southern Cassowary, Golden
Bowerbird, Buff-breasted Paradise kingfisher, Red-tailed Black
Cockatoo. Victorias' Riflebird and Chowchilla.
This book has photographs and write-ups for the commoner
328 species found in this region and also includes maps and
directions for the some of the best birding sites in the area
including sites on the Great Barrier Reef. such as Michaelmas
Cay and Green Island.

ケアンズの野鳥

ケアンズは海岸と山脈が近く，海岸から10kmほどでうっそうとした雨林の広がる山脈となり，この山脈を越えるとアサートン高原などの乾燥した高原地帯に入ります。沿岸部の干潟，マングローブ林，雨林，乾燥した林，淡水湿地など，さまざまな環境に恵まれ，これに対応するように，多くの種類の野鳥が暮らしています。

オーストラリアでは800種以上の野鳥が記録されていますが，このうち約370種がオーストラリア固有種となります。ケアンズ，およびアサートン高原周辺ではこのうち，北部クイーンズランド固有の13種を含め，110種以上が記録されています。

この地域で見られる鳥はそのほとんどが留鳥で，いわゆる渡り鳥と呼ばれるような，毎年規則的な渡りをする鳥は多くありません。北半球まで渡るなど，長距離を移動する鳥は主にシギ・チドリ類，カッコウ類などに限られます。一方，パプアニューギニアといった比較的近距離の渡りや，国内を移動する鳥としてパプアソデグロバトやハチクイ，オナガテリカラスモドキのほか，カワセミ類，ミツスイ類，オウギビタキ類の一部などが知られています。また乾季の間，標高の高いところから低いところに移動する鳥もいます。これらの規則的な移動とは別に，内陸部に生息する鳥が干ばつの影響で沿岸部に移動したり，内陸部に降った大雨とそれに伴う豊富な食物資源を求めて，沿岸部の鳥が内陸部に移動するといった不規則な移動が起こることもあります。

また，春から夏にかけての短い繁殖期に一斉に繁殖する鳥が多い日本と異なり，当地の鳥は繁殖期が5〜9か月間ほどある鳥が多く，通年繁殖する鳥も少なくありません。

干潟のシギ・チドリ類。人との距離が近い。日本を通過する鳥もいる

ケアンズのさまざまな環境

雨林

乾燥した林

内陸の湿地

マングローブ林

干潟

グレートバリア
リーフ内の島

ケアンズの基礎知識

　ケアンズはオーストラリアの北東，ヨーク岬半島の付け根に位置する人口約14万人の都市です。「グレートバリアリーフ」と「クイーンズランドの湿潤熱帯地域」という2つの世界遺産をもち，北部クイーンズランドの観光拠点となっています。熱帯モンスーン気候に属し，日本のようなはっきりとした四季はなく，おおまかに蒸し暑く雨の多い雨季（12〜3月ごろ）と，乾燥して気温の低い乾季（4〜11月ごろ）に分かれています。また，南半球であるため季節は日本と逆になり，いちばん気温が低いのは7月ごろで，高いのは2月ごろです。

日本

ケアンズの位置
- 日本との距離は約6,000km
- 直行便（成田，関西国際空港）で約7.5時間。
- 時差は＋1時間

ケアンズ

パース　アデレード　シドニー　キャンベラ　メルボルン

ケアンズ

タウンズビル
マッカイ
クイーンズランド　ロックハンプトン
バンダバーグ
ブリスベン

用 語 解 説

英語の用語

Adult Bird with adult plumage. Not always equal to sexually matured. Some bird do breed in immature plumage.

Adult plumage Plumage reached to the stage with no further age-dependant change, reiterate breeding and non-breeding plumage.

Breeding Breeding plumage, plumage worn in breeding season, often brighter than non-breeding plumage.

Casque A helmet like structure on the skull.

Cere Barem wax-like structure on base of bill.

Colour morph Different colouring within a single species.

Coverts Small feathers covering the base of main flight or tail feathers.

Dewdrop Prominent bunch of featers under chin.

First non-breeding Plumage after juvenile, a bird in that stage.

First breeding Plumage after first non-breeding, a bird in that stage.

Genus A taxonomic category ranks below familiy.

Immature Plumage between juvenile and adult, a bird in that stage. This may take several years in some species.

Juvenile First plumage with true featers, after moult of natal down.

Non-breeding Non-breeding plumage, plumage worn in non-breeding season, often duller than breeding plumage.

Plumage Entire layer of feathers and down of bird. Plumage stage goes, fledgling → juvenile → first non-breeding → first breeding → second non-breeding → ...

Race Colloquial term for subspecies.

Second non-breeding Plumage after first-breeding. For most birds, equal to adult non-breeding plumage.

Species A taxonomic category ranks below genus.

Subspecies A taxonomic category ranks below species.

TL Total Length = Length. Measurement from bil-tip to tail-tip.

WS Wing Span =Measurement from wing tip to wing tip.

日本語の用語

分類【ぶんるい】 ここでは生物の分類を指し，上位から「界，門，綱，目，科，属，種」となる。それぞれの段階を更に細かく分ける場合もある。近年DNA研究の発展により，多くの分類群において大きな見直しが進められている。

和名【わめい】 日本語での名称。本書ではInternational Ornithologists' Unionの「IOC World Bird List」に基づく（リストはhttp://www.worldbirdnames.org/から閲覧可能）。和名が記載されていないもの，和名に疑問のあるものは各種の解説で触れた。

学名【がくめい】 種の学術的名称。本書は「IOC World Bird List」に基づく（リストは http://www.worldbirdnames.org/から閲覧可能）。学名について異なる見解がある場合は各種の解説で触れた。

科【か】 分類階級の1つ。

属【ぞく】 分類階級の1つ

種【しゅ】 分類階級の1つ。生物分類の基準単位とよべる。近年DNA研究の発展により，多くの種，亜種において大きな見直しが進められている。

亜種【あしゅ】 同じ種であっても，異なる地域の個体群において色や形態に違いが現れる場合があり，これを亜種と呼ぶ。どの程度の違いをもって種，亜種とするかは研究者によっても見解が分かれる。本書はIOC World Bird Listに基づいている。

型【かた】　同一種内において，個体により形態の異なるもの。亜種とは異なる。色の濃い「暗色型」，赤色味の強い「赤色型」，色の淡い「淡色型」などがある。

全長【ぜんちょう】　鳥の大きさを示す値。鳥を上向きに寝かせて，嘴を水平に置いたときの，嘴の先端から尾の先端までの長さ。本書では「TL」で示した。

翼開長【よくかいちょう】　鳥の大きさを示す値。翼の前縁をまっすぐにしたときの，両翼の先端から先端までの長さ。本書では「WS」で示した。

♂　雄を意味する記号。本書は本文中では「雄」，写真キャプションでは「♂」を用いた。

♀　雌を意味する記号。本書は本文中では「雌」，写真キャプションでは「♀」を用いた。

換羽【かんう】　古い羽毛が抜け，新しい羽毛が生えて伸びること。

羽衣【うい】　鳥の体に生える羽毛全体のこと。

繁殖羽【はんしょくう】　繁殖期の羽衣。一般に非繁殖期より鮮やか。日本では「夏羽」と表記することも多いが，南半球は日本と季節が逆転してわかりにくいので繁殖羽を使用した。

非繁殖羽【ひはんしょくう】　非繁殖期の羽衣。一般に繁殖期より地味。日本では「冬羽」と表記することも多いが，南半球は日本と季節が逆転してわかりにくいので非繁殖羽を使用した。

幼羽【ようう】　孵化後，最初に生えそろう正羽。

正羽【せいう】　綿毛（綿羽）ではなく，中心に羽軸が長く伸び，その両側に板状の羽弁がある羽。翼など，体の表面に生える。

第1回非繁殖羽【だいいっかいひはんしょくう】　孵化後，最初の換羽によって得られる羽衣。第1回非繁殖羽が成鳥非繁殖羽とほとんど変わらない種もある。第1回冬羽とも。

第1回繁殖羽【だいいっかいはんしょくう】　第1回非繁殖羽から換羽して得られる羽衣。第1回夏羽とも。

第2回非繁殖羽【だいにかいひはんしょくう】　第1回繁殖羽から換羽して得られる羽衣。第2回冬羽とも。スズメ目の多くは成鳥非繁殖羽と同義。成鳥羽になるまでに複数年かかる場合，第2回繁殖羽，第3回非繁殖羽，と続く。

雛【ひな】　孵化後，幼羽が生えそろうまでの状態。

幼鳥【ようちょう】　全身が幼羽の状態。

若鳥【わかどり】　幼鳥と成鳥の間。本書では幼羽から成鳥羽になるまでの段階で，それ以上の判別ができない個体を若鳥と呼ぶ。

成鳥【せいちょう】　成長し，それ以上羽衣が変化しない段階に達した状態。成鳥羽と性成熟は異なり，成鳥羽に達する前に繁殖を開始する種もある。

渡り【わたり】　季節的な往復移動。繁殖地と越冬地を往復する。

留鳥【りゅうちょう】　同じ地域で一年中観察できる鳥。個体は季節によって入れ替わったり，ほかの場所から移動してきた個体が含まれることもある。

迷鳥【めいちょう】　台風などの天候上の理由や，ほかの種の群に混じるなどして，本来の分布域から遠く離れた場所に渡来した鳥。

上面【じょうめん】　頭上・後頸・体上面・翼上面・尾の上面を合わせた部分。

体上面【たいじょうめん】　上面のうち，頭部と翼上面を除いた部分。

下面【かめん】　腮・喉・前頸・体下面・翼下面・尾の下面を合わせた部分。

体下面【たいかめん】　下面のうち，頭部と翼下面を除いた部分。

飾り羽【かざりばね】　主に繁殖期に見られる装飾的な羽。サギ類で多い。

冠羽【かんう】　頭に生える長い羽の束。1年中ある鳥と，季節によりある鳥がいる。警戒や求愛など興奮したときに立てる種が多い。

風切【かぜきり, かざきり】　風切羽。翼を構成する長く丈夫な羽。部位によって翼先端部から，初列風切，次列風切，三列風切と呼ぶ。

翼鏡【よくきょう】　主にカモ類の次列風切にある金属光沢。光の当たり方によって色合いが異なって見える。

虹彩【こうさい】 いわゆる「黒目」の部分。鳥の場合，眼球が大きく，通常白目の部分は見えない。

アイリング 眼の周囲にある細い輪状の模様。羽だったり，皮膚が裸出している場合がある。皮膚の場合，繁殖期や興奮時に色が鮮やかになることが多い。

縦斑【じゅうはん】 脊椎に対して平行な斑や線。鳥が水平に静止している場合，腹や脇の縦斑は水平に走ることになる。

横斑【おうはん】 脊椎に直行する斑や線。鳥が水平に静止している場合，腹や脇の黄斑は垂直に走ることになる。

翼帯【よくたい】 翼にある帯状の模様。翼の基部と先端を結ぶ線と同じ方向にあるもの。

滑翔【かっしょう】 数回羽ばたいた後，翼を広げて滑るように飛ぶこと。

ホバリング 翼を高速で羽ばたかせ，空中の一点に留まり続けて飛ぶこと。

帆翔【はんしょう】 翼を広げたまま，ほとんど羽ばたかずに飛ぶこと。

ディスプレイ 誇示行動。求愛やなわばりを誇示するための行動。飛翔を伴う場合は特に「ディスプレイフライト」と呼ぶ。

托卵【たくらん】 自分では抱卵・育雛を行わず，他種の鳥の巣に卵を産み込み，雛を育てさせる行動。

聞きなし【ききなし】 鳥の鳴き声を人間の言葉に置き換えたもの。

コロニー 集団営巣，または集団営巣地のこと。

ねぐら 休息するための場所。単独の場合や，集団で形成する場合もある。季節によって形態が変わることもある。

移入種【いにゅうしゅ】／外来種【がいらいしゅ】 ある種の元々の自然分布域から，人間の媒介によって本来生息しない地域に持ち込まれたもの。

雨季／雨期【うき】 熱帯，亜熱帯の特に雨量の多い期間。北部クイーンズランドでは12〜2月ごろで夏にあたり，気温も湿度も高い。

乾季／乾期【かんき】 雨の少ない時期。北部クイー ンズランドでは4〜11月ごろで冬にあたる。涼しく過ごしやすい。

IOC 国際鳥類学委員会（International Ornithological Committee）の略。現在の団体名はIOU（International Ornithologists' Union）とされる。

地名に関する用語

GBR: Great Barrier Reef
グレートバリアリーフ。

NSW: New South Wales
ニューサウスウェールズ州。

NT: Northern Territory
北部準州。ノーザンテリトリー。

QLD: Queensland クイーンズランド州。

SA: South Australia 南オーストラリア州。

TAS: Tasmania タスマニア州。

WA: Western Australia 西オーストラリア州。

Atherton: アサートン
アサートン高原にある町。開拓者の名前にちなむ。

Atherton Tablelands: アサートン高原
ケアンズの西，分水嶺の西に広がる大地。ケアンズ高原と呼ぶ場合もある。

Cairns: ケアンズ 北部クイーンズランドの町。

Torres Strait Islands: トレス諸島（トレス海峡諸島）オーストラリアとニューギニアの間の島々。日本で知られているのは木曜島など。

Cape York Peninsula: ヨーク岬半島 オーストラリア北東部に突き出た半島。

英名に付いている観察頻度を表す記号
【◎○△◇×】

◎：多い	◇：やや少ない
○：やや多い	×：少ない
△：普通	

各 部 の 名 称

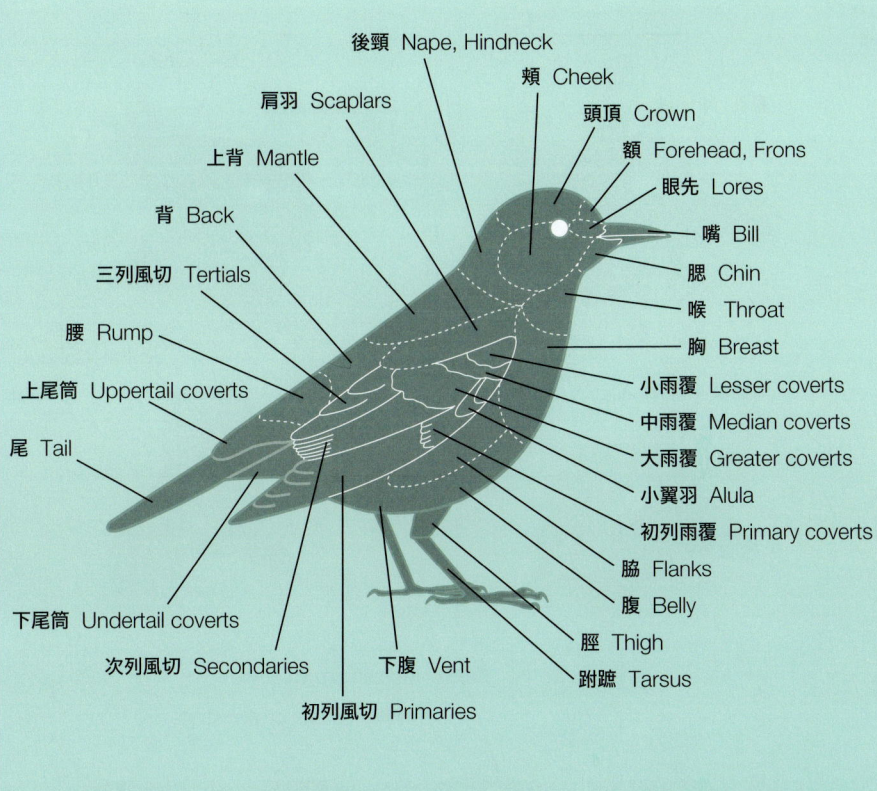

- 後頸 Nape, Hindneck
- 頬 Cheek
- 頭頂 Crown
- 額 Forehead, Frons
- 眼先 Lores
- 嘴 Bill
- 腮 Chin
- 喉 Throat
- 胸 Breast
- 小雨覆 Lesser coverts
- 中雨覆 Median coverts
- 大雨覆 Greater coverts
- 小翼羽 Alula
- 初列雨覆 Primary coverts
- 脇 Flanks
- 腹 Belly
- 脛 Thigh
- 跗蹠 Tarsus
- 肩羽 Scaplars
- 上背 Mantle
- 背 Back
- 三列風切 Tertials
- 腰 Rump
- 上尾筒 Uppertail coverts
- 尾 Tail
- 下尾筒 Undertail coverts
- 次列風切 Secondaries
- 下腹 Vent
- 初列風切 Primaries

Field Marks

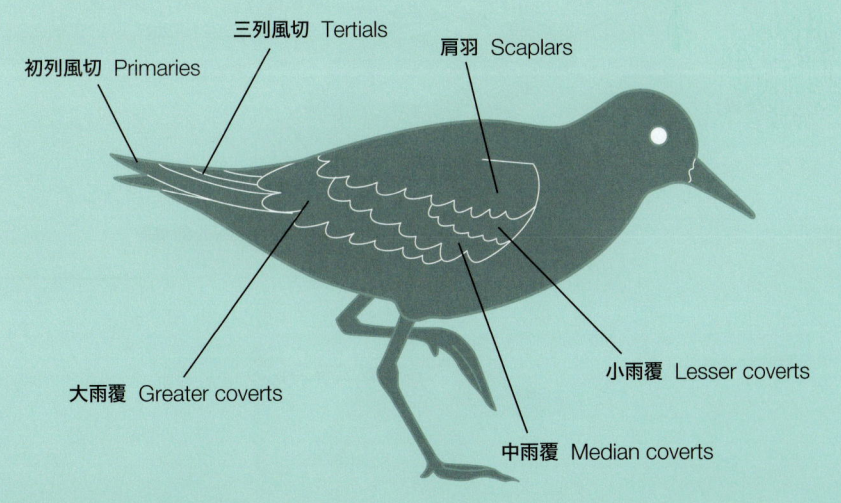

- 三列風切 Tertials
- 肩羽 Scaplars
- 初列風切 Primaries
- 大雨覆 Greater coverts
- 小雨覆 Lesser coverts
- 中雨覆 Median coverts

各部の名称（頭部）

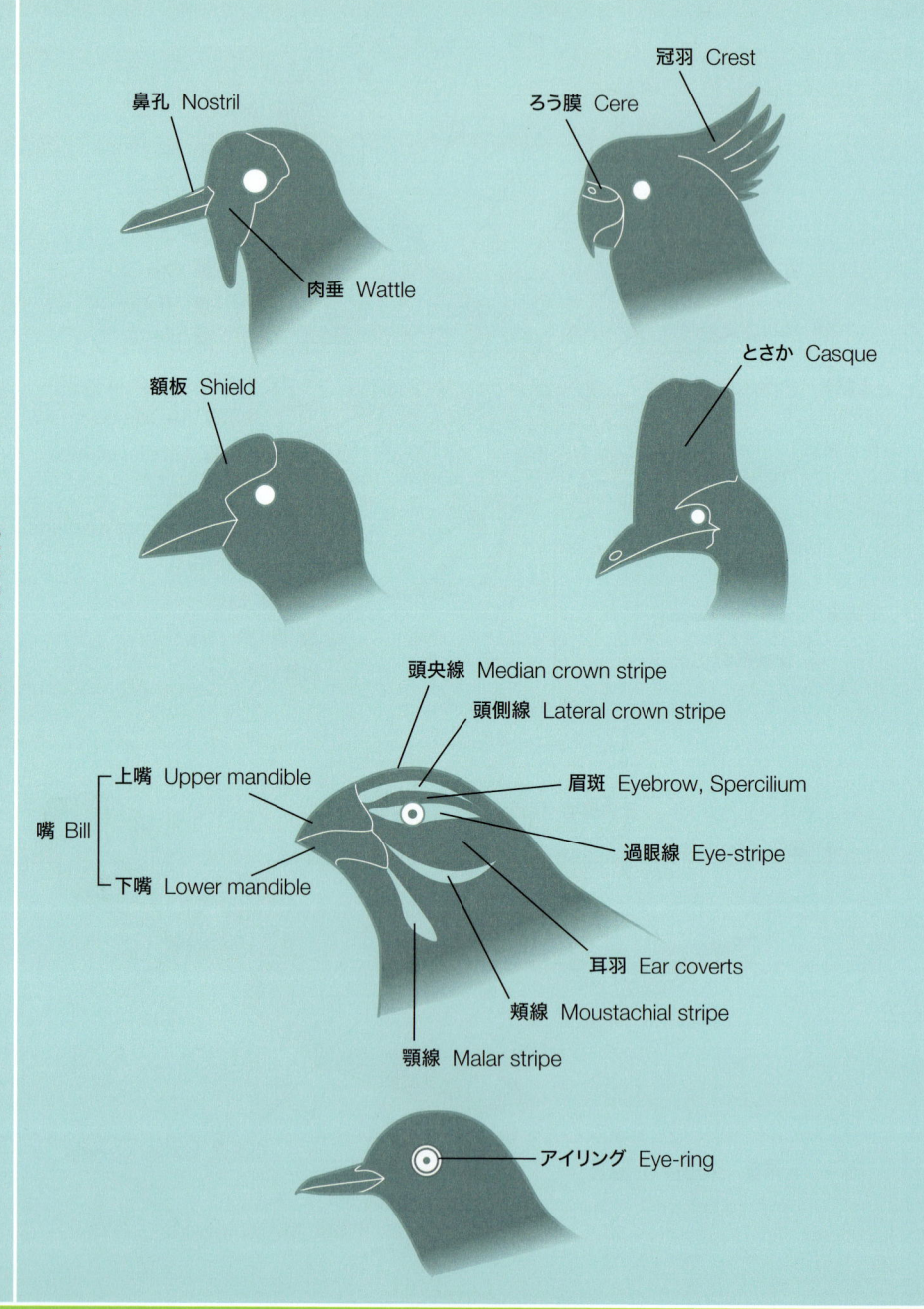

鼻孔 Nostril

冠羽 Crest

ろう膜 Cere

肉垂 Wattle

とさか Casque

額板 Shield

頭央線 Median crown stripe

頭側線 Lateral crown stripe

上嘴 Upper mandible

嘴 Bill

下嘴 Lower mandible

眉斑 Eyebrow, Spercilium

過眼線 Eye-stripe

耳羽 Ear coverts

頬線 Moustachial stripe

顎線 Malar stripe

アイリング Eye-ring

各部の名称（翼）

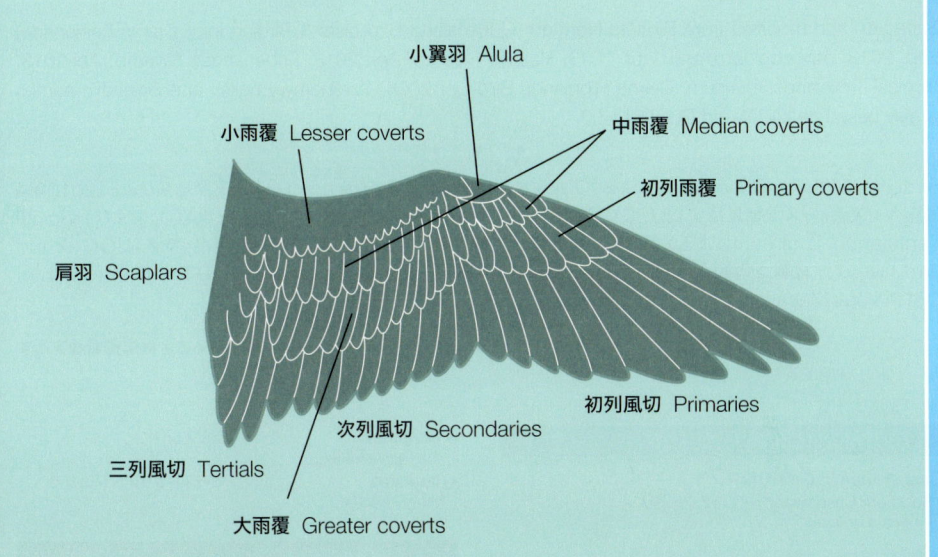

小翼羽 Alula

小雨覆 Lesser coverts

中雨覆 Median coverts

初列雨覆 Primary coverts

肩羽 Scaplars

初列風切 Primaries

次列風切 Secondaries

三列風切 Tertials

大雨覆 Greater coverts

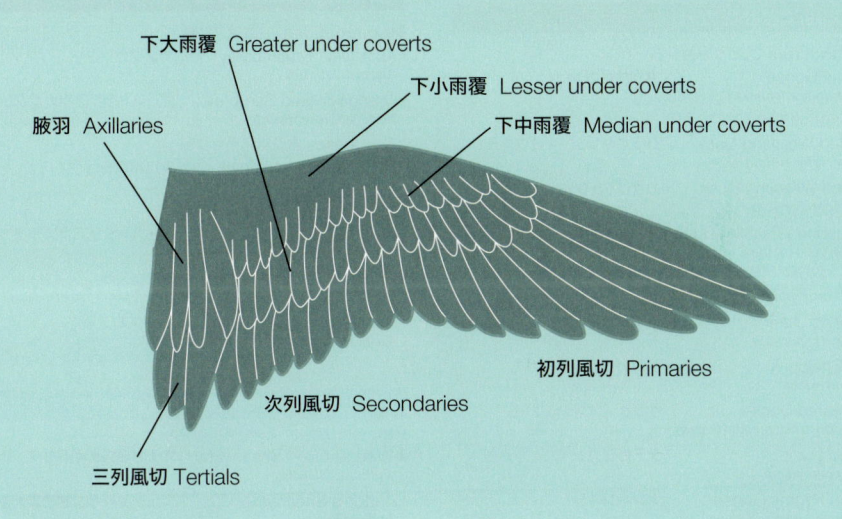

下大雨覆 Greater under coverts

下小雨覆 Lesser under coverts

腋羽 Axillaries

下中雨覆 Median under coverts

初列風切 Primaries

次列風切 Secondaries

三列風切 Tertials

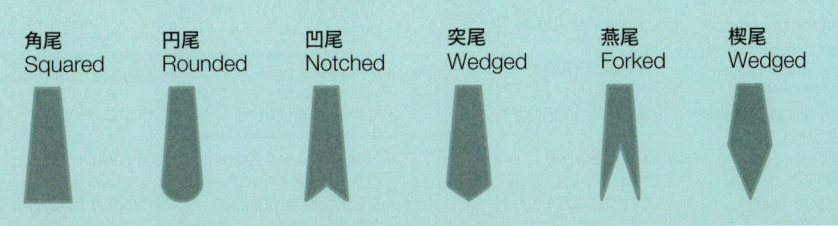

角尾
Squared

円尾
Rounded

凹尾
Notched

突尾
Wedged

燕尾
Forked

楔尾
Wedged

ケアンズ・アサートン高原野鳥リスト

Cairns and Tablelands Bird List

Based on and modified from BirdLife Northern Queensland Bird Lists & Birding info, Cairns Esplanade, Sep. 2013, Atherton Tableland, Apr. 2013, Hasties Swamp, Apr. 2013, Eubenangee Swamp, Apr.2013. Tropical Tablelands Tourisum, Cairns Highlands Bird List 2008. Taxonomy, English and Scientific names largely based on IOC World Bird List v7.3.

• • •

BirdLife Northern Queenslandによるケアンズ鳥類リスト（2013年9月）、アサートン高原鳥類リスト（2013年4月）、ヘイスティーズ湿地鳥類リスト（2013年4月）、ユーベナンジー湿地鳥類リスト（2013年4月）、およびTropical Tablelands Tourisumによるケアンズ高原野鳥リスト（2008年）を元に作成。分類、英名、学名はIOC World Bird List v7.3.に基づく。和名はIOC World Bird List Multilingual Version 7.2、およびThe Cornell Lab of Ornithology Macaulay Libraryによる。

＊移入種 Introduced　　▲迷鳥 Vagrant　　種名後ろの×は未掲載種を示す

STRUTHIONIFORMES ダチョウ目

Casuariidae ヒクイドリ科
- Southern Cassowary　ヒクイドリ
  Casuarius casuarius

ANSERIFORMES カモ目

Anseranatidae カササギガン科
- Magpie Goose　カササギガン
  Anseranas semipalmata

Anatidae カモ科
- Spotted Whistling Duck　シラボシリュウキュウガモ
  Dendrocygna guttata
- Plumed Whistling Duck　カザリリュウキュウガモ
  Dendrocygna eytoni
- Wandering Whistling Duck　オオリュウキュウガモ
  Dendrocygna arcuata
- Black Swan　コクチョウ
  Cygnus atratus
- ▲Freckled Duck　ゴマフガモ
  Stictonetta naevosa
- Raja Shelduck　シロガシラツクシガモ
  Tadorna radjah
- Pink-eared Duck　サザナミオオハシガモ
  Malacorhynchus membranaceus
- Maned Duck　タテガミガン
  Chenonetta jubata
- Cotton Pygmy Goose　ナンキンオシ
  Nettapus coromandelianus
- Green Pygmy Goose　アオマメガン
  Nettapus pulchellus
- Pacific Black Duck　マミジロカルガモ
  Anas superciliosa
- ▲Australasian Shoveler　ミカヅキハシビロガモ ×
  Anas rhynchotis
- Grey Teal　ハイイロコガモ
  Anas gracilis
- ▲Chestnut Teal　アオクビコガモ ×
  Anas castanea

- ▲Garganey　シマアジ ×
  Anas querquedula
- Hardhead　オーストラリアメジロガモ
  Aythya australis

GALLIFORMES キジ目

Megapodiidae ツカツクリ科
- Australian Brushturkey　ヤブツカツクリ
  Alectura lathami
- Orange-footed Scrubfowl　オーストラリアツカツクリ
  Megapodius reinwardt

Numididae ホロホロチョウ科
- ＊Helmeted Guineafowl　ホロホロチョウ
  Numida meleagris

Phasianidae キジ科
- Stubble Quail　オーストラリアウズラ ×
  Coturnix pectoralis
- Brown Quail　ヌマウズラ
  Coturnix ypsilophora
- King Quail　ヒメウズラ ×
  Excalfactoria chinensis

PROCELLARIIFORMES ミズナギドリ目

Procellariidae ミズナギドリ科
- ▲Wedge-tailed Shearwater　オナガミズナギドリ ×
  Puffinus pacificus
- Hutton's Shearwater　ニュージーランドミズナギドリ ×
  Puffinus huttoni

PODICIPEDIFORMES カイツブリ目

Podicipedidae カイツブリ科
- Australasian Grebe　ノドグロカイツブリ
  Tachybaptus novaehollandiae
- ▲Hoary-headed Grebe　シラガカイツブリ
  Poliocephalus poliocephalus
- Great Crested Grebe　カンムリカイツブリ
  Podiceps cristatus

PHAETHONTIFORMES ネッタイチョウ目

Phaethontidae ネッタイチョウ科
- ▲ Red-tailed Tropicbird　　アカオネッタイチョウ ×
  Phaethon rubricauda

CICONIIFORMES コウノトリ目

Ciconiidae コウノトリ科
- Black-necked Stork　　セイタカコウ
  Ephippiorhynchus asiaticus

PELECANIFORMES ペリカン目

Threskiornithidae トキ科
- Australian White Ibis　　オーストラリアクロトキ
  Threskiornis molucca
- Straw-necked Ibis　　ムギワラトキ
  Threskiornis spinicollis
- Glossy Ibis　　ブロンズトキ
  Plegadis falcinellus
- Royal Spoonbill　　オーストラリアヘラサギ
  Platalea regia
- Yellow-billed Spoonbill　　キバシヘラサギ
  Platalea flavipes

Ardeidae サギ科
- Black-backed Bittern　　セグロヨシゴイ ×
  Ixobrychus dubius
- Black Bittern　　タカサゴクロサギ
  Dupetor flavicollis
- Nankeen Night Heron　　ハシブトゴイ
  Nycticorax caledonicus
- Striated Heron　　ササゴイ
  Butorides striata
- Eastern Cattle Egret　　アマサギ
  Bubulcus coromandus
- White-necked Heron　　シロガシラサギ
  Ardea pacifica
- Great-billed Heron　　スマトラサギ
  Ardea sumatrana
- Great Egret　　ダイサギ
  Ardea alba
- Intermediate Egret　　チュウサギ
  Egretta intermedia
- Pied Heron　　ムナジロクロサギ
  Egretta picata
- White-faced Heron　　カオジロサギ
  Egretta novaehollandiae
- Little Egret　　コサギ
  Egretta garzetta
- Pacific Reef Heron　　クロサギ
  Egretta sacra

Pelecanidae ペリカン科
- Australian Pelican　　コシグロペリカン
  Pelecanus conspicillatus

SULIFORMES カツオドリ目

Fregatidae グンカンドリ科
- Great Frigatebird　　オオグンカンドリ
  Fregata minor
- Lesser Frigatebird　　コグンカンドリ
  Fregata ariel

Sulidae カツオドリ科
- ▲ Australasian Gannet　　オーストラリアシロカツオドリ ×
  Morus serrator
- ▲ Masked Booby　　アオツラカツオドリ ×
  Sula dactylatra
- Red-footed Booby　　アカアシカツオドリ
  Sula sula
- Brown Booby　　カツオドリ
  Sula leucogaster

Phalacrocoracidae ウ科
- Little Pied Cormorant　　シロハラコビトウ
  Microcarbo melanoleucos
- Little Black Cormorant　　ミナミクロヒメウ
  Phalacrocorax sulcirostris
- Australian Pied Cormorant　　マミジロウ
  Phalacrocorax varius
- Great Cormorant　　カワウ
  Phalacrocorax carbo

Anhingidae ヘビウ科
- Australasian Darter　　オーストラリアヘビウ
  Anhinga novaehollandiae

ACCIPITRIFORMES タカ目

Pandionidae ミサゴ科
- Eastern Osprey　　カンムリミサゴ
  Pandion cristatus

Accipitridae タカ科
- Black-shouldered Kite　　オーストラリアカタグロトビ
  Elanus axillaris
- ▲ Letter-winged Kite　　クロオビトビ ×
  Elanus scriptus
- Square-tailed Kite　　シラガトビ
  Lophoictinia isura
- Black-breasted Buzzard　　クロムネトビ
  Hamirostra melanosternon
- Pacific Baza　　カンムリカッコウハヤブサ
  Aviceda subcristata
- Little Eagle　　アカヒメクマタカ
  Hieraaetus morphnoides
- Wedge-tailed Eagle　　オナガイヌワシ
  Aquila audax
- ▲ Red Goshawk　　アカオオタカ ×
  Erythrotriorchis radiatus
- Grey Goshawk　　オーストラリアカワリオオタカ
  Accipiter novaehollandiae
- Brown Goshawk　　アカハラオオタカ
  Accipiter fasciatus
- Collared Sparrowhawk　　アカエリツミ
  Accipiter cirrocephalus
- Swamp Harrier　　ミナミチュウヒ
  Circus approximans
- Spotted Harrier　　ウスユキチュウヒ
  Circus assimilis
- Black Kite　　トビ
  Milvus migrans
- Whistling Kite　　フエフキトビ
  Haliastur sphenurus
- Brahminy Kite　　シロガシラトビ
  Haliastur indus
- White-bellied Sea Eagle　　シロハラウミワシ
  Haliaeetus leucogaste

OTIDIFORMES ノガン目

Otididae ノガン科
- Australian Bustard　オーストラリアオオノガン
  Ardeotis australis

GRUIFORMES ツル目

Rallidae クイナ科
- Red-necked Crake　ミナミオオクイナ
  Rallina tricolor
- Buff-banded Rail　ナンヨウクイナ
  Gallirallus philippensis
- Pale-vented Bush-hen　アカオクイナ
  Amaurornis moluccana
- ▲Baillon's Crake　ヒメクイナ ×
  Porzana pusilla
- Spotless Crake　ミナミクロクイナ
  Porzana tabuensis
- White-browed Crake　マミジロクイナ
  Porzana cinerea
- Australasian Swamphen　オーストラリアセイケイ
  Porphyrio melanotus
- Dusky Moorhen　ネッタイバン
  Gallinula tenebrosa
- ▲Black-tailed Nativehen　オグロバン ×
  Tribonyx ventralis
- Eurasian Coot　オオバン
  Fulica atra

Gruidae ツル科
- Sarus Crane　オオヅル
  Antigone antigone
- Brolga　オーストラリアヅル
  Antigone rubicundaa

CHARADRIIFORMES チドリ目

Turnicidae ミフウズラ科
- Red-backed Buttonquail　アカエリミフウズラ ×
  Turnix maculosa
- Buff-breasted Buttonquail　ハイムネミフウズラ ×
  Turnix olivii
- Painted Buttonquail　ササフミフウズラ ×
  Turnix varius
- Red-chested Buttonquail　ムネアカミフウズラ ×
  Turnix pyrrhothorax

Burhinidae イシチドリ科
- Bush Stone-curlew　オーストラリアイシチドリ
  Burhinus grallarius
- Beach Stone-curlew　ハシブトオオイシチドリ
  Esacus magnirostris

Haematopodidae ミヤコドリ科
- Pied Oystercatcher　オーストラリアミヤコドリ
  Haematopus longirostris
- Sooty Oystercatcher　オーストラリアクロミヤコドリ
  Haematopus fuliginosus

Recurvirostridae セイタカシギ科
- White-headed Stilt　オーストラリアセイタカシギ
  Himantopus leucocephalus
- Red-necked Avocet　アカガシラソリハシセイタカシギ
  Recurvirostra novaehollandiae

Charadriidae チドリ科
- Banded Lapwing　ムナオビトサカゲリ
  Vanellus tricolor
- Masked Lapwing　ズグロトサカゲリ
  Vanellus miles
- Red-kneed Dotterel　ワキアカチドリ
  Erythrogonys cinctus
- Pacific Golden Plover　ムナグロ
  Pluvialis fulva
- Grey Plover　ダイゼン
  Pluvialis squatarola
- ▲Little Ringed Plover　コチドリ ×
  Charadrius dubius
- Red-capped Plover　アカエリシロチドリ
  Charadrius ruficapillus
- Double-banded Plover　チャオビチドリ
  Charadrius bicinctus
- Lesser Sand Plover　メダイチドリ
  Charadrius mongolus
- Greater Sand Plover　オオメダイチドリ
  Charadrius leschenaultii
- Oriental Plover　オオチドリ
  Charadrius veredus
- Black-fronted Dotterel　カタアカチドリ
  Elseyornis melanops

Rostratulidae タマシギ科
- ▲Australian Painted-snipe　オーストラリアタマシギ
  Rostratula australis

Jacanidae レンカク科
- Comb-crested Jacana　トサカレンカク
  Irediparra gallinacea

Scolopacidae シギ科
- Latham's Snipe　オオジシギ
  Gallinago hardwickii
- ▲ Swinhoe's Snipe　チュウジシギ ×
  Gallinago megala
- Asian Dowitcher　シベリアオオハシシギ
  Limnodromus semipalmatus
- Black-tailed Godwit　オグロシギ
  Limosa limosa
- Bar-tailed Godwit　オオソリハシシギ
  Limosa lapponica
- Little Curlew　コシャクシギ
  Numenius minutus
- Whimbrel　チュウシャクシギ
  Numenius phaeopus
- Far Eastern Curlew　ホウロクシギ
  Numenius madagascariensis
- ▲Common Redshank　アカアシシギ ×
  Tringa totanus
- Marsh Sandpiper　コアオアシシギ
  Tringa stagnatilis
- Common Greenshank　アオアシシギ
  Tringa nebularia
- Wood Sandpiper　タカブシギ
  Tringa glareola
- Grey-tailed Tattler　キアシシギ
  Tringa brevipes
- Wandering Tattler　メリケンキアシシギ
  Tringa incana
- Terek Sandpiper　ソリハシシギ
  Xenus cinereus

- Common Sandpiper イソシギ
  Actitis hypoleucos
- Ruddy Turnstone キョウジョシギ
  Arenaria interpres
- Great Knot オバシギ
  Calidris tenuirostris
- Red Knot コオバシギ
  Calidris canutus
- Sanderling ミユビシギ ×
  Calidris alba
- Red-necked Stint トウネン
  Calidris ruficollis
- ▲ Little Stint ヨーロッパトウネン ×
  Calidris minuta
- ▲ Long-toed Stint ヒバリシギ ×
  Calidris subminuta
- Pectoral Sandpiper アメリカウズラシギ ×
  Calidris melanotos
- Sharp-tailed Sandpiper ウズラシギ
  Calidris acuminata
- Curlew Sandpiper サルハマシギ
  Calidris ferruginea
- ▲ Broad-billed Sandpiper キリアイ
  Limicola falcinellus
- ▲ Ruff エリマキシギ ×
  Philomachus pugnax
- ▲ Red-necked Phalarope アカエリヒレアシシギ ×
  Phalaropus lobatus
- ▲ Red Phalarope ハイイロヒレアシシギ ×
  Phalaropus fulicaria

Glareolidae ツバメチドリ科
- Australian Pratincole アシナガツバメチドリ
  Stiltia isabella
- ▲ Oriental Pratincole ツバメチドリ ×
  Glareola maldivarum

Laridae カモメ科
- Brown Noddy クロアジサシ
  Anous stolidus
- Black Noddy ヒメクロアジサシ
  Anous minutus
- ▲ White Tern シロアジサシ ×
  Gygis alba
- Silver Gull ギンカモメ
  Chroicocephalus novaehollandiae
- ▲ Black-headed Gull ユリカモメ ×
  Chroicocephalus ridibundus
- ▲ Laughing Gull ワライカモメ ×
  Leucophaeus atricilla
- ▲ Franklin's Gull アメリカズグロカモメ ×
  Larus pipixcan
- ▲ Black-tailed Gull ウミネコ ×
  Larus crassirostris
- ▲ Kelp Gull ミナミオオセグロカモメ ×
  Larus dominicanus
- ▲ Slaty-backed Gull オオセグロカモメ ×
  Larus schistisagus
- Gull-billed Tern ハシブトアジサシ
  Gelochelidon nilotica
- Caspian Tern オニアジサシ
  Hydroprogne caspia
- Greater Crested Tern オオアジサシ
  Thalasseus bergii

- Lesser Crested Tern ベンガルアジサシ
  Thalasseus bengalensis
- Little Tern コアジサシ
  Sternula albifrons
- ▲ Fairy Tern ヒメアジサシ ×
  Sterna nereis
- Bridled Tern マミジロアジサシ
  Onychoprion anaethetus
- Sooty Tern セグロアジサシ
  Onychoprion fuscata
- Roseate Tern ベニアジサシ
  Sterna dougallii
- Common Tern アジサシ
  Sterna hirundo
- Black-naped Tern エリグロアジサシ
  Sterna sumatrana
- Whiskered Tern クロハラアジサシ
  Chlidonias hybrida
- White-winged Tern ハジロクロハラアジサシ
  Chlidonias leucopterus

COLUMBIFORMES ハト目

Columbidae ハト科
- * Rock Dove/Feral Pigeon ドバト ×
  Columba livia
- White-headed Pigeon シロガシラカラスバト
  Columba leucomela
- * Spotted Dove カノコバト
  Streptopelia chinensis
- Brown Cuckoo-Dove オナガバト
  Macropygia phasianella
- Pacific Emerald Dove オーストラリアキンバト
  Chalcophaps longirostris
- Common Bronzewing ニジバト
  Phaps chalcoptera
- Crested Pigeon レンジャクバト
  Ocyphaps lophotes
- Squatter Pigeon ライチョウバト
  Geophaps scripta
- Diamond Dove ウスユキバト
  Geopelia cuneata
- Peaceful Dove オーストラリアチョウショウバト
  Geopelia placida
- Bar-shouldered Dove ベニカノコバト
  Geopelia humeralis
- Wompoo Fruit Dove ワープーアオバト
  Ptilinopus magnificus
- Superb Fruit Dove クロオビヒメアオバト
  Ptilinopus superbus
- Rose-crowned Fruit Dove ベニビタイヒメアオバト
  Ptilinopus regina
- Torresian Imperial Pigeon パプアソデグロバト
  Ducula spilorrhoa
- Topknot Pigeon カミカザリバト
  Lopholaimus antarcticus

CUCULIFORMES カッコウ目

Cuculidae カッコウ科
- Pheasant Coucal　キジバンケン
  Centropus phasianinus
- Pacific Koel　オーストラリアオニカッコウ
  Eudynamys orientalis
- Channel-billed Cuckoo　オオオニカッコウ
  Scythrops novaehollandiae
- Horsfield's Bronze Cuckoo　マミジロテリカッコウ
  Chrysococcyx basalis
- ▲Black-eared Cuckoo　ミミグロカッコウ ×
  Chalcites osculans
- Shining Bronze Cuckoo　ヨコジマテリカッコウ
  Chrysococcyx lucidus
- Little Bronze Cuckoo　アカメテリカッコウ
  Chrysococcyx minutillus
- Pallid Cuckoo　ハイイロカッコウ
  Cacomantis pallidus
- ▲Chestnut-breasted Cuckoo　クリハラヒメカッコウ
  Cacomantis castaneiventris
- Fan-tailed Cuckoo　ウチワヒメカッコウ
  Cacomantis flabelliformis
- Brush Cuckoo　ハイガシラヒメカッコウ
  Cacomantis variolosus
- Oriental Cuckoo　ツツドリ
  Cuculus optatus

STRIGIFORMES フクロウ目

Tytonidae メンフクロウ科
- Lesser Sooty Owl　ヒメススイロメンフクロウ
  Tyto multipunctata
- Australian Masked Owl　オオメンフクロウ ×
  Tyto novaehollandiae
- Eastern Barn Owl　オーストラリアメンフクロウ
  Tyto javanica
- Eastern Grass Owl　ヒガシメンフクロウ
  Tyto longimembris

Strigidae フクロウ科
- Rufous Owl　アカチャアオバズク
  Ninox rufa
- Barking Owl　オーストラリアアオバズク
  Ninox connivens
- Southern Boobook　ミナミアオバズク
  Ninox boobook

CAPRIMULGIFORMES ヨタカ目

Podargidae ガマグチヨタカ科
- Papuan Frogmouth　パプアガマグチヨタカ
  Podargus papuensis
- Tawny Frogmouth　オーストラリアガマグチヨタカ
  Podargus strigoides

Caprimulgidae ヨタカ科
- Spotted Nightjar　ヒゲナシヨタカ
  Eurostopodus argus
- White-throated Nightjar　オオヒゲナシヨタカ ×
  Eurostopodus mystacalis
- Large-tailed Nightjar　オビロヨタカ
  Caprimulgus macrurus

Aegothelidae ズクヨタカ科
- Australian Owlet-nightjar　オーストラリアズクヨタカ
  Aegotheles cristatus

APODIFORMES アマツバメ目

Apodidae アマツバメ科
- ▲Glossy Swiftlet　シロハラアナツバメ
  Collocalia esculenta
- Australian Swiftlet　オーストラリアアナツバメ
  Aerodramus terraereginae
- White-throated Needletail　ハリオアマツバメ
  Hirundapus caudacutus
- Pacific Swift　アマツバメ
  Apus pacificus

CORACIIFORMES ブッポウソウ目

Coraciidae ブッポウソウ科
- Oriental Dollarbird　ブッポウソウ
  Eurystomus orientalis

Alcedinidae カワセミ科
- Buff-breasted Paradise Kingfisher　シラオラケットカワセミ
  Tanysiptera sylvia
- Laughing Kookaburra　ワライカワセミ
  Dacelo novaeguineae
- Blue-winged Kookaburra　アオバネワライカワセミ
  Dacelo leachii
- Forest Kingfisher　モリショウビン
  Todiramphus macleayii
- Torresian Kingfisher　トレスショウビン
  Todiramphus sordidus
- Sacred Kingfisher　ヒジリショウビン
  Todiramphus sanctus
- Red-backed Kingfisher　コシアカショウビン
  Todiramphus pyrrhopygia
- Azure Kingfisher　ルリミツユビカワセミ
  Ceyx azureus
- Little Kingfisher　ヒメミツユビカワセミ
  Ceyx pusillus

Meropidae ハチクイ科
- Rainbow Bee-eater　ハチクイ
  Merops ornatus

FALCONIFORMES ハヤブサ目

Falconidae ハヤブサ科
- Nankeen Kestrel　オーストラリアチョウゲンボウ
  Falco cenchroides
- Australian Hobby　オーストラリアチゴハヤブサ
  Falco longipennis
- Brown Falcon　チャイロハヤブサ
  Falco berigora
- ▲Black Falcon　クロハヤブサ
  Falco subniger
- Peregrine Falcon　ハヤブサ
  Falco peregrinus

PSITTACIFORMES オウム目

Cacatuidae オウム科
- Red-tailed Black Cockatoo アカオクロオウム
  Calyptorhynchus banksii
- Galah モモイロインコ
  Eolophus roseicapillus
- ▲ Little Corella アカビタイムジオウム
  Cacatua sanguinea
- ＊ Long-billed Corella テンジクバタン
  Cacatua tenuirostris
- Sulphur-crested Cockatoo キバタン
  Cacatua galerita
- ▲ Cockatiel オカメインコ ×
  Nymphicus hollandicus

Psittacidae インコ科
- Australian King Parrot キンショウジョウインコ
  Alisterus scapularis
- Red-winged Parrot ハゴロモインコ
  Aprosmictus erythropterus
- Crimson Rosella アカクサインコ
  Platycercus elegans
- Pale-headed Rosella ホオアオサメクサインコ
  Platycercus adscitus
- Little Lorikeet ヒメジャコウインコ
  Parvipsitta pusilla
- Rainbow Lorikeet ゴシキセイガイインコ
  Trichoglossus moluccanus
- Scaly-breasted Lorikeet コセイガイインコ
  Trichoglossus chlorolepidotus
- Double-eyed Fig Parrot イチジクインコ
  Cyclopsitta diophthalma
- ▲ Budgerigar セキセイインコ ×
  Melopsittacus undulatus

PASSERIFORMES スズメ目

Pittidae ヤイロチョウ科
- Noisy Pitta ノドグロヤイロチョウ
  Pitta versicolor

Ptilonorhynchidae ニワシドリ科
- Spotted Catbird マダラネコドリ
  Ailuroedus maculosus
- Tooth-billed Bowerbird ハバシニワシドリ
  Scenopooetes dentirostris
- Golden Bowerbird オウゴンニワシドリ
  Prionodura newtoniana
- Satin Bowerbird アオアズマヤドリ
  Ptilonorhynchus violaceus
- Great Bowerbird オオニワシドリ
  Chlamydera nuchalis

Climacteridae キノボリ科
- White-throated Treecreeper ノドジロキノボリ
  Cormobates leucophaea
- Brown Treecreeper チャイロキノボリ
  Climacteris picumnus

Maluridae オーストラリアムシクイ科
- Lovely Fairywren ケープヨークオーストラリアムシクイ
  Malurus amabilis
- Red-backed Fairywren セアカオーストラリアムシクイ
  Malurus melanocephalus

Meliphagidae ミツスイ科
- Dusky Myzomela コゲチャミツスイ
  Myzomela obscura
- Scarlet Myzomela クレナイミツスイ
  Myzomela sanguinolenta
- Eastern Spinebill キリハシミツスイ
  Acanthorhynchus tenuirostris
- Banded Honeyeater クロオビミツスイ
  Cissomela pectoralis
- Brown Honeyeater サメイロミツスイ
  Lichmera indistincta
- White-cheeked Honeyeater ホオジロキバネミツスイ
  Phylidonyris niger
- White-streaked Honeyeater キミミオリーブミツスイ
  Trichodere cockerelli
- Macleay's Honeyeater シラフミツスイ
  Xanthotis macleayana
- Little Friarbird ヒメハゲミツスイ
  Philemon citreogularis
- Hornbill Friarbird ケープヨークハゲミツスイ
  Philemon yorki
- Noisy Friarbird ズグロハゲミツスイ
  Philemon corniculatus
- Blue-faced Honeyeater アオツラミツスイ
  Entomyzon cyanotis
- Black-chinned Honeyeater ノドグロハチマキミツスイ
  Melithreptus gularis
- White-throated Honeyeater ノドジロハチマキミツスイ
  Melithreptus albogularis
- White-naped Honeyeater ハチマキミツスイ
  Melithreptus lunatus
- Rufous-throated Honeyeater ノドアカムジミツスイ
  Conopophila rufogularis
- Bar-breasted Honeyeater ヨコジマウロコミツスイ
  Ramsayornis fasciatus
- Brown-backed Honeyeater ウロコミツスイ
  Ramsayornis modestus
- Bridled Honeyeater キスジミツスイ
  Bolemoreus frenatus
- Yellow-faced Honeyeater キホオコバシミツスイ
  Caligavis chrysops
- Noisy Miner クロガオミツスイ
  Manorina melanocephala
- ▲ Yellow-throated Miner コシジロミツスイ
  Manorina flavigula
- White-gaped Honeyeater クチシロミツスイ
  Stomiopera unicolor
- Yellow Honeyeater キイロミツスイ
  Stomiopera flava
- Varied Honeyeater タテフミツスイ
  Gavicalis versicolor
- Fuscous Honeyeater コバシミツスイ
  Ptilotula fusca
- Graceful Honeyeater ハシボソキミミミツスイ
  Meliphaga gracilis
- Yellow-spotted Honeyeater コキミミミツスイ
  Meliphaga notata
- Lewin's Honeyeater キミミミツスイ
  Meliphaga lewinii

Pardalotidae ホウセキドリ科
- Spotted Pardalote ホウセキドリ
  Pardalotus punctatus
- ▲Red-browed Pardalote アカマユホウセキドリ
  Pardalotus rubricatus
- Striated Pardalote キボシホウセキドリ
  Pardalotus striatus

Acanthizidae トゲハシムシクイ科
- Fernwren シダムシクイ
  Oreoscopus gutturalis
- Atherton Scrubwren メグロヤブムシクイ
  Sericornis keri
- White-browed Scrubwren マミジロヤブムシクイ
  Sericornis frontalis
- Yellow-throated Scrubwren キノドヤブムシクイ
  Sericornis citreogularis
- Large-billed Scrubwren ハシナガヤブムシクイ
  Sericornis magnirostra
- Weebill コバシムシクイ
  Smicrornis brevirostris
- Brown Gerygone チャイロセンニョムシクイ
  Gerygone mouki
- Large-billed Gerygone ハシブトセンニョムシクイ
  Gerygone magnirostris
- White-throated Gerygone ノドジロセンニョムシクイ
  Gerygone olivacea
- Fairy Gerygone ノドグロセンニョムシクイ
  Gerygone palpebrosa
- Mountain Thornbill ヤマトゲハシムシクイ
  Acanthiza katherina
- Buff-rumped Thornbill ウグイストゲハシムシクイ ×
  Acanthiza reguloides
- Yellow-rumped Thornbill コモントゲハシムシクイ ×
  Acanthiza chrysorrhoa
- Yellow Thornbill ヒメトゲハシムシクイ
  Acanthiza nana

Pomatostomidae オーストラリアマルハシ科
- Grey-crowned Babbler オーストラリアマルハシ
  Pomatostomus temporalis

Orthonychidae ハシリチメドリ科
- Chowchilla メジロハシリチメドリ
  Orthonyx spaldingii

Psophodidae ウズラチメドリ科
- Eastern Whipbird ムナグロシラヒゲドリ
  Psophodes olivaceus

Machaerirhynchidae ハシビロヒタキ科
- Yellow-breasted Boatbill キムネハシビロヒタキ
  Machaerirhynchus flaviventer

Artamidae モリツバメ科
- White-breasted Woodswallow モリツバメ
  Artamus leucorynchus
- ▲Masked Woodswallow ホオグロモリツバメ
  Artamus personatus
- ▲White-browed Woodswallow マミジロモリツバメ
  Artamus superciliosus
- Black-faced Woodswallow カオグロモリツバメ
  Artamus cinereus
- Dusky Woodswallow ウスズミモリツバメ
  Artamus cyanopterus
- ▲Little Woodswallow ヒメモリツバメ
  Artamus minor

- Black Butcherbird クロモズガラス
  Melloria quoyi
- Grey Butcherbird ハイイロモズガラス
  Cracticus torquatus
- Pied Butcherbird ノドグロモズガラス
  Cracticus nigrogularis
- Australian Magpie カササギフエガラス
  Gymnorhina tibicen
- Pied Currawong フエガラス
  Strepera graculina

Campephagidae サンショウクイ科
- ▲Ground Cuckooshrike ジサンショウクイ ×
  Coracina maxima
- Black-faced Cuckooshrike オーストラリアオニサンショウクイ
  Coracina novaehollandiae
- Barred Cuckooshrike ヨコジマカッコウサンショウクイ
  Coracina lineata
- White-bellied Cuckooshrike パプアオオサンショウクイ
  Coracina papuensis
- Common Cicadabird セミサンショウクイ
  Coracina tenuirostris
- White-winged Triller ミイロサンショウクイ
  Lalage tricolor
- Varied Triller マミジロナキサンショウクイ
  Lalage leucomela

Neosittidae オーストラリアゴジュウカラ科
- Varied Sittella オーストラリアゴジュウカラ
  Daphoenositta chrysoptera

Pachycephalidae フエドリ科
- Crested Shriketit ハシブトモズヒタキ
  Falcunculus frontatus
- Grey Whistler チャイロモズヒタキ
  Pachycephala simplex
- Australian Golden Whistler キバラモズヒタキ
  Pachycephala pectoralis
- Rufous Whistler アカハラモズヒタキ
  Pachycephala rufiventris
- Bower's Shrikethrush ムナフモズツグミ
  Colluricincla boweri
- Little Shrikethrush チャイロモズツグミ
  Colluricincla megarhyncha
- Grey Shrikethrush ハイイロモズツグミ
  Colluricincla harmonica

Oriolidae コウライウグイス科
- Australasian Figbird メガネコウライウグイス
  Sphecotheres vieilloti
- Olive-backed Oriole シロハラコウライウグイス
  Oriolus sagittatus
- Green Oriole キミドリコウライウグイス
  Oriolus flavocinctus

Dicruridae オウチュウ科
- Spangled Drongo テリオウチュウ
  Dicrurus bracteatus

Rhipiduridae オウギビタキ科
- Willie Wagtail ヨコフリオウギビタキ
  Rhipidura leucophrys
- Northern Fantail ムナフオウギビタキ
  Rhipidura rufiventris
- Grey Fantail ハイイロオウギビタキ
  Rhipidura albiscapa
- Rufous Fantail オウギビタキ
  Rhipidura rufifrons

Monarchidae カササギビタキ科
- Spectacled Monarch メンガタカササギビタキ
  Symposiarchus trivirgatus
- Black-faced Monarch カオグロカササギビタキ
  Monarcha melanopsis
- ▲ Black-winged Monarch ハグロカササギビタキ
  Monarcha frater
- White-eared Monarch ミミジロカササギビタキ
  Carterornis leucotis
- Pied Monarch ムナオビエリマキヒタキ
  Arses kaupi
- Magpie-lark ツチスドリ
  Grallina cyanoleuca
- Leaden Flycatcher ナマリイロヒラハシ
  Myiagra rubecula
- Satin Flycatcher ビロードヒラハシ
  Myiagra cyanoleuca
- Shining Flycatcher テリヒラハシ
  Myiagra alecto
- Restless Flycatcher フタイロヒタキ
  Myiagra inquieta

Corvidae カラス科
- Torresian Crow ミナミガラス
  Corvus orru

Corcoracidae オオツチスドリ科
- Apostlebird ハイイロツチスドリ
  Struthidea cinerea

Paradisaeidae フウチョウ科
- Victoria's Riflebird コウロコフウチョウ
  Ptiloris victoriae

Petroicidae オーストラリアヒタキ科
- Grey-headed Robin ハイガシラヤブヒタキ
  Heteromyias cinereifrons
- White-browed Robin マミジロヒタキ
  Poecilodryas superciliosa
- Mangrove Robin マングローブヒタキ
  Peneoenanthe pulverulenta
- Pale-yellow Robin キアシヒタキ
  Tregellasia capito
- Eastern Yellow Robin ヒガシキバラヒタキ
  Eopsaltria australis
- Lemon-bellied Flyrobin レモンオリーブヒタキ
  Microeca flavigaster
- Jacky Winter オジロオリーブヒタキ
  Microeca fascinans

Alaudidae ヒバリ科
- Horsfield's Bush Lark ヤブヒバリ
  Mirafra javanica

Hirundinidae ツバメ科
- ▲ Barn Swallow ツバメ
  Hirundo rustica
- Welcome Swallow オーストラリアツバメ
  Hirundo neoxena
- ▲ Red-rumped Swallow コシアカツバメ
  Cecropis daurica
- Fairy Martin ズアカガケツバメ
  Petrochelidon ariel
- Tree Martin キビタイツバメ
  Petrochelidon nigricans

Acrocephalidae ヨシキリ科
- Australian Reed Warbler オーストラリアヨシキリ
  Acrocephalus australis

Locustellidae センニュウ科
- Rufous Songlark コシアカヒバリモドキ
  Megalurus mathewsi
- Tawny Grassbird ズアカオオセッカ
  Megalurus timoriensis

Cisticolidae セッカ科
- ▲ Zitting Cisticola セッカ
  Cisticola juncidis
- Golden-headed Cisticola タイワンセッカ
  Cisticola exilis

Zosteropidae メジロ科
- Silvereye ハイムネメジロ
  Zosterops lateralis

Sturnidae ムクドリ科
- Metallic Starling オナガテリカラスモドキ
  Aplonis metallica
- * Common Myna インドハッカ
  Acridotheres tristis

Turdidae ツグミ科
- ▲ Russet-tailed Thrush アカオトラツグミ
  Zoothera heinei
- Bassian Thrush オーストラリアトラツグミ
  Zoothera lunulata
- ▲ Eyebrowed Thrush マミチャジナイ ×
  Turdus obscurus

Dicaeidae ハナドリ科
- Mistletoebird ヤドリギハナドリ
  Dicaeum hirundinaceum

Nectariniidae タイヨウチョウ科
- Olive-backed Sunbird キバラタイヨウチョウ
  Cinnyris jugularis

Passeridae スズメ科
- * House Sparrow イエスズメ
  Passer domesticus

Estrildidae カエデチョウ科
- Red-browed Finch フヨウチョウ
  Neochmia temporalis
- Crimson Finch アサヒスズメ
  Neochmia phaeton
- ▲ Plum-headed Finch サクラスズメ ×
  Neochmia modesta
- Black-throated Finch キンセイチョウ
  Poephila cincta
- ▲ Zebra Finch キンカチョウ ×
  Taeniopygia guttata
- Double-barred Finch カノコスズメ
  Taeniopygia bichenovii
- Blue-faced Parrotfinch ナンヨウセイコウチョウ
  Erythrura trichroa
- ▲ Gouldian Finch コキンチョウ ×
  Erythrura gouldiae
- * Scaly-breasted Munia シマキンパラ
  Lonchura punctulata
- Chestnut-breasted Munia シマコキン
  Lonchura castaneothorax

Motacillidae セキレイ科
- ▲ Eastern Yellow Wagtail ツメナガセキレイ
  Motacilla tschutschensis
- Australian Pipit オーストラリアマミジロタヒバリ
  Anthus australis

ヒクイドリ

△ **Southern Cassowary**

Casuarius casuarius ◆ TL 140-180 cm

①**Adult Female.** Sexes similar. Blue head, red wattle, pale brown casque. Male smaller, shorter casque. May.

②**Adult female（left），male（right）.** Older male tend to have longer tail. Sep.

Uncommon in rainforest and adjacent grasslands, beaches, gardens.

Southern= 南 の。Cassowary はマレー語での呼び名に由来。

北部クイーンズランドを代表する大形の飛べない鳥。大きなトサカと青い裸部, 赤い肉垂が目立つ。基本的に果実食でなわばり内を広範囲に移動しながら採食する。大きな果実を丸呑みにすることから雨林の植物の種子散布に重要な役割を果たす。重低音の振動のような声で鳴く。

生息環境： 雨林。その周辺の草地, 海岸, 住宅地などにも姿を現す。オーストラリアの個体数は 2015 年時点で 4,000 羽ほどと推定されている。

類似種： なし。

①**成鳥♂** 雌雄同色。♀はひと回り大きく, 裸部が鮮やかで, トサカや肉垂なども大きい　5 月
②**成鳥♀（左）と♂（右）** ♂は尾が長い傾向があり, 特に歳を取った個体で顕著　9 月
③**前年生まれの若鳥** 体羽は薄茶〜黒。頭の裸部は小さく淡色。トサカは小さい。完全な成鳥羽になるには数年かかる　6 月
④**生後 3 か月程の雛** 白黒のしま模様。顔と足は黄色。抱卵や育雛は♂のみで行い, 9 か月程で巣立つ　11 月

③**Juvenile.** Born previous year. Take several years to obtain full adult plumage. Jun.

④**Chick.** Male incubates and accompanies young about 9 months. Nov.

カササギガン

○ **Magpie Goose**
Anseranas semipalmata

◆ TL 70-90 cm
◆ WS 125-180 cm

Common in open waters, farmlands, rice fields, urban parks with pond.

Magpie=カササギ，白黒の鳥によく使われる。Goose=ガン。

先がかぎ状の嘴から眼の周囲にかけて赤い。頭にコブがあり，特に繁殖期の雄で顕著。水かきが趾の付け根にしかなく，湿地を歩き回って採食するのに適している。草原，水辺，水中の草の種子や，根や球根などを引き抜いて食べる。内陸の個体は乾季には沿岸部に移動するが不規則。

生息環境：草原，湿地，河川。一時的な淡水の湿地にも積極的に飛来する。あまり広くない水面でも見られる。

類似種：なし。

①**Adult Male.** Knob on head distinctive. Sexes similar. Red face, pied body. Female smaller. Nov.

②**Adult Female on nest.** Often breed 2 females with 1 male. Feb.

①**成鳥♂** ♀よりやや大きい。頭のコブが目立つ 11月
②**抱卵する成鳥♀** ♀2♂1での繁殖が普通に見られる 2月
③**若鳥** 頭の裸部が小さく，黄色い。足も黄色 5月
④**成鳥♂** 白黒の模様は遠くからでもよく目立つ 8月

③**Immatures.** Yellowish dark face. May.

④**Adult male.** Aug.

シラボシリュウキュウガモ

× **Spotted Whistling Duck**
Dendrocygna guttata ◆ TL 43-50 cm

Rare/uncommon visitor. Often in small flock. Expanding range to south in recent years.

Spotted=斑点がある。
Whistling=口笛。Duck=カモ。

顔と体下面を除き濃茶色。白い星模様が目立つ。フィリピン，インドネシア，ニューギニアなどに分布し，オーストラリアでは1995年にヨーク岬半島北部で確認されて以来，分布を広げている。10数羽ほどの群れで見られることが多い。

生息環境：淡水湿地，河川，その近くの草地。特に樹木が大きく水面にかかっているような環境を好み，水面近くの枝に止まっていることが多い。

類似種：オオリュウキュウガモ→○腹に模様がなく全体に赤茶色。○嘴が黒い。

①**Adult male.** Sexes similar. Mottled black bill with pink base, black crown, grey head, spotted breast/belly. Female less spotted. Dec.

②**Adults.** Often roost on branch above the water. Jan.

①**成鳥♂** 雌雄同色。黒の交じったピンク色の嘴。頭頂と頸が黒い。顔は灰色。体下面と側面に白い星模様がある。♀は模様がやや不明瞭 12月
②**休息する成鳥** 水面に張り出した枝に止まって休むことが多い 1月
③**つがい**（♂右，♀左）**と幼鳥**（中央）6月
④**成鳥** 翼下面は一様に暗色 12月

③**Pair (male right, female left) and Juvenile (middle).** Jun.

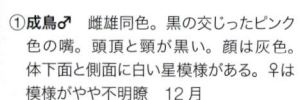

④**Adult.** Dark underwing, no obvious markings. Dec.

カザリリュウキュウガモ

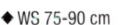

カモ目 ANSERIFORMES

カモ科 Anatidae

Common in large open waters, adjacent grasslands, farmlands. Mostly winter visitor.

Plumed=羽根飾りのある。

足が長く背の高いカモ。ほかのリュウキュウガモより体色が薄く、大きく伸びた脇の白い飾り羽が目立つ。嘴は肉色で黒い斑がある。口笛のような特徴のある声で鳴く。主に夜間、畑などで採食し、水場から離れた場所でも見られる。

生息環境：池、湖などの開放水面。オオリュウキュウガモよりも開放的な環境を好む。周辺の畑、牧草地など。

類似種：オオリュウキュウガモ→◯背、頭、嘴、足が黒い。◯全体的に暗色でコントラストが強い。◯脇の飾り羽が短い。◯飛翔時、翼下面が黒い。

①成鳥　雌雄同色。ほぼ同大　9月
②幼鳥　嘴と足が淡いピンク色。背は褐色味がある。飾り羽が小さい。胸のしま模様がない　6月
③カザリリュウキュウガモ（左）とオオリュウキュウガモ（右）　8月
④成鳥　翼下面は淡色で風切を除いて細かいしま模様がある　6月

①**Adult.** Sexes similar. Pink, mottled black bill, yellow iris, pink legs, finely barred orange breast, long prominent plumes on flank. Sep.

②**Juvenile.** Paler body, pink bill/legs, browner back, breast markings less obvious. Jun.

③**Plumed (Left) and Wandering (right) Whistling Ducks.** Note head, bill and leg color. Aug.

④**Adult.** Finely barred pale underwing. Jun.

23

オオリュウキュウガモ

○ **Wandering Whistling Duck**
Dendrocygna arcuata

◆ TL 40-45 cm
◆ WS 80-90 cm

①**Adult.** Sexes similar. Bill/crown/iris/legs black, pale brown face, rich chestnut belly, short plumes on flank. Oct.

②**Adult.** With longer legs. often stand with uplight posture. Sep.

Common in open waters, adjacent grasslands, farmlands. Race *australis*.

Wandering=放浪する，季節で大きく移動するところから。実際はカザリリュウキュウガモの方が放浪性が強いと見られている。

亜種 *australis*。足が長く背の高いカモ。全体に暗色で腋羽と下尾筒が白く目立つ。水面で採食するほか，潜水も行う。カザリリュウキュウガモよりもやや低い声で鳴く。

生息環境： 植生の豊かな水辺。池，湖などの開放水面，周辺の畑，牧草地など。

類似種： カザリリュウキュウガモ→○全体的に白っぽい。○腋羽が目立つ。○嘴と足は肉色。○飛翔時，翼下面が白い。シラボシリュウキュウガモ→○体下面は星模様。○嘴と足は肉色。

①**成鳥** 雌雄同色。ほぼ同大　10月
②**成鳥** 直立した姿勢をとることが多い　9月
③**つがいと雛** 性差はほとんどない　4月
④**成鳥** 翼下面は暗色で一様に黒く見える　1月

③**Pair and ducklings.** No obvious sex differences. Apr.

④**Adult.** Dark underwing. Jan.

コクチョウ

①**Adult Female (Left), male (Right).** Sexes similar. Red face, scalloped wing. Male larger, stouter appearance. Aug.

②**Adult female and goslings.** One on water and others on back. Jun.

Uncommon and local in large open waters, adjacent grasslands, farmlands.

Black=黒い。Swan=白鳥。

黒い「ハクチョウ」。学名は「喪服を着たハクチョウ」の意。眼先から嘴は赤い。翼は初列風切と次列風切のほとんどが白く、飛翔時にはよく目立つ。つがいか数羽で見られることが多いが，生息に適した環境では数百羽の群れで見られることもある。

生息環境：大きな湖，河川など。水際の植生や，沈水・浮葉植物などが豊かで開放的な水面を好む。淡水域に限らず，河口や沿岸の汽水域にも生息。都市公園の池に野生個体が飛来していることもある。

類似種：なし。

①**成鳥♀（左）と♂（右）** 雌雄同色。♂は大きくがっしり見える　8月
②**成鳥♀と雛** 背にも乗っている。雛は灰白色で嘴と足が黒い　6月
③**成鳥** 風切の白色部が目立つ　9月
④**巣に座る成鳥** 9月

③**Adult. Distinctive white primaries, secondaries.** Sep.

④**Adult on nest.** Sep.

シロガシラツクシガモ

◇ **Raja Shelduck**
Tadorna radjah

◆ TL 48-61 cm
◆ WS 90-100 cm

カモ科 Anatidae

Uncommon and local in open water. Lakes, rivers, Urban parks with pond. Race *rufitergum*. Sometimes treated in genus *Radja*.

- - - - - -

Raja は種小名から。Shelduck =ツクシガモ。

- - - - - -

亜種 *rufitergum*。*Radja* 属とする分類もある。コントラストの明瞭なカモ。上面は赤褐色だが、黒く見えることが多い。樹洞に営巣し家族群と思われる少数の群れで見ることが多い。高い声で「ピリリリリ」と鳴く。鳴きながら飛んでいることも多い。

生息環境： 主に海岸の干潟，汽水の湿地，マングローブ林。植生の豊かな淡水湿地，河川などにも。雨季の間は広く分散し，乾季には集中する。休息時は水面に張り出した高い枝に止まっていることが多い。ケアンズでは植物園に生息している群れを除いて稀。

類似種： なし。

①成鳥♂　胸のバンドが太い　5月
②成鳥♀　一般に胸のバンドが中央で細く不明瞭だが，太い個体もいる　5月
③幼鳥　頭頂が暗色。嘴と足の色が薄い。胸のバンドはつながっていない　12月
④成鳥♀　白い雨覆と黒い初列風切が目立つ　10月

①**Adult male.** Broad breast band, pale pink bill, iris/head/neck/belly white, rich brown back, chestnut tertials, pink legs. May.

②**Adult female.** Narrower breast band, not always obvious. May.

③**Juvenile.** Pale grey crown. Incomplete breast band. Dec.

④**Adult female.** Flight pattern distinctive with large green speculum. Oct.

サザナミオオハシガモ

× **Pink-eared Duck**
Malacorhynchus membranaceus

◆ TL 36-45 cm
◆ WS 57-71 cm

①**Adult.** Sexes similar. Female smaller. Aug.
成鳥　雌雄同色。♀はやや小さい　8月

Rare/uncommon visitor to open water.

Pink-eared=ピンク色の耳の。

眼の後方のピンク色の斑は野外では見えないことも多い。大きな嘴と体のしま模様が目立つ小形のカモ。嘴を覆う皮膚が大きく垂れている。水面をくるくると回って渦をつくり，水中のプランクトンなどを水面近くに引き上げて採食する。数羽で見られることが多いが，数年おきに大きな群れが見られている。

生息環境：植生の豊かな水辺に生息。主に内陸の塩湖などに生息する。放浪性が強く，特に乾季に大きく移動するが不規則。

類似種：なし。

ゴマフガモ

× **Freckled Duck**
Stictonetta naevosa　◆ TL 47-56 cm

①**Adult non-breeding.** Male breeding has red bill base. Aug.
成鳥非繁殖羽　雌雄同色。ほぼ同大　8月

Rare/uncommon visitor to open water.

Freckled=そばかすのある。

小さな冠羽としゃくれた嘴のカモ。全身黒褐色で細かい淡色の斑がある。雄は繁殖期には嘴の付け根が赤くなる。単独か数羽で見られることが多い。

生息環境：周辺の植生が豊かな淡水湿地。主にオーストラリア南部に分布し，乾季に分散するが不規則。ハスティーズスワンプ国立公園で数年おきに見られているほか，内陸の乾燥した環境の湖などに飛来することもある。

類似種：なし。

タテガミガン

◇ Maned Duck
Chenonetta jubata

◆ TL 44-56 cm
◆ WS 78-80 cm

①**Adult male.** Brown head. Short black mane, grey flank, grey back with black line, green speculum, black undertail coverts. Mar.

②**Adult female.** Duller, paler. Two faint stripes on face, grey brown mottled body, grey undertail coverts. Sep.

Uncommon and local in open waters, adjacent grassland, farmlands, parks.

Maned=たてがみのある。

灰色の体と茶色の頭が目立つ小形のカモ。上面に2本の黒線がある。頸が細く長く見えるため体形はガンを思わせる。陸上で過ごしていることが多く、数羽〜数十羽の群れでいることが多い。水辺から離れた場所や乾燥した草原で見られることもある。鼻にかかった特徴的な声で「ナァアー」と鳴く。

生息環境：主に淡水湿地から近い草原、畑、疎林など。市街地の大きな池のある公園などでも見られる。やや乾燥した環境を好む。

類似種：なし。

①**成鳥♂**　頭は茶色で、嘴と足、尾と下尾筒が黒い。胸はうろこ模様。脇は灰色で模様がない　3月
②**成鳥♀**　頭は淡褐色で白い線がある。嘴と足の色が薄い。下尾筒が白い。胸のまだら模様は薄く、脇まで続く　9月
③**雛を連れたつがい**　樹洞に営巣する　10月
④**成鳥♂**　翼のパターンは♀も同様。次列風切が白く目立つ　8月

③**Pair with ducklings.** Oct.

④**Adult male.** Broad white wing bars. Aug.

ナンキンオシ

①**Adult male.** Iris red. Pure white head with black crown/bill. Jun.

②**Adult female.** Browner Iris, yellow bill, dark eyestripe. Apr.

③**Adult male non-breeding.** No breast band, dark neck. Apr.

④**Female (left), male (right).** Sep.

Uncommon visitor. Large open waters, rivers. Race *albipennis* in Australia.

Cotton＝綿，白い色から。
Pygmy-goose＝小形のガン。

オーストラリアに分布するのはやや大きい亜種*albipennis*。嘴が短く，雌雄とも背に緑色光沢があるが，黒く見えることが多い。主に水面で採食し，ほとんど潜水はしない。陸に上がることは滅多にない。

生息環境：淡水湿地，河川など。沈水・浮葉植物などが豊かで開放的な水面を好む。アオマメガンよりも水深の深い環境を好む。

類似種：アオマメガン→○頭の黒い部分がずきんのように広い。○体はより黒っぽい。○飛翔時，初列風切は一様に黒く，翼の白色部が三角形に見える。

①**成鳥♂繁殖羽** 嘴と頭頂が黒い。頭頂と胸に緑色光沢がある。虹彩は赤い。顔の白色が目立つ 6月
②**成鳥♀** 顔は灰色で黒い過眼線がある 4月
③**成鳥♂非繁殖羽** 頸～胸が黒く，胸のバンドがない 4月
④**成鳥** ♂は翼端が白く目立つ 9月

カモ目 ANSERIFORMES

カモ科 Anatidae

アオマメガン

◇ **Green Pygmy Goose**
Nettapus pulchellus

◆ TL 34-38 cm
◆ WS 48-60 cm

①**Adult male.** Black bill with pink tip, white cheek patch, green neck. Aug.

②**Adult female.** Black bill with pale tip, white cheek, finely barred neck. Aug.

Common in open waters. Freshwater wetlands, lakes, rivers.

Green=緑の。

嘴が短く，平らな頭頂が特徴的な小形のカモ。雌雄とも背に緑色光沢があるが，黒く見えることが多い。雄の繁殖羽では頭にも緑色光沢がある。胸～脇に細かく明瞭なうろこ模様がある。潜水して採食することもある。陸に上がることは滅多にない。

生息環境： 葉植物，特にスイレンの多い開放的な水面。淡水湿地，河川など。汽水域で見られることもある。あまり水深の深くない環境を好み，雨季には広く分散する。

類似種： ナンキンオシ→○飛翔時初列風切に白帯がある。○雌は頭頂と過眼線のみ黒く，体は白っぽい。

---

①**成鳥♂繁殖羽** 嘴は黒く先端がピンク色。頭が黒く頬が白い。頸と背は光沢のある緑色。非繁殖羽は♀に似る　8月
②**成鳥♀** 嘴先端は淡色。頬の白色部が大きく，頸以下がしま模様　8月
③**成鳥♂非繁殖羽** 頬の白色部がない　1月
④**成鳥♂** 翼の三角形の白色部が目立つ。♀も同様　9月

③**Adult male non-breeding.** Jan.

④**Adult male.** Triangular white patch on secondaries. Female has same pattern. Sep.

マミジロカルガモ

①**Adult male.** Plain tertials, dark grey bill with black tip, scalloped brown body, black eye stripes/crown, dark cheek line from gape. Dec.

②**Adult female.** Similar to male. Smaller, browner crown, faint markings on tertials in breeding plumage. Dec.

③**Adult female with ducklings.** Sep.

④**Adult female.** Aug.

Common in various water habitat, urban parks with pond. Race *superciliosa*.

Pacific=太平洋。Black=黒い。実際あまり黒くはないが，オーストラリアの他のカモに比べて体色が黒いことからといわれる。

亜種*superciliosa*。日本のカルガモによく似るが，顔の模様がより明瞭で，嘴先端は黄色くなく，三列風切の白色部もない。足は鈍い肌色。

生息環境： さまざまな水辺環境。池や沼などの止水で植生の豊かなところを好む。市街地の公園などでも見られる。

類似種： マガモ*A. platyrhynchos** 雌（外来種）→○頬の線がない。○足がオレンジ色。ハイイロコガモ→○小さく淡色。○顔に模様がない。○交雑個体も観察されている。

*未掲載

①**成鳥♂** 三列風切は一様な茶色で羽縁のみ淡色。♀よりやや大きい。頭頂はのっぺりと黒い　12月

②**成鳥♀** 繁殖羽では三列風切に淡いしま模様がある。頭頂はやや褐色味がある　12月

③**成鳥♀と雛**　9月

④**成鳥♀** 翼下面は雨覆が白く風切は黒い　8月

ハイイロコガモ

①**Adult.** Sexes similar. Black bill, iris red, pale brown scalloped body, darker head, paler cheek. Female smaller. May.

Moderately common in open waters, dams, beaches. Race *gracilis*.

Grey=灰色の, Chestnut Teal（アオクビコガモ *A. castanea*＊）に対してGrey（灰色≒地味）という意味合いから。Teal=コガモ

亜種 *gracilis*。全身茶色で不明瞭なうろこ模様がある。頬～頸が白く目立つ。虹彩は赤い。嘴と足は灰色。頻繁に逆立ち採食を行う。

生息環境：さまざまな水辺環境。汽水域にも普通に見られる。雨季には分散し、一時的な湿地も積極的に利用する。

類似種：マミジロカルガモ→○大きい。○顔の模様が異なる。○より暗色。交雑個体も観察されている。

＊未掲載

②**Adult.** Sometimes on the beach. Breast stained with rust. Jan.

①**成鳥**　雌雄同色。♂はやや大きい　5月
②**成鳥**　水中の鉄分で色づいた個体　1月
③**成鳥と雛**　10月
④**成鳥**　白い翼帯と腋羽が目立つ　9月

③**Adult with duckling.** Oct.

④**Adults.** Distinctive white wing bars/armpits. Sep.

オーストラリアメジロガモ

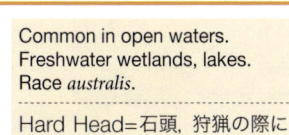

○ **Hardhead**
Aythya australis

◆ TL 42-60 cm
◆ WS 65-70 cm

Common in open waters. Freshwater wetlands, lakes. Race *australis*.

Hard Head＝石頭．狩猟の際に撃ってもなかなか死なないところから，弾が効かない→石頭となったといわれる。

亜種*australis*。全体的にチョコレートブラウンのカモ。特に頭と胸の色が濃い。雌雄とも腹と下尾筒が白い。飛翔時に白い翼帯が目立つ。水面低くを飛ぶことが多い。日本のホシハジロなどと同じ潜水ガモで，もっぱら潜水して沈水性の水草などを食べる。

生息環境：頻繁に潜水採食を行うこともあり，ある程度の広さがあり，水深の深い湖沼を好む。乾季には移動するが不規則。

類似種：なし。

①成鳥♂　虹彩が白く目立つ。嘴先端も白い。体全体に鈍い光沢がある　7月
②成鳥♀　虹彩は茶色。嘴先端は灰色。体全体に光沢がない　1月
③若鳥♂　♀に似るが眼と嘴は鈍い白色。体はより淡色で全体に光沢がない　3月
④成鳥♀　風切が白く目立つ。翼下面は全体に白い。♂も同様　1月

①**Adult male.** White iris/undertail coverts distinctive, rich chocolate brown head/back. Jul.

②**Adult female.** Duller. Iris brown, mottled back. Jan.

③**Immature male.** Similar to female, white iris. Juvenile similar, brown Iris. Mar.

④**Adult female.** Distinctive white wing bar. Male has same pattern. Jan.

ヤブツカツクリ

① **Adult male breeding.** Red bold head, yellow wattle. Little or no wattle in non-breeding. Nov.

② **Female.** Similar to male. Smaller. Small or no wattle. Dec.

③ **Immature.** Browner. Hairy head, no wattle. Mar.

④ **Juvenile.** Jan.

キジ目 GALLIFORMES

ツカツクリ科 Megapodiidae

Common in rainforests, adjacent forests, parks, gardens. Race *lathami*.

Australian＝オーストラリアの。
Brush＝やぶ・雨林。Turkey＝七面鳥。

亜種 *lathami*。雄は落ち葉や土などを積み上げて高さ1mほどの塚を作る。雌は塚の中に卵を産み，卵は発酵熱などで孵化する。雄は塚の内部の温度が孵化に適した温度になるように手入れを続けるが，孵った雛の世話はしない。特に繁殖期の雄はなわばり意識が強く，ほかの雄と争う姿を頻繁に見かける。飛ぶこともできるがあまり長距離は飛べない。夜は木の上で休む。
生息環境： 雨林。よく茂った林，周辺の草地，公園など。
類似種： なし。

① **成鳥♂繁殖羽** 頭は裸出して赤く，頭に大きな黄色い肉垂がある。非繁殖羽では肉垂が小さい　11月
② **成鳥♀** ♂に似るが頸の肉垂が小さい　12月
③ **若鳥** 裸部にはまばらに羽毛がある。黄色い肉垂がない　3月
④ **幼鳥** 鳥類では珍しく，孵化時から翼に正羽が生えている　1月

オーストラリアツカツクリ

①**Adult.** Sexes similar. Orange bill/legs, small crest, blueish grey body, brown wing. Nov.

②**Juvenile.** Paler. Barred wing. Apr.

Common in rainforests, adjacent forests, parks. Race *castanonotus*.

Orange-footed=オレンジ色の足の。Scrub=やぶ, Brush同様雨林を指したもの。-fowl=複合語として鳥をあらわす。

亜種*castanonotus*。ずんぐりとした丸っこい体形で頭の小さな冠羽とオレンジ色の太い足がよく目立つ。暗い林内で落ち葉や土を掘り返して採食する。「クワックワッ」とよく響く声で鳴き, 特に夜間はうるさく聞こえる。塚は雌雄協同で作るため, 一般にヤブツカツクリよりも大きい。1つの塚を数つがいで利用することもある。

生息環境：雨林, よく茂った林, 周辺の草地, 公園など。あまり開けたところには出ない。

類似種：なし。

①**成鳥** 雌雄同色。ほぼ同大　11月
②**幼鳥** 孵化時から翼に正羽が生えている　4月
③**大きな塚の手入れをする成鳥**　一般的にヤブツカツクリよりも大きな塚を作る　12月
④**日光浴する成鳥**　翼に目立つ模様はない　8月

③**Adult on top of it's mound.** Mound normally larger than Brush-turkeys's. Dec.

④**Adult.** Sun bathing.No obvious markings on wing. Aug.

ヌマウズラ

◇ **Brown Quail** ◆ TL 17-22 cm
Coturnix ypsilophora ◆ WS 26-36 cm

Common in grassland, farmlands, paddocks, parks. Often near water. Race *australis*.

Brown=茶色の。Quail=ウズラ。

亜種*australis*。全身茶色。足元から急に飛び立ち，数十m離れた草むらに降りる。数羽の群れでいることが多い。

生息環境： さまざまな環境のよく茂った草原。湿った環境を好み，水辺近くの草原に多い。乾燥地域の一時的な水辺の周辺でも見られる。体が隠れるくらいの草丈の草むらにいることが多いが，朝夕には開けたところに出ることもある。

類似種： ヒメウズラ *Excalfactproa chinensis* * 雌 → ○ 小さく喉が白い。オーストラリアウズラ *C. pectoralis* * → ○白い縦斑が目立つ。

＊未掲載

① **成鳥♂** 嘴が黒く虹彩が赤い。体は赤色味が強く，不明瞭な縦斑が見える　4月
② **成鳥♀** 嘴は淡色。♂よりやや大きい。体は灰色味が強く，背に黒斑が多い　9月
③ **つがい，♂（手前）と♀（奥）** 9月

① **Adult male.** Black bill, iris red, barred underparts, reddish streaked back, yellow legs. Apr.

② **Adult female.** Pale bill. More black spots on back, less rufous. Sep.

③ **Pair, male (bottom), female (top).** Sep

ホロホロチョウ

Helmeted Guineafowl *Numida meleagris*

Introduced. Mostly captive. Feb.
家禽だが野生化した個体もいる　2月

ノドグロカイツブリ

①**Adult breeding.** Sexes similar. Black bill, face with distinctive yellow patch on gape. Iris yellow, black cap/cheek/neck, rufous patch on neck. Nov.

②**Adult non-breeding.** Sexes similar. Pale bill/cheek/neck. Sep.

Common in open waters, mainly freshwater. Dams, lakes, reservoirs. Race *novaehollandiae*.

Australasian=オーストラリア区の。Grebe=カイツブリ。

亜種 *novaehollandiae*。特に非繁殖羽は日本のカイツブリによく似るが、翼の白帯が太い点などが異なる。繁殖羽では頬〜頸の下が黒い。鳴き声はカイツブリに似る。潜水して水中の魚、昆虫などの小動物を捕る。ほかの潜水性の鳥と一緒に採食することも多い。

生息環境：淡水の池、湖、畑の貯水池などさまざまな水場。大雨の後の一時的な水場にも。

類似種：シラガカイツブリ非繁殖羽→○全体的に淡色で茶色味がない。○ケアンズでは稀。

-----

①**成鳥繁殖羽** 雌雄同色で同大。嘴の付け根の黄斑が目立つ　11 月
②**成鳥非繁殖羽** 頬〜頸が淡色。嘴の付け根の黄斑は小さい　9 月
③**幼鳥** カイツブリほど嘴は赤くない　2 月
④**成鳥繁殖羽** 白く幅広い翼帯がある　12 月

③**Juvenile.** Head, neck striped. Feb.

④**Adult breeding.** Large white wing bars. Dec.

カンムリカイツブリ

◇ **Great Crested Grebe**

Podiceps cristatus ◆ TL 46-61 cm

①**Adult breeding.** Sexes similar**.** Iris red, black crest, white cheek, rufous/black neck frill. Male has slightly longer bill/crest. Nov.

②**Often in large flock.** No obvious difference in non-breeding plumage. Dec.

③**Immature.** White face, no crest/neck frill. Iris yellow. ACT May.

Uncommon and local in large open waters. Lakes, reservoirs. Race *australis*.

Great＝大きい。Crested＝冠羽がある。

日本とは異なる亜種*australis*。頭頂と頸周りの冠羽が目立つ大形のカイツブリ。日本のカンムリカイツブリより上面が黒っぽい。非繁殖羽では多少冠羽が短くなるが，あまり変わらない。鳴き声は日本のものに似る。潜水して主に魚を捕る。数羽から数十羽の群れで見られることが多い。特に非繁殖期の群れは大きい。

生息環境：内洋，大きな湖沼，河口など。ある程度の大きさと深さがあれば公園の池などにも。汽水，淡水の開放的な水面を好む。

類似種：なし。

①**成鳥繁殖羽** 雌雄同色。♂はやや嘴や冠羽が長い 11月
②**成鳥繁殖羽** 12月
③**若鳥** 冠羽はなく，虹彩が黄色 5月

シラガカイツブリ

Hoary-headed Grebe *Poliocephalus poliocephalus*

Rare visitor. Jun.

ケアンズ以南に分布し，稀に飛来 6月

セイタカコウ

①**Adult male.** Iris black. Massive black bill, glossy black head/neck, broad black wing bars, long pink legs. Sep.

②**Adult female.** Similar to male. Iris golden yellow. Jul.

Scarce. Beach, parks, urban creeks. Race *australis*.

Black-necked=黒い頸の。
Stork=コウノトリ。

Jabiruとも呼ばれるが，これはアメリカ大陸に生息するズグロハゲコウの英名で，誤用されたものが定着している。亜種 *australis*。太く大きな嘴の大形の水鳥。頸〜頭は黒く見えるが，頭頂部には紫色光沢，頸には緑色光沢がある。虹彩は雄が黒く，雌は金色。

生息環境： 海岸，干潟マングローブ林。沿岸，内陸を問わず，広い湿原を持つ淡水湿地，周囲の草地，畑など。市街地を流れるあまり大きくない水路などでも見ることがある。

類似種： 若鳥ではスマトラサギにやや似るが→○より大きく嘴も大きい。

①**成鳥♂**　虹彩が黒い。黒く太い翼帯が目立つ　9月
②**成鳥♀**　♂に似るが，虹彩は金色　7月
③**幼鳥**　嘴が短く淡色　9月
④**雛**　嘴が短く，頭が白い　8月

③**Juvenile.** Paler, shorter bill, brown head/back, pale legs. Sep.

④**Fledgling.** Short bill, white head, pale back. Aug.

オーストラリアクロトキ

◎ **Australian White Ibis**
Threskiornis molucca

◆ TL 65-76 cm
◆ WS 110-125 cm

①**Adult breeding.** Sexes similar. Bright pink patch on nape, plumes on neck, legs brighter. Female smaller, bill shorter. Aug.

②**Adult non-breeding.** No plumes on neck, nape/legs duller. Aug.

Common in grasslands, farmlands, urban parks. Race *molucca*.

Australian=オーストラリアの。White=白い。Ibis=トキ。

亜種*molucca*。全身白く，頭と初列風切先端，三列風切が黒い。頭は黒い皮膚が裸出している。さまざまな場所で採食し，残飯やゴミを漁ることも多い。日本のハシブトガラスを鼻声にしたような感じで「ガァガァ」と鳴く。

生息環境：内陸部の湿地やマングローブ林，干潟といったさまざまな水辺のほか，草地，畑，公園，市街地などでも幅広く見られる。

類似種：オーストラリアヘラサギ→◎ひと回り大きい。◎飛翔時に足が尾を大きく越え，頸が長く見える。

①**成鳥繁殖羽** 雌雄同色。後頸のピンク色の斑と胸の飾り羽が目立つ。三列風切はレース状になる。足も赤い　8月
②**成鳥非繁殖羽** 飾り羽と後頸の斑はない。足は黒っぽい。雄は雌よりやや大きく，嘴がより長い　8月
③**幼鳥** 頭が裸出していない。足は黒い。雨覆が茶褐色　12月
④**成鳥ほぼ繁殖羽** 腕の裸部が赤く目立つ。成鳥でも初列先端は黒い　7月

③**Juvenile.** Feathered head, dark legs. Dec.

④**Adult breeding.** Red patch under wing brighter. Jul.

ムギワラトキ

◎ **Straw-necked Ibis**
Threskiornis spinicollis

◆ TL 59-76 cm
◆ WS 100-120 cm

ペリカン目 PELECANIFORMES

トキ科 Threskiornithidae

①**Adult male.** Black breast band with gap in the middle. Bold black head, yellowish plumes on neck, glossy black neck/back. May.

②**Adult female.** Similar to male. Black breast band compete around the neck. Oct.

③**Juvenile.** Brown overall. No metallic sheen. Jun.

④**Adult male.** Black and white underwing pattern distinctive. Jul.

Common in grasslands, farmlands, urban parks.

Straw=麦わら, -neckedは「〜のある頸の／〜な頸の」。

オーストラリアクロトキよりひと回り小さく、頭から背中にかけて黒い。翼には複雑な光沢がある。頭は黒い皮膚が裸出している。成鳥は頸〜胸に黄色っぽいわらのような飾り羽があり、名前の由来となっている。オーストラリアクロトキと比べて乾燥した環境を好む。乾季の間は農耕地で数百羽単位の大きな群れが見られる。声はオーストラリアクロトキに似る。

生息環境：畑，草原，芝生の公園など。

類似種：オーストラリアクロトキ→◎上面も白い。

①**成鳥♂** 喉〜胸が白く，胸の黒帯が中央で途切れる。飾り羽は通年ある　5月
②**成鳥♀** 胸の黒帯は途切れない　10月
③**幼鳥** 裸部が小さく，全体に茶色，光沢がない　6月
④**成鳥♂** 翼上面は一様に黒い　7月

ブロンズトキ

✕ **Glossy Ibis**
Plegadis falcinellus

◆ TL 48-66 cm
◆ WS 80-95 cm

①**Adult breeding.** Reddish glossy brown back, green shimmer on wing. Oct.

②**Adult non-breeding.** Dull grey. White streaks on head/neck. Juvenile similar to non-breeding. Browner. Shorter bill. Sep.

Uncommon winter visitor. Freshwater wetlands, adjacent farmlands, paddocks.

Glossy=光沢のある。

小形のトキで全身が光沢のある赤銅色。翼には緑色光沢がある。単独か数羽で見られることが多い。主に冬季に飛来するが不規則。ほかの2種のトキと異なり，積極的に人間の活動を利用することはない。声はオーストラリアクロトキに似るがあまり濁らない。南ヨーロッパからアフリカ，中国南部，東南アジア，アメリカ東部など広く分布し，日本でも記録がある。

生息環境：広い湿原を持つ淡水湿地，貯水池，周辺の草地，畑，牧草地など。海岸や干潟などではほとんど見られない。

類似種：なし。

①**成鳥繁殖羽**　雌雄同色　10月
②**成鳥非繁殖羽**　光沢に乏しく全体に茶色。頭から頸にかけて細かく白い筋が入る　9月
③**若鳥**　非繁殖羽に似るが，頭から頸にかけてより茶色っぽい。緑色味のある光沢がある　10月
④**成鳥繁殖羽**　翼に目立つ模様はない　10月

③**Immature.** Oct.

④**Adult breeding.** Dark underwing. Oct.

オーストラリアヘラサギ

○ Royal Spoonbill
Platalea regia

◆ TL 74-81 cm
◆ WS -120 cm

Common in shore, parks with large pond, tidal mudflats

Royal＝王立の，この場合は「威厳がある」といった意味で繁殖羽の派手な見た目に由来すると思われる。Spoon＝スプーン。bill＝嘴。

嘴～顔が黒く，嘴はしゃもじのような形をしている。浅瀬で嘴を水に入れて，左右に振りながら歩き食物を探す。

生息環境：主に淡水の湿地，大きな河川，公園の池，市街地の水路など。海岸の干潟でも見られる。

類似種：キバシヘラサギ→○嘴と足が淡色。休息時など嘴が見えないときはダイサギと紛らわしいが→○体は細身。○体は起き気味の姿勢。

①**成鳥繁殖羽** 雌雄同色。♂はやや大きく嘴も長い。顔の黄色と赤色の斑が鮮やかで，頭に長い冠羽，胸に黄色い飾り羽がある 11月
②**成鳥非繁殖羽** 飾り羽はない。顔の斑はやや淡い 1月
③**幼鳥** 顔の斑が小さい。嘴の内側は鈍いピンク色。初列風切先端が黒い 5月
④**成鳥** サギなどと異なり，頭を伸ばして飛ぶ 9月

①**Adult breeding.** Sexes similar. White plumes on head, yellow wash on breast. Shrivelled faced bill. Female smaller, bill shorter. Nov.

②**Adult non-breeding.** No plumes. Jan.

③**Juvenile.** Bill smooth/shorter, pink inside. Black tipped primaries. May.

④**Adult.** Unlike herons/egrets fly with extend neck. Sep.

43

キバシヘラサギ

△ **Yellow-billed Spoonbill**
Platalea flavipes

◆ TL 76-100 cm
◆ WS -130 cm

Uncommon winter visitor. Often visit small pond in dry area.

Yellow-billed=黄色い嘴の。

白い大形の水鳥。嘴〜顔が淡い黄色。顔は青っぽい。嘴は大きなしゃもじのような形をしているが，オーストラリアヘラサギよりも細長い。繁殖期には顔の色がより鮮やかで，頸や肩にレース状の飾り羽がある。浅瀬で嘴を水に入れて，オーストラリアヘラサギよりもゆったりとした感じで左右に振りながら歩いて食物を探す。

生息環境：主に内陸部の淡水，汽水の湿地，湖沼。海岸部では滅多に見られない。1か所に定着せず，小さな水場を放浪することが多い。

類似種：オーストラリアヘラサギ→○嘴と足が黒い。

①**Adult breeding.** Sexes similar. Grey face, yellowish white plumes on neck, black lacy plumes on back. Female smaller, bill shorter. Sep.

②**Adult non-breeding.** Yellow face, no plumes. Jun.

①**成鳥繁殖羽**　雌雄同色。♂はやや大きく，嘴も長い。顔が青白く，黒い縁取りがある。胸にやや黄色がかった飾り羽，背に黒い飾り羽がある　9月
②**成鳥非繁殖羽**　飾り羽はない。顔は黄色っぽい　6月
③**幼鳥**　嘴が短く，虹彩は黒い。初列風切先端が黒い　5月
④**成鳥繁殖羽**　頸を伸ばして飛ぶ　9月

③**Juvenile.** Bill shorter, dark iris, black tipped primaries. May.

④**Adult.** Unlike herons/egrets fly with extend neck. Sep.

タカサゴクロサギ

Locally uncommon in waterside vegetations. Parks, mangroves, flood water. Mostly summer visitor. Race *australis*.

Black＝黒い。
Bittern＝ヨシゴイ。

日本と別亜種*australis*でやや大きく、体色の地域差が大きい。顎の下に淡黄色の飾り羽があり、特に繁殖期に目立つ。夕方から早朝に活発で、薄暗い天気であれば日中でも活動する。単独でいることが多い。

生息環境：岸辺の植生の豊かな小川、池、湿地、マングローブ林など。大雨の後の冠水した畑、公園などにも飛来する。

類似種：ササゴイ→○ひと回り小さく足が黄色。○体色は淡い。飛翔時は○上面に模様がある。○体がより太く見える。

①**成鳥♂** 頬の淡黄色の線が太い。下面の白線は細い　11月
②**成鳥♀** 頬の線が細く、体下面の白線が太い。全体に茶色味が強い　1月
③**巣に座る雛**　1月
④**成鳥♂**　12月

①**Adult male.** Sooty black overall, streaked underparts. Nov.

②**Adult female.** Similar to male. Browner, paler. Yellow washed underparts. Jan.

③**Chicks on nest.** Jun.

④**Adult male.** Dec.

ハシブトゴイ

○ **Nankeen Night Heron**

Nycticorax caledonicus

◆ TL 55-65 cm
◆ WS 95-116 cm

①**Adult.** Sexes similar. Black crown with white plumes, rufous back. Female smaller. Oct.

Common in waterside vegetations. Beaches, mangroves, urban parks. Race *australasiae*.

Nankeen＝南京木綿から，黄色っぽい白を指す。Night＝夜。Heron＝サギ。

亜種 *australasiae*。ずんぐりとした体形のサギ。日本のゴイサギの色違いといった外見。白い冠羽がある。夜行性で日中は樹上で休む。単独でいることが多いが，ねぐらでは複数集まっている。鳴き声はゴイサギに似るがやや高い。日本ではかつて小笠原諸島に亜種 *crassirostris* が生息していた。

生息環境：淡水湿地や海岸，その周辺の樹林など。池のある公園などでも見られる。水辺から離れた環境で小形のコウモリを捕っていることもある。

類似種：なし。幼鳥はササゴイ幼鳥に似るが→○体が小さく，ほっそりとして見える。

①**成鳥**　雌雄同色。♂はやや大きい　10月
②**若鳥**　雨覆に黒と白の斑がある　5月
③**幼鳥**　全身に縦斑があり，翼は星模様　10月
④**成鳥**　翼に目立つ模様はない　9月

②**Immature.** Streaked belly, mottled back. May.

③**Juvenile.** Strongly streaked body, mottled back. Oct.

④**Adult.** No obvious markings on wing. Sep.

サリゴイ

Common in Mangroves, beaches, creeks, rivers. Race *macrorhyncha*.

Striated＝しまがある。

日本とは別亜種 *macrorhyncha* でより褐色味が強く，くすんだ感じで涼しさに欠ける。特に体下面の個体差が大きく，明灰色，暗灰色，褐色，茶褐色などさまざま。薄暗いところに単独でじっとしていることが多く，見逃しやすい。

生息環境：淡水湿地，海岸，マングローブの茂った河川など。干潟や町中の水路，港の護岸などさまざまな水辺，周囲の草地などで見られる。

類似種：タカサゴクロサギ→◯ ひと回り大きく，全体的に黒い。飛翔時は◯上面がほぼ一様に黒く見える。◯体がより細く見える。

①**Adult non-breeding.** Sexes similar. Blue-grey crown/back, buff-fringed wing. May.

②**Adult breeding.** Reddish legs. Body colour varies in individual. Pale to dark grey, rufous. Jan.

①**成鳥非繁殖羽** 体色に関わらず胸に白い縦線がある　5月
②**成鳥繁殖羽** 足が赤い。婚姻色では眼先も赤くなる　1月
③**幼鳥** 全体に暗色で胸に縦斑がある。雨覆は星模様　4月
④**成鳥** 翼に目立つ模様はない　3月

③**Juvenile.** Darker. Heavily streaked body, mottled back. Apr.

④**Adult.** No obvious markings on wing. Mar.

アマサギ

○ **Eastern Cattle Egret**
Bubulcus coromandus

◆ TL 46-56 cm
◆ WS 88-96 cm

Common in freshwater wetlands. Paddocks, farmlands, grasslands.

Eastern＝東の。Cattle＝牛，牛のそばにいる習性から。Egret＝鷺。

小形のサギで水辺よりも草地を好む。ほかのシラサギに比べて嘴と頭が短く，頭が丸い。繁殖羽では頭〜胸，背が橙黄色。嘴に赤色味がある。非繁殖羽は全身白いが，額などに黄色味が残る個体が多い。嘴は黄色。よく牛などの大形草食獣や耕作機械のそばにいて，それらが動いたときに飛び出す昆虫などを捕っている。
生息環境： 開けた草地，芝生の公園，畑，牧場，湿地など。
類似種： コサギ→○嘴が黒い。○嘴から頭が直線的。チュウサギ→○足が長く，背が高く見える。

①**Adults breeding.** Sexes similar. Orange head/neck, orange plumes on back, bill red/yellow. Dec.

②**Adult non-breeding.** White head/neck, no plumes. Often have faint orange marking on forehead. May.

①成鳥繁殖羽　12 月
②成鳥非繁殖羽　5 月
③成鳥非繁殖羽　頭が丸い。口角は眼の下まである　6 月
④成鳥非繁殖羽　9 月

③**Adult non-breeding.** Round head, gape below eye. Jun.

④**Adult.** Often with cattle. Sep.

シロガシラサギ

△ **White-necked Heron**
Ardea pacifica

◆ TL 76-106 cm
◆ WS 147-160 cm

ペリカン目 PELECANIFORMES

サギ科 Ardeidae

①**Adult breeding.** White head/neck, glossy grey back, maroon plumes on back/breast. Nov.

②**Adult non-breeding.** Head/neck greyer, broken black lines on neck. Jun.

Uncommon, nomadic. Freshwater wetlands, flood water.

White-necked=白い頸の。

体の黒いダイサギといった雰囲気の鳥。淡水湿地を好み，水辺や周辺の草地などでダイサギ同様待ち伏せ型の採食をする。単独でいることが多く，警戒心が強い。繁殖羽では頸が白いが，非繁殖羽では灰色。

生息環境： 内陸の池，河川，貯水池など。乾燥した地域の水辺で見ることが多い。水深の浅い淡水湿地を好む。小さな池で見られることも多く，大雨の後の水たまりなどにもよく飛来する。放浪性が強く，一時的な湿地を利用して移動する。

類似種： ムナジロクロサギ幼鳥→○小さい。○足が黄色い。

①**成鳥繁殖羽** 雌雄同色。頸が白く，胸と背に栗色の飾り羽がある　11月
②**成鳥非繁殖羽** 頸が灰色で，黒い点線がある　6月
③**若鳥** 成鳥非繁殖羽に似るが，頸の黒斑がより明瞭。雨覆などに褐色の幼羽が残る　7月
④**成鳥非繁殖羽** 飛翔時に翼角の白斑が目立つ　6月

③**Immature.** Strongly spotted neck. Retain some juvenile plumage on wing. Jul.

④**Adult non-breeding.** White spots on wing distinctive. Jun.

スマトラサギ

①**Adult breeding.** Sexes similar. Short crest, white plumes on neck/back. Non-breeding has no or less plumes. May.

②**Juvenile.** Browner. Mottled back, no plumes. Dec.

Scarce. Well-vegetated rivers, mangroves, beaches. Race *mathewsae*.

Great-billed=大きな嘴の。

亜種*mathewsae*。基亜種より褐色味が強く，嘴と足は短いとされる。大形のサギで，朝夕の薄暗い時間に活発。水際の薄暗いところにいることが多い。繁殖期には大きく喉を膨らませ，かすれた低い声で「ゴー，ゴゴゴゴ」と鳴く。

生息環境：海岸のマングローブ林，干潟，湿地，河口，河川など。河岸の植生の豊かな環境を好む。大雨で冠水した公園や畑などで見られることもある。

類似種：セイタカコウ幼鳥→○全体に黒い。○嘴が太く長い。○飛翔時に頸を伸ばす。

①**成鳥繁殖羽**　頭に短い冠羽がある。胸と背に白い飾り羽がある　5月
②**幼鳥**　全体に茶色く，飾り羽はない　12月
③**成鳥ほぼ非繁殖羽**　飾り羽があまりない　11月
④**若鳥**　ほぼ成鳥羽だが，茶褐色の幼羽が残る　5月

③**Adult.** Nov.

④**Immature.** Mottled appearance with some brown juvenile plumage. May.

ダイサギ

○ **Great Egret**
Ardea alba

◆ TL 84-104 cm
◆ WS 140-170 cm

ペリカン目　PELECANIFORMES

サギ科　Ardeidae

①**Adult non-breeding.** Yellow bill, black legs, long neck. Oct.

②**Moult to adult breeding.** White plumes on back, bright pink legs, bill black and blue lores in breeding. Jan.

③**Adult non-breeding.** Gape extends behind eye. Head to the tip of bill almost in straight line. May.

④**Adult non-breeding.** Dec.

Common in Various waterside habitats. Tidal mudflats, sandflats. Parks with large pond. Race *modesta*, sometimes treated as a separate species "Eastern Great Egret".

Great=大きな。

亜種 *modesta*。別種とする分類もある。いわゆる「シラサギ」の中で最大。長い頸にはいびつに折れ曲がったような部分があり，ちょっとかしげたような姿勢でじっと待ち伏せていることが多い。

生息環境：淡水，海水のさまざまな水辺。水辺近くの草原，畑，水路など。

類似種：コサギ→○かなり小さい。○嘴が黒い。チュウサギ→○ひと回り小さい。○頭が丸い。○嘴が短く見える。○口角は眼より後方まで伸びない。

①**成鳥非繁殖羽**　10月
②**成鳥ほぼ繁殖羽**　繁殖期には嘴が黒く，眼先が青くなる　1月
③**成鳥非繁殖羽**　嘴の先端から頭頂まで直線的。口角は眼の後ろまで伸びる　5月
④**成鳥非繁殖羽**　短距離だと頸を伸ばして飛ぶこともある　12月

チュウサギ

①**Adult breeding**, sexes similar. Round head, reddish bill/legs, white plumes on neck/back. Dec.

②**Adult non-breeding.** No plumes, bill Yellow. May.

Common in various waterside habitats. Prefers freshwater wetlands. Race *plumifera*, sometimes treated as a separate species "Plumed Egret".

Intermediate＝中間の。

日本と異なる亜種 *plumifera*。別種とする分類もある。繁殖羽でも嘴が黒くならない。

生息環境：水生植物の豊富な湿地，畑や草原。牧草地などでアマサギの群れに混じっている。

類似種：コサギ→○小さく嘴が黒い。○額は直線的。アマサギ非繁殖羽→○嘴と足が短くずんぐりしている。ダイサギ→○ひと回り大きい。○嘴と足が長い。○口角が眼の後方を越える。

①**成鳥繁殖羽**　胸と背に飾り羽がある。嘴と足は赤色味を帯びる　12 月
②**成鳥非繁殖羽**　飾り羽がない。嘴は黄色　5 月
③**成鳥非繁殖羽**　頭はコサギやダイサギより丸みを帯びる。口角は眼の下まで　5 月
④**成鳥非繁殖羽**　8 月

③**Adult non-breeding.** Head rounder. Gape not extend behind eye. May.

④**Adult non-breeding.** Aug.

ムナジロクロサギ

△ Pied Heron
Egretta picata　◆ TL 43-55 cm

Uncommon, irregular visitor. Beaches, freshwater wetland, adjacent grasslands.

Pied=白黒の。

小形のサギでアマサギとほぼ同大。頭と背, 胸から後ろは濃紺〜ほぼ黒く見える。喉〜頭, 胸は白い。冠羽がある。浅瀬を積極的に動き回り採食する。夜間, 街灯の周りで採食していることもある。単独か数羽の群れで見られることが多い。鳴き声はコサギに似る。

生息環境: 主に海岸, 干潟, マングローブ林, 水田, 河川, 淡水湿地や周辺の草地など。主に乾季に少数が飛来するが不規則。

類似種: 幼鳥はシロガシラサギに似るが→○大きい。○頭から頸に灰色味がある。○頸に縦斑がある。○上面に褐色味が少ない。

①**Adult breeding.** Sexes similar. Yellow bill, dark blue-grey crown/back, crest, white plumes on neck. Non-breeding has shorter plumes. May.

②**Immature.** Faint mask, browner back. Dec.

①**成鳥繁殖羽**　雌雄同色。非繁殖羽では冠羽や飾り羽が短い　5月
②**若鳥**　頭の模様が不明瞭。雨覆に幼羽が残る　12月
③**幼鳥**　頭は白い。上面は褐色　8月
④**成鳥**　翼下面はほぼ一様に暗色　8月

③**Juvenile.** White head, browner mottled back. Aug.

④**Adult.** Dark underwing, no obvious markings. Aug.

カオジロサギ

○ **White-faced Heron**
Egretta novaehollandiae

◆ TL 58-69 cm
◆ WS -106 cm

Common in various waterside habitats. Tidal mudflats, lakes, mangroves.

White-faced=白い顔の。

全身青灰色の小形のサギ。顔〜喉が白い。眼先は黒，灰色，黄色などで，虹彩は黄色〜灰色。変異は年齢と季節によるらしいがわかっていない。飛翔時の翼上面のパターンは日本のアオサギに似る。昼行性で単独でいることが多い。声はコサギに似る。

生息環境： 淡水湿地，河川，貯水池，マングローブ林，海岸，島，岩礁など，およそあらゆる水辺環境。干潟や湿地のほか，大雨の後に冠水した畑，草原，市街地の公園，駐車場などにも飛来する。一方，乾燥した草原では見られない。

類似種： クロサギ暗色型→○黒い。○嘴が太い。

①**Adult breeding.** Sexes similar. Blueish grey body, white face, bill black. Reddish yellow legs, plumes on breast/back. Darker iris/facial skin. Female smaller. Jul.

①**成鳥繁殖羽** 雌雄同色。♂はやや大きい。胸と背の飾り羽が顕著。全体に色が鮮やかで虹彩と眼先は暗色。足はやや赤色味がある 7月
②**成鳥非繁殖羽** 飾り羽はほとんどなく，全体に色が鈍い 5月
③**成鳥** 4月
④**成鳥** 灰色の翼に風切の濃紺のコントラストが目立つ 12月

②**Adult non-breeding.** Paler. Less or no plumes. May.

③**Adult.** Iris varies in individual, yellow to grey. Apr.

Adult. Grey and dark blue wing distinctive. Dec.

コサギ

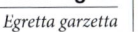

○ **Little Egret**
Egretta garzetta

◆ TL 55-65 cm
◆ WS 86-104 cm

ペリカン目 PELECANIFORMES

サギ科 Ardeidae

Common in Various waterside habitat, creeks, tidal mudflats, grasslands. Race *nigripes*.

Little=小さな。

日本と別亜種 *nigripes* で，足先の黄色い部分が少なく，足裏のみ黄色で，黄色い部分がまったくない個体も多い。繁殖羽では頭に長い冠羽がある。主に浅瀬で活発に採食し，草原でアマサギやチュウサギとともに採食することもある。

生息環境：淡水湿地，マングローブ林，河川，海岸，島，珊瑚礁などおよそあらゆる水辺環境。畑，草原，市街地の公園，水路などにも。

類似種：チュウサギ→○体が大きい。○嘴が黄色く短い。アマサギ→○頭が丸い。○嘴が黄色く短い。クロサギ淡色型→○嘴が長く足が短い。

①**成鳥繁殖羽** 雌雄同色。頭，胸，背に飾り羽がある　5月
②**成鳥非繁殖羽** 飾り羽はほとんどない　8月
③**成鳥非繁殖羽** 嘴の先端から頭頂まで直線的　5月
④**成鳥非繁殖羽**　8月

①**Adult breeding.** Sexes similar. Plumes on head/neck/back. May.

②**Adult non-breeding.** Less or no plumes. Aug.

③**Adult non-breeding.** Head to the tip of bill almost in straight line. May.

④**Adult non-breeding.** Aug.

クロサギ

◇ **Pacific Reef Egret**　◆ TL 58-66 cm

Egretta sacra　◆ WS 90-100 cm

Uncommon and local in Beaches, off-shore islands. Race *sacra*.

Pacific=太平洋。Reef=岩礁。

日本と同亜種 *sacra*。太い嘴と短めな足が特徴的なサギ。全身すす色の暗色型と, 全身白い淡色型がある。どちらも虹彩は黄色。嘴, 眼先の裸部, 足の色は黄色, 緑, 灰色, 黒など個体差が大きい。主に浅瀬や砂浜で小走りに駆け回って採食する。単独か数羽の群れでいることが多い。潮の干満により, 夜間にも採食する。暗色型と淡色型で好む環境や採食方法に違いがあるともいわれている。

生息環境：海岸, 干潟, 岩礁, マングローブ林など。特に岩がちな場所を好む。

類似種：コサギ→○スマートな体形で足が長く黒い。

①**Adult dark morph non-breeding.** Longer plumes in breeding. Feb.

②**Adult light morph non-breeding.** Leg color varies in individual blue-grey to yellow. Apr.

①**成鳥暗色型非繁殖羽**　繁殖羽では冠羽や胸, 背の飾り羽が長い　2月
②**成鳥白色型非繁殖羽**　4月
③**成鳥白色型非繁殖羽**　嘴が太く, 先端から頭頂まで直線的　7月
④**成鳥白色型**　足が短く, 趾が尾を越える程度　7月

③**Adult light morph non-breeding.** Thick bill. Bill color varies in individual, pink to yellow often with black marks. Jul.

④**Adult light morph.** Proportionately shorter legs than other Egrets. Jul.

コシグロペリカン

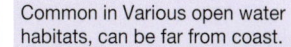
○ Australian Pelican
Pelecanus conspicillatus

◆ TL 152-188 cm
◆ WS 230-260 cm

①**Adult non-breeding.** Sexes similar. Longer crest, brighter skin in breeding. Female smaller, shorter bill. Apr.

②**Adult in water.** Normally holds wings above water. Apr.

③**Juvenile.** Duller. Dark head/nape. Back paler. Aug.

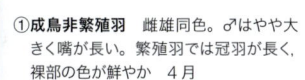

④**Adult.** Large white patch on shoulder. Sep.

Common in Various open water habitats, can be far from coast.

Australian＝オーストラリアの。
Pelican＝ペリカン。

数羽～数十羽のゆるやかな群れでいることが多い。ゆっくりとした羽ばたきに長い滑翔を交えて悠々と飛ぶ。かなり高空を飛ぶこともある。大きな嘴を利用して主に魚を捕る。群れで輪を作り，魚を囲い込んで捕らえることもある。大きな湖沼ではミナミクロヒメウなど潜水性の鳥を利用して採食する様子が観察されている。

生息環境：海岸，内陸の広い開放水面のある湿地，貯水池，河川など。海岸部に多いが，海岸からかなり離れた内陸の湖沼でも普通に見られる。

類似種：なし。

①**成鳥非繁殖羽** 雌雄同色。♂はやや大きく嘴が長い。繁殖羽では冠羽が長く，裸部の色が鮮やか 4月
②**成鳥** 水に浮かぶ時は翼をやや持ち上げる 4月
③**幼鳥** 顔，後頸，翼が褐色 8月
④**成鳥** 肩，背が白い 9月

ペリカン目 PELECANIFORMES

ペリカン科 Pelecanidae

オオグンカンドリ

△ **Great Frigatebird**

Fregata minor

◆ TL 85-105 cm
◆ WS 205-230 cm

Uncommon in Off-shore, occasionally come inland after strong wind.

Great=大きな。Frigate=軍艦。

ほとんど羽ばたかずに高空で滑翔していることが多い。雄は上面に緑光沢があり、下面は黒い。喉は赤く裸出して、繁殖地では風船のように膨らませてディスプレイする。雌は上下面とも褐色味があり、胸～腹が白い。赤道周辺の海洋に広く分布し日本でも記録がある。

生息環境： 内洋、外洋、島周辺。サイクロンの際などは沿岸部に大きな群れが見られたり、かなり内陸部で観察されることもある。

類似種： コグンカンドリ→○脇が白い。ただしオオグンカンドリにも脇に白い部分のある個体がいる。○ひと回り小さい。

①**成鳥♂**　喉に赤い皮膚が裸出している　2月
②**成鳥♀**　胸が白い　12月
③**幼鳥**　頭と喉が淡褐色。胸が黒く腹が白い　2月
④**成鳥♀**　雨覆が淡褐色で不明瞭な帯に見える　11月

①**Adult male.** Red throat. Pointy long wing, tail. Feb.

②**Adult female.** Pale throat, white breast. Dec.

③**Juvenile.** Tawny head/throat, black breast, white belly. Feb.

④**Adult female.** Faint pale wing bars. Nov.

コグンカンドリ

△ **Lesser Frigatebird**
Fregata ariel

◆ TL 71-81 cm
◆ WS 175-193 cm

Uncommon in off-shore, occasionally come inland after strong wind.

Lesser=より小さな。

ほとんど羽ばたかずに高空で滑翔していることが多い。雄の上面の光沢は青色味がある。下面は黒く、脇に白い斑がある。喉は赤く裸出して、繁殖地では風船のように膨らませてディスプレイする。雌は上下面とも褐色味があり、胸～腹の白斑は脇にも伸びる。赤道周辺の海洋に広く分布し、日本でも記録がある。
生息環境：内洋、外洋、島周辺。サイクロンの際などは沿岸部に大きな群れが見られたり、かなり内陸部で観察されることもある。
類似種：オオグンカンドリ→○脇が白くない。○ひと回り大きい。

①**成鳥♂** 喉に赤い皮膚が裸出している。脇が白い　2月
②**成鳥♀** 喉が黒く、胸と脇が白い　2月
③**幼鳥** 頭が淡褐色。胸は黒く、腹と脇が白い　2月
④**成鳥♂** 繁殖地では赤い喉を膨らませて求愛する　1月

①**Adult male.** Red throat. white 'armpits'. Feb.

②**Adult female.** Black throat, white breast, white 'armpits'. Feb.

③**Juvenile.** Tawny head, black breast, white belly, white 'armpits' Feb.

④**Adult male.** Jan.

アカアシカツオドリ

△ Red-footed Booby
Sula sula

◆ TL 66-77 cm
◆ WS 91-101 cm

①**Adult light morph.** Sexes similar. White upperparts, blue face. All morph has bright red legs. Female larger. Feb.

②**Adult dark morph.** Dark brown upperparts, white rump/tail. Apr.

③**Immature.** Pale head, pale fringed wing coverts. Apr.

④**Juvenile(left) and Immature (right).** Nov.

Uncommon/rare in GBR, cays. Often rest on buoy, moored boat.

Red-footed=赤い足の。Booby =カツオドリ，語源はアホウドリと同様で「まぬけ」の意。

日本と同亜種*rubripes*。白い尾が長く目立つ。淡色型，暗色型，および中間的な体色がある。淡色型では翼の上面が白く，頭と尾が白い。暗色型は翼の上面が濃褐色で，頭と尾が濃褐色。頭か尾，または両方が白い個体もいる。すべての型で足は赤い。夜間に採食することもある。

生息環境： 内洋，外洋，島周辺。ウキや漂流物に止まることが多く，島などに降りることは少ない。

類似種： カツオドリ→○上面は一様に黒褐色。

①成鳥淡色型　雌雄同色。♀はやや大きい　2月
②成鳥暗色型　腰～尾が白い　4月
③幼鳥　腰～尾が茶色　4月
④若鳥淡色型（右）と幼鳥（左）　11月

カツオドリ

○ **Brown Booby**
Sula leucogaster

◆ TL 65-74 cm
◆ WS 132-150 cm

Common in GBR, cays. Often rest on beaches. Race *plotus*.

Brown＝茶色の。

日本と同亜種 *plotus*。嘴が大きく、眼の辺り～嘴がつながったユーモラスな顔をしている。ほかのカツオドリよりも顔の裸部が広い。海面近くのやや低い位置を飛び、そのまま飛び込むか、いったん上昇して切り返すようにして飛び込む。北部クイーンズランドで見られるカツオドリの中では最も近海で見られる。海面のウキや漂流物に止まるほか、島や岩礁などにも降りる。
生息環境: 内洋、外洋、島。
類似種: アカアシカツオドリ暗色型→○上面の色はより淡い。○尾が白い。

①**Adult male.** Blue face, white belly, pale yellow legs. Sep.

②**Adult female.** Similar to male, pale face. May.

①成鳥♂　顔が青い　9月
②成鳥♀　眼先のみ青く、顔が白い　5月
③幼鳥　全体に色が淡く、腹が褐色　6月
④雛　白い綿毛に覆われている　2月

③**Juvenile.** Paler. Pale fringed wing, brown belly. Jun.

④**Chick.** Feb.

シロハラコビトウ

○ **Little Pied Cormorant**
Microcarbo melanoleucos
◆ TL 55-65 cm
◆ WS 84-91 cm

①**Adult non-breeding.** Sexes similar. Short yellow bill. More distinctive short crest and orangish bill in breeding. Female smaller. Jun.

②**Adult non-breeding.** Normally dose not fly in formation. Jun.

③**Juvenile.** Duller. Pale brown head/neck. Jun.

Common in rivers, creeks, lakes, urban parks with pond. Race *melanoleucos*.

Little=小さな。Pied=白黒の。
Cormorant=鵜,「海のカラス」の意。

亜種*melanoleucos*。白黒のはっきりした配色の小形のウ。ほかのウより飛ぶときの助走が短い。さまざまな水辺に生息し,市街地の水路などで見ることもあり,街路樹にねぐらをとることもある。通常は単独でいることが多い。食物の豊富な環境では群れることもあるが,協力して採食することはない。

生息環境：湖沼, 河川, マングローブ林, 貯水池や公園の池などさまざまな水辺。

類似種：マミジロウ→○ひと回り大きい。○眼先が黄色。○嘴が長く淡色。○腿が黒い。

①**成鳥非繁殖羽**　雌雄同色。♂はやや大きい。繁殖羽では冠羽がより長く, 嘴が赤色味を帯びる　6月
②**成鳥非繁殖羽**　複数でもかぎ型にならずにバラバラに飛ぶことが多い　6月
③**幼鳥**　額〜後頸背が淡褐色　6月

マミジロウ

Australian Pied Cormorant *Phalacrocorax varius*

Longer bill, yellow forehead, black thigh.
沖合の海面で稀に見られる。

ミナミクロヒメウ

○ **Little Black Cormorant** ◆ TL 95-105 cm
Phalacrocorax sulcirostris ◆ WS 132-150 cm

Common in rivers, creeks, lakes, urban parks with pond.

Little=小さな。Black=黒い。

シロハラコビトウと同大で全身黒いウ。繁殖羽では特に頸と胸の光沢が強く、頭と頸に短い飾り羽があり、ごま塩状に見える。非繁殖羽は光沢がない。シロハラコビトウよりも多様な環境で見られ、市街地の水路などにも多い。通常は水際の植生の豊かな水面を好む。群れで協力して魚を捕る。捕獲効率は群れが大きくなるほど上がるとされ、数百羽の群れになることもある。

生息環境： 湖沼、河川、貯水池や公園の池などさまざまな水辺。

類似種： カワウ→○大きい。○嘴は白っぽく基部が黄色い。○頬が白い。

①**Adult, partial breeding.** Sexes similar. Iris blue-green. White freckles on forehead. Jan.

②**Adult, partial breeding.** Less glossy, no white freckle on forehead in non -breeding. Jan.

①成鳥ほぼ繁殖羽　1月
②成鳥ほぼ繁殖羽　1月
③幼鳥　全身茶褐色で光沢がない　8月
④成鳥　かぎ型になって飛ぶことが多い　1月

③**Juvenile.** Duller, browner. Bill paler. Aug.

④**Adults.** Usually fly in formation. Jan.

カワウ

△ **Great Cormorant** ◆ TL 72-92 cm
Phalacrocorax carbo ◆ WS 130-160 cm

Uncommon in rivers, creeks, lakes, urban parks with pond. Race *novaehollandiae*.

Great=大きな。

日本と別亜種 *novaehollandiae*。繁殖羽でも頭はほとんど白くならず，足の付け根の白斑も小さいか，ほとんどない。単独で見ることが多く，観察頻度はかなり低い。繁殖は日本同様，樹上にコロニーを作るが，他種のウのコロニーに混じっていることも多い。

生息環境：入江，湖沼，河川，貯水池や公園の池などさまざまな水辺。

類似種：幼鳥で下面が白く見える個体はマミジロウの幼鳥と似るが→○下面が明瞭に白い。○腿が黒い。

①**Adult non-breeding.** Sexes similar. Pale bill, yellow face, black fringed brown back. Fine white streaks on neck in breeding. Mar.

②**Immature.** Duller. Darker back. Nov.

①**成鳥非繁殖羽**　3月
②**若鳥**　顔の模様が不明瞭　11月
③**巣に座る幼鳥**　顔は白く，頬の白斑がない　9月
④**若鳥**　11月

③**Juveniles in nest.** Pale white face. No cheek patch. Sep.

④**Immature.** Nov.

オーストラリアヘビウ

○ **Australian Darter**
Anhinga novaehollandiae
◆ TL 85-97 cm
◆ WS 116-128 cm

カツオドリ目 SULIFORMES

ヘビウ科 Anhingidae

Common in rivers, creeks, lakes, urban parks with pond. Race *novaehollandiae*.

Australian=オーストラリアの。Darter=ヘビウ，Dart（矢・槍）から。

亜種*novaehollandiae*。種名の通りヘビのように見える細長い頸が特徴。雌雄で羽衣が大きく異なる。ウとは異なり，嘴はまっすぐで先端にかぎがなく，もっぱら獲物を突き刺して捕らえる。頸と尾が長く，十字型の独特な飛翔形となる。小さな川でも見られ，市街地の水路などにも飛来する。ある程度大きな池があれば公園などでも繁殖もする。

生息環境：止水の湖沼，流れのゆるやかな河川など。公園の池にもいる。

類似種：なし。

①**成鳥♂**　頬に白線がある。体下面は茶色，上面は黒く，淡色のササの葉模様がある　6月
②**成鳥♀**　頬から体下面は白い，上面はほぼ黒いが，白いササの葉模様がある。幼鳥は♀に似るがより白っぽい　10月
③**成鳥♂**　翼は複雑なササの葉模様　11月
④**成鳥♀**　十字型の特徴的な飛翔形　10月

①**Adult male.** Straight bill, black head, white cheek stripe, chestnut under neck/breast. Jun.

②**Adult female.** White underside, paler back. Juvenile similar to adult female, paler. Oct.

③**Adult male.** Nov.

④**Adult female.** Long neck, tail makes distinctive flight shape. Oct.

カンムリミサゴ

○ **Eastern Osprey**
Pandion cristatus

◆ TL 55-58 cm
◆ WS 127-174 cm

①**Adult female.** Sexes similar. Male smaller, often less marked breast. Jun.

Common in coasts, lakes. Anywhere near large water. Sometimes treated as a subspecies of *P. Haliaetus*.

Eastern=東の。
Osprey=ミサゴ。

ミサゴ *P.haliaetus* の亜種とする分類もある。大形の猛禽で飛翔時はかなり白く見える。細長い翼をややたたみがちな飛翔形が特徴。鉄塔の上など見晴らしのよいところに大きな巣を作る。同じ巣を何度も使う傾向があり，古い巣は巣材が積み重ねられて非常に大きくなる。

生息環境：海岸，島。広さが十分であれば海から離れた内陸の湖沼でも見られる。

類似種：シロハラウミワシ幼鳥→○前腕と風切のコントラストが強く，尾が短く見える。○飛翔時に翼が大きく上に反る。

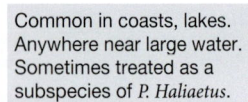

②**Juvenile.** Face/neck markings heavier, buff fringed wing. Aug.

①**成鳥♀** 雌雄同色。♂はひと回り小さく，胸の模様が薄い個体が多い　6月
②**幼鳥** 顔や頸の模様が濃い。雨覆の羽縁が淡色　8月
③**つがい**，♀（左）と♂（右）　4月
④**大きな巣**　8月

③**Pair.** Female (left), male (right). Apr.

④**Nest.** Aug.

オーストラリアカタグロトビ

○ Black-shouldered Kite
Elanus axillaris

◆ TL 33-37 cm
◆ WS 82-94 cm

Common in drier area. Paddocks, farmlands. Mostly winter visitor.

Black-shouldered=黒い肩の。 Kite=トビ。

肩の黒い部分と赤い虹彩が目立つ。電線など見晴らしのよいところに止まったり，畑の上でホバリングしながら食物を探している。小形のハヤブサのような雰囲気で敏捷に飛ぶ。内陸のやや乾燥した地域に多く，乾季には沿岸部にも移動するが数は年によって大きく異なる。

生息環境：疎林近くの草原，畑，牧草地など。林から離れていても止まり木になる電柱や農機具があれば利用する。

類似種：なし。

①**Adult.** Sexes similar. Iris red, black primaries. Female larger. Sep.

②**Adult.** Pale blue-grey back, white body, black shoulder. Nov.

①成鳥　雌雄同色。♀はやや大きい。翼下面は初列雨覆と初列風切のみ黒い　9月
②成鳥　11月
③幼鳥　頭から胸は茶色，雨覆は褐色で羽縁が白い　6月
④成鳥　9月

③**Juvenile.** Head/neck/breast mottled buff, wing scalloped. Jun.

④**Adult.** Distinctive large black patch on shoulders. Sep.

シラガトビ

✕ **Square-tailed Kite**
Lophoictinia isura

◆ TL 50-56 cm
◆ WS 131-146 cm

Adult. Rufous arms, barred primary tips, plain grey undertail. Apr.
成鳥　4月

Uncommon, nomadic. Riverside vegetation.

Square-tailed=四角い尾の。

体下面と前腕が赤茶色。初列風切先端はしま模様。次列風切の羽縁が黒い。尾には模様がない。深いV字の飛翔形で林冠を滑空し, 食物を探す。

生息環境: やや乾燥した地域の樹林。特に川沿いの樹林を好む。個体数はあまり多くないと考えられており, 不規則に飛来する。乾季にオーストラリア南東部から移動してくる個体もいる。

類似種: トビ→○風切の下面が黒い。シロガシラトビ幼鳥→○翼端が黒く尾が丸い。アカヒメクマタカ→○初列風切先端が黒い。○尾に横帯がある。

クロムネトビ

✕ **Black-breasted Buzzard**
Hamirostra melanosternon

◆ TL 51-61 cm
◆ WS 147-156 cm

Adult. Barred arms, black primary tips, plain grey undertail. Jun.
成鳥　6月

Uncommon, irregular visitor. Drier open forests, adjacent grasslands.

Black-breasted=黒い胸の。Buzzard=ノスリ。

喉〜腹が黒く, 翼の白斑が目立つ。初列風切先端は黒く, 尾に模様はない。深いV字の飛翔形で左右にゆらゆらと揺れる特徴的な飛び方。石をくわえてエミューの卵を割って食べることも知られる。個体数はあまり多くないと考えられている。つがいで見ることが多い。

生息環境: 乾燥した低地の樹林, 草原, 道路沿いなど。

類似種: 幼鳥はアカヒメクマタカに似るが→○翼がより細い。○尾にしま模様がある。

カンムリカッコウハヤブサ

◇ **Pacific Baza**
Aviceda subcristata

◆ TL 35-46 cm
◆ WS 80-105 cm

Uncommon in rainforests, adjacent forests, farmlands, urban parks. Race *subcristata*.

Pacific＝太平洋。Bazaは古い属名でタカの意。

亜種*subcristata*。短い冠羽がある小形の猛禽。腹のカッコウのような横帯が目立つ。幅が広く，先の丸い翼をしており，林冠や中層で木の間を縫うようにして飛ぶ。雌雄で協力して狩りすることもある。繁殖期には「ケッ，キョッ，ケッ，キョッ」とうるさく鳴く。

生息環境：雨林，湿った環境の樹林，隣接した草原や公園などにも。海岸線からあまり遠くない範囲に生息している。小さな林にも生息し，市街地でも見られる。

類似種：なし。

①**成鳥** 雌雄同色。♀はやや大きい。翼は青灰色で背は褐色味がある　10月
②**幼鳥** 顔が淡色，胸は淡褐色。雨覆は褐色で羽縁が白い　7月
③**成鳥** 前腕と下尾筒が赤褐色，翼下面は白く，羽縁に黒帯がある　11月
④**成鳥** 尾羽を開くと黒帯が目立つ　11月

①**Adult.** Sexes similar. Small crest, bold barred breast. Female larger. Oct.

②**Juvenile.** Pale face, tawny breast. Browner, scalloped wing. Jul.

③**Adult.** Rufous arms, barred primary tips, black edged secondaries. Nov.

④**Adult.** Bold tail bar distinctive when spread. Nov.

オナガイヌワシ

◇ **Wedge-tailed Eagle**
Aquila audax

◆ TL 84-104 cm
◆ WS 182-232 cm

①**Adult.** Sexes similar. Proportionally small head with 'neck'. Long wedged tail. Female larger. Jun.

Uncommon in open forest, farmlands, paddocks, roadsides. Race *audax*.

Wedge-tailed=くさび型の尾の。Eagle=ワシ。

亜種*audax*。非常に大形の猛禽。くさび型の長い尾が特徴。樹林に近い開けた草原で哺乳類などを狙う。集団で狩りをすることでも知られ，数羽の群れで大形のカンガルーをしとめることもある。屍肉を食べることも多く，特に若い個体は轢かれたカンガルーなどに集まる。

生息環境： 丘陵地，その周辺の牧草地，畑など。

類似種： シロハラウミワシは逆光下，幼鳥などでは紛らわしい→○尾が短い。○頸がないように見える。

① **成鳥** 雌雄同色。♀は大きい。頭が小さく，頸があるように見える。翼には淡色の班がある　6月
② **成鳥** カンガルーの轢死体に止まる。後頸は淡色　8月
③ **若鳥** およそ4年目の個体。後頸や雨覆が淡褐色。成鳥になるには10年ほどかかり，年をとるにつれ淡色の部分が少なくなる　12月
④ **巨大な巣に座る親子** 白く見えるのが雛　7月

②**Adult.** Often feed on road kills. Aug.

③**Immature.** 3-4 years old. Usually takes about 10 years to obtain full adult plumage. Dec.

④**Adult and chick on nest.** Jul.

オーストラリアカワリオオタカ

◇ Grey Goshawk
Accipiter novaehollandiae
◆ TL 40-55 cm
◆ WS 71-110 cm

タカ目 ACCIPITRIFORMES

タカ科 Accipitridae

①**Adult male.** Iris red, pale grey head/back, finely barred breast, white belly. Female larger. Mar.

②**Adult male.** Broad wing, proportionally short tail. May.

③**Immature female.** Darker. Heavily barred breast. May.

④**Adult male white morph.** Jan.

Uncommon in open forest, rainforests, urban parks.

Grey=灰色の。Goshawk=オオタカ, ガン (Goose) を捕るタカの意。

全身が白っぽい, がっしりとした猛禽。翼は幅広く, 尾は短め。虹彩は赤く, ろう膜と足は黄色。頭〜上面が明るい灰色の通常型と, 完全に白い白色型がある。白色型の個体はキバタンの群れに混じり, 存在を隠して狩りに活かすと考えられる事例が報告されている。

生息環境: 雨林, 林縁, 隣接した樹林, 公園や市街地などにも。庭やベランダなどにも飛来し鳥かごの鳥を襲うこともある。アカハラオオタカと異なりうっそうとした林内にも生息。

類似種: なし。

①成鳥♂　♀はひと回り大きい　3月
②成鳥♂　5月
③若鳥♀　胸に細かい横斑がある　5月
④成鳥♂白色型　1月

71

アカハラオオタカ

◇ **Brown Goshawk**　◆ TL 40-50 cm
Accipiter fasciatus　◆ WS 74-96 cm

①**Adult male.** Sexes similar. Heavy hooded brow. Round tail. Female larger. Oct.

②**Adult male.** Finely barred underparts, round tail. Oct.

Uncommon in open forests, parks. Race *didimus*.

Brown=茶色の。

基亜種よりひと回り小さい亜種 *didimus*。ほっそりとした体形の猛禽。体色はさまざまで，最も普通なのは頭と上面が暗灰色で後頸が赤く，体下面に茶色の細かい横斑がある個体。より上面が濃く，下面がほとんど茶色の個体も特に北部では多い。

生息環境：沿岸部の樹林。公園や市街地などにも。鬱蒼とした林内では見ない。

類似種：アカエリツミ→○小さく尾は角尾。○体形がより細く頭が小さい。○眼の上があまり張り出さず，にらんでいる印象が薄い。○翼下面のしまが太い。○趾が長い。

①**成鳥♂よく見られるタイプ**　雌雄同色。♀はひと回り大きい　10月
②**成鳥♂**　眼の上が張り出す　10月
③**幼鳥**　胸に縦斑，腹に横斑がある　4月
④**成鳥♂**　暗色型　7月

③**Juvenile.** Brown streaked head/neck/breast. Barred belly, brown scalloped wing. Apr.

④**Adult male.** Dark individual. Jul.

アカエリツミ

△ Collared Sparrowhawk
Accipiter cirrocephalus

◆ TL 27-38 cm
◆ WS 53-77 cm

Uncommon in forest, urban parks, gardens. Race *cirrocephalus*.

Collared=襟飾りのある。
Sparrowhawk= 小形のタカ, Sparrow（スズメ）を捕ることから。

亜種 *cirrocephalus*。ほっそりとした小形の猛禽。特に雄は小さい。頭と上面は灰色〜灰褐色。頭は赤い。下面は白く，茶色の細かい横斑がある。アカハラオオタカのような極端に暗色の個体はいない。

生息環境： 樹林，疎林，畑，大きな公園，市街地の公園など。庭やベランダなどにも飛来し，鳥かごの鳥を襲うこともある。

類似種： アカハラオオタカ→○大きく尾が円尾。○がっしりして頭が大きい。○眼の上が張り出し，にらんでいる印象。○翼下面のしまが細い。○趾は短い。

①**Adult female.** Sexes similar. Finely barred underparts, square/notched tail. Female larger. Aug.

②**Adult male.** Square/notched tail. Nov.

①**成鳥♀** 雌雄同色。♂はひと回り小さい 8月
②**成鳥♂** 11月
③**成鳥♂** 11月
④**幼鳥** 3月

③**Adult male.** Less or no hooded brow. Nov.

④**Juvenile.** Mar.

ミナミチュウヒ

◇ **Swamp Harrier**
Circus approximans

◆ TL 48-61 cm
◆ WS 118-145 cm

Uncommon in farmlands, grasslands near water. Well vegetated lakes.

Swamp=湿地。
Harrier=チュウヒ。

飛翔時は全身が暗褐色で腰が白く目立つ。深いV字の飛翔形で草原低くを飛び，行動は日本のチュウヒに似る。

生息環境： 北部クイーンズランドでは乾季にオーストラリア南部からの移動個体が多い。湿地，畑，牧草地など。ウスユキチュウヒよりも湿った環境を好み，湿地周辺で見ることが多い。

類似種： ウスユキチュウヒ→○体形が細く，尾が長く見える。○全年齢で初列風切先端が明瞭に黒い。○腰が白くない。○尾には明瞭な横帯がある。○本種より広範な環境で見られる。

①**Adult female.** Dark face, yellow iris. Barred primary tip, pale rump. May.

②**Adult female.** Dark upperparts, white rump. May.

①**成鳥♀** 顔は暗色で虹彩は黄色。初列風切先端までしま模様がある　5月
②**成鳥♀** 上面は暗褐色で腰が白く目立つ　5月
③**幼鳥** 下面は一様に暗色で，初列風切下面が白く目立つ　5月
④**成鳥♂** しばしば♀より淡色でやや小さい　9月

③**Juvenile.** Darker. Brown underparts. Pale underside of primaries distinctive. May.

④**Adult male.** Often paler, smaller than female. Sep.

ウスユキチュウヒ

◇ Spotted Harrier
Circus assimilis

◆ TL 50-61 cm
◆ WS 121-147 cm

Uncommon in drier habitat than swamp harrier. Grasslands, farmlands.

Spotted＝斑点のある。

色鮮やかな大形の猛禽。上面は白く細かい斑があり，翼端は黒く目立つ。翼前縁と体下面は赤茶。尾は長くややくさび型，上下面とも明瞭なしま模様がある。虹彩は黄色。深いV字の飛翔形で草原低くを飛び，行動はミナミチュウヒに似る。

生息環境： 草原，畑，牧草地など。ミナミチュウヒより乾いた開放的な環境を好み，広範に見られる。非繁殖期に移動する個体もあるが不規則。

類似種： ミナミチュウヒ→○腰が白い。○初列風切先端は成鳥だとしまがあり，幼鳥はぼんやりと黒い。○尾に明瞭な帯がない。○生息環境がほぼ湿地周辺に限られる。

①**Adult.** Sexes similar. Finley spotted orange underparts, black primary tips. Female larger. Apr.

②**Adult.** Note barred rump. Apr.

①**成鳥**　雌雄同色。♀は大きい　4月
②**成鳥**　初列風切先端ははっきり黒い　4月
③**成鳥**　1月
④**幼鳥**　腰が淡色に見えるものもいる　7月

③**Adult.** Jan.

④**Juvenile.** Browner. Streaked breast, dark black primary tips. Jul.

75

トビ

Common in various habitat.
Forest, farmlands, paddocks,
urban areas. Race *affinis*.

Black=黒い，焦げ茶色だがイギリスのアカトビ *M. milvus* に比べて黒いという意味といわれる。

日本と別亜種 *affinis*，小さく，のっぺりとしている。日本のトビより体色は黒く，鳴き声も細切れな感じ。屍肉に数多く集まり，道路沿いでよく見かける。

生息環境：おおよそすべての陸上環境で見られる。特に幼鳥では果樹園や畑などで昆虫を採ることが多い。

類似種：フエフキトビ→○白っぽく尾が円尾。○飛翔時，前腕と風切のコントラストが強い。シラガトビ→○風切下面はほぼ白く見える。

①**Adult.** Sexes similar. Long notched/square tail. Female larger. Sep.

②**Adult.** Jun.

①**成鳥**　雌雄同色。♀はやや大きい　9月
②**成鳥**　6月
③**幼鳥**　全体に淡色で，上下面とも体には縦斑がある。雨覆の羽縁が淡色　9月
④**幼鳥**　9月

③**Juvenile.** Paler. Streaked breast, mottled underparts. Sep.

④**Juvenile.** Mottled wing coverts. Sep.

フエフキトビ

○ **Whistling Kite** | ◆ TL 51-59 cm
Haliastur sphenurus | ◆ WS 120-146 cm

Common in open forest, farmlands, coast, urban areas.

Whistling=口笛を吹く。

頭〜胸腹がかなり淡色。尾は長く円尾。初列風切は内側数枚だけが淡色で，飛翔時に目立つ。日本のトビに似た感じで「ピー，ヒョロロー」と鳴く。屍肉にも集まり，道路沿いでもよく見かける。特に早朝は道路沿いに飛ぶことが多い。

生息環境： おおよそすべての陸上環境で見られる。水辺に近い環境を好み，内陸の湖沼や海岸沿いにいることが多い。

類似種： トビ→○飛翔時は前腕も黒っぽい。○尾は角尾か凹尾。アカヒメクマタカ淡色型→○前腕が赤茶で模様が明瞭。○初列風切先端のみ黒い。○尾に横帯がある。

①**Adult.** Sexes similar. Long round tail, pale arm, black primaries/secondaries with white gap. Female larger. Oct.

②**Adult.** Jul.

③**Juvenile.** Buff spotted wing, streaked underparts. Jul.

①成鳥　雌雄同色。♀はやや大きい　10月
②成鳥　7月
③幼鳥　体は黄褐色で縦斑がある。翼には星模様　7月

アカヒメクマタカ

Little Eagle　　*Hieraaetus morphnoides*

Uncommon. Jul.
淡色型　稀に見られる　7月

シロガシラトビ

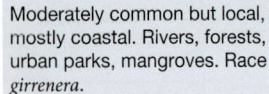

○ **Brahminy Kite**
Haliastur indus

◆ TL 45-51 cm
◆ WS 109-124 cm

①**Adult.** Sexes similar. Head to breast white. Reddish brown overall. Round tail. female larger. Sep.

②**Adult.** Aug.

Moderately common but local, mostly coastal. Rivers, forests, urban parks, mangroves. Race *girrenera*.

Brahminy=高貴な，インドの カーストにおける最高位の名称 から。

亜種*girrenera*。白色部に基亜種 のような細かい縦斑がない。頭 が大きく，頭は太い。ずんぐり とした体形で頭〜胸が白く，背 や翼，腹の赤褐色とのコントラ ストがよく目立つ。尾は短めで 円尾。嘴は薄い黄色。翼は短く， 翼上面は一様な赤褐色。

生息環境：マングローブ林。大 きな河川，河川沿いの樹林，河 口，海岸から近い湿地，草原，畑， 市街地など。

類似種：幼鳥はトビに似るが→ ○体形がかなり異なる。○尾は 長く凹尾。

①成鳥　雌雄同色。♀はやや大きい　9月
②成鳥　8月
③若鳥　翼は茶褐色で羽縁が白い　9月
④幼鳥　茶色で細かい縦斑がある　8月

③**Immature.** Paler. Mottled breast/wing. Sep.

④**Juvenile.** Browner. Streaked underparts. Aug.

シロハラウミワシ

◇ **White-bellied Sea Eagle** ◆ TL 75-85 cm
Haliaeetus leucogaster ◆ WS 178-218 cm

Uncommon in coast, mangroves, adjacent parks, urban areas. Large water in inland.

White-bellied=白い腹の。

がっしりとした体形の大形猛禽。静止時は頸が長く，飛翔時は短く見える。風切羽が黒く，飛翔時の白黒のコントラストは遠くからでもよく目立つ。翼を持ち上げた深いV字の姿勢で帆翔する。尾羽は付け根が黒い。尾端は白く，太い帯状に見える。

生息環境：海岸，湖，島など基本的には広い水辺に近い環境，市街地にも。沿岸に限らず，内陸部の湖沼周辺でも見られる。

類似種：逆光下の幼鳥はオナガイヌワシと迷うが→○尾が長い。○飛翔時に頸が長く見える。

①**Adult.** Sexes similar, female larger. May.

②**Pair.** Female (front), male (behind). Apr.

①成鳥　雌雄同色。♀はやや大きい　5月
②成鳥♀（手前）と♂（奥）　4月
③若鳥　おそらく1年目の個体。成鳥になるには4～5年かかる　4月
④若鳥　おそらく1年目の個体　9月

③**Immature.** Probable 1st year. Takes 4-5 years to obtain full adult plumage. Apr.

④**Immature.** Probable 1st year. Sep.

オーストラリアオオノガン

◇ **Australian Bustard**
Ardeotis australis

◆ TL 80-120 cm
◆ WS 160-210 cm

Uncommon and local in farmlands, paddocks.

Australian＝オーストラリアの。
Bustard＝ノガン。

体重8kgほどになる大形の鳥。頭頂は黒く，顔から体下面は汚白色。細い過眼線がある。体上面は褐色で，雨覆は鹿の子模様に見える。繁殖期の雄は喉を膨らませて，大きなよく響く声で「ガー」と鳴く。単独かつがいでいることが多いが，100羽ほどの群れをつくることもある。ゆっくりした羽ばたきで直線的に飛ぶ。

生息環境：乾燥した環境の草原，畑，牧草地など。火事で焼けた後の草原や，火事で燃えている草原の縁などによく見られる。乾季には広く分散する。

類似種：なし。

①**Adult male.** Black cap, thick white neck. Oct.

②**Adult female with chick.** Female smaller, duller. Grey neck. Oct.

①**成鳥♂** 10月
②**成鳥♀と雛** ♀は♂よりひと回り以上小さく，頭が灰色で模様も不明瞭 10月
③**成鳥♀** 9月
④**成鳥♂** 鳴いているところ 11月

③**Adult female.** Sep.

④**Adult male displaying.** Nov.

ミナミオオクイナ

①**Adult.** Sexes similar. Yellow-green bill, red iris, rich rufous head/neck/breast. Oct.

②**Adult.** Oct.

③**Adult.** Oct.

④**Chick.** May.

Moderately common in rainforests. Parks, gardens with dense undergrowth.

Red-necked=赤い頸の。Crake=クイナ，もともとはウズラクイナを指し，鳴き声に由来するといわれる

赤い頭と黄緑色の嘴と足が特徴的なクイナ。下草の中を歩き，あまり開けた場所に出てこない。朝夕の薄暗い時間帯に活発でよく鳴く。声質はややオオバンに似るが，鼻にかかる感じで「ケーッ，ケッケッケッケッ」といった調子で強く鳴く。つがいでいることが多い。林床や川の浅瀬などで採食する。

生息環境：雨林，下草のよく茂った林，公園など。川や湿地などの水場からあまり離れていない場所であれば市街地にもいる。

類似種：なし。

①成鳥　雌雄同色　10月
②成鳥　10月
③成鳥　10月
④雛　クイナ類の雛はどれもよく似ている　5月

ナンヨウクイナ

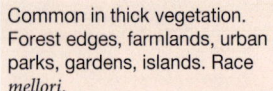

○ **Buff-banded Rail**
Gallirallus philippensis

◆ TL 25-33 cm
◆ WS 40-52 cm

①**Adult.** Sexes similar. I ris/bill red, rufous nape, orange band across breast. Aug.

②**Adult.** Orange spotted black wing. Nov.

Common in thick vegetation. Forest edges, farmlands, urban parks, gardens, islands. Race *mellori*.

- - - - - - - - - - - - - - - - -

Buff-banded=黄褐色の帯のある。Rail=クイナ。ノルマン語に由来し, ガサガサ音を立てることから。

- - - - - - - - - - - - - - - - -

亜種 *mellori*。赤い嘴と明瞭な過眼線が目立つ。胸に黄褐色の横斑がある。すぐ草むらに隠れてしまうが, 開けたところに出ていることも多い。声はクイナに似た高い声で,「ピッ, ピッ」とくり返す。

生息環境: 淡水, 汽水の湿地, その周辺の草地, 畑, 牧場, 海岸の草地やマングローブ林, 公園の植え込みなど。特に島など閉鎖的な環境では驚くほどの密度で生息していることがある。

類似種: なし。

①成鳥　雌雄同色　8月
②成鳥　風切はオレンジと黒のしま模様
　　　　11月
③幼鳥　全体に淡褐色で模様は不明瞭
　　　　4月
④雛　8月

③**Juvenile.** Browner, duller. Iris/bill dark. Apr.

④**Chick.** Aug.

ミナミクロクイナ

△ **Spotless Crake**
Porzana tabuensis

◆ TL 15-18 cm
◆ WS 26-29 cm

Adult. Iris/eye-ring red. Undertail barred. Sep.
成鳥　雌雄同色　9月

Rare/uncommon in well-vegetated freshwater wetlands.

Spotless=斑点のない。

頭～腹が暗灰色で上面は茶色。赤い虹彩とアイリングが目立つ。足はオレンジ色。下尾筒は白黒のしま模様。折り重なった枯れ草の下や草むらの中にいて、ほとんど姿を見せない。朝夕の薄暗い時間には水際などで採食する。「ポポポポポ」とかなり早い調子で鳴く。9～10月ごろに見られることが多いが、季節移動についてはよくわかっていない。
生息環境：淡水, 汽水の植生の豊かな浅い湿地。公園, 畑, 水田など。大雨の後の一時的な湿地にもあらわれる。
類似種：なし。

アカオクイナ

◇ **Pale-vented Bush-hen**
Amaurornis moluccana

◆ TL 23-30 cm
◆ WS 45-49 cm

Juvenile. Bill yellow in adult. May.
幼鳥　嘴が暗色。雌雄同色　5月

Uncommon in thick vegetation. Rainforests, farmlands. Race *ruficrissa*.

Pale-vented=白っぽい下腹の。Bush=やぶ。hen=雌鶏。

亜種*ruficrissa*。地味な印象のクイナ。嘴が黄色で虹彩は赤い。頭～胸が青灰色で下尾筒は赤茶色。上面は茶褐色。足は黄色。繁殖期には小さな赤い額板がある。ほとんど姿を見せず, 早朝や夕方などに草むらの中で盛んに鳴き交わしていることが多い。
生息環境：淡水の川, 湿地, 公園の池など周辺より草丈の高い, よく茂った草原や畑など。
類似種：ネッタイバン非繁殖羽→○よりずんぐりとした体形。○下尾筒が白い。

マミジロクイナ

◇ **White-browed Crake** ◆ TL 15-20 cm
Porzana cinerea ◆ WS 27 cm

Locally common in well-vegetated freshwater wetlands.

White-browed＝白い眉の。

黒い過眼線を挟んで眼の上下の白線が目立つ。虹彩は赤い。日中は草むらから出てこないが，朝夕には開けた場所で採食することが多い。鳴き声はオオバンに似るが鼻にかかる感じ。強い調子で「キュキュキュキュキュ」と鳴く。つがいでいることが多く，離れた茂みで鳴き交わすことも多い。

生息環境： 植生の豊かな淡水，汽水の湿地，適当な環境であれば市街地の公園，ゴルフ場などにもいる。

類似種： 幼鳥はヒメクイナ*Porzana pusilla* *（稀）幼鳥に似るが→○下尾筒に模様がある。

＊未掲載

①**Adult.** Sexes similar. Iris red, white eyebrow/cheek line distinctive. Dec.

②**Adult.** Plain grey breast, plain brown undertail coverts. Feb.

①成鳥　雌雄同色　12月
②成鳥　2月
③幼鳥　全体に褐色で模様が不明瞭　12月
④成鳥つがい　10月

③**Juvenile.** Duller, browner. Less marked face. Dec.

④**Pair.** Oct.

オーストラリアセイケイ

◇ **Australasian Swamphen**
Porphyrio melanotus

◆ TL 38-50 cm
◆ WS 70-86 cm

クイナ科 Rallidae

①**Adult.** Sexes similar. Iris/bill/forehead-shield red, blue breast, white undertail coverts. Male larger. Nov.

②**Juvenile.** Duller, darker. Iris dark. Forehead-shield small, black. Jun.

Uncommon and local in well-vegetated freshwater wetlands, adjacent grasslands. Race *melanotus*. Sometimes treated asa subspecies of *P. porphyria*.

Purple＝紫の。Swamp＝湿地。Hen＝雌鶏。

亜種 *melanotus*。セイケイ *P. porphyrio* の亜種とする分類もある。赤い額板と光沢のある青い体の水鳥。趾は長く赤い。嘴の先端から頭頂までは直線的。尾羽をピコピコ上げながら歩き，白い下尾筒が目立つ。やや割れた高い声で「ビッ，ビッ」と鳴く。

生息環境： 植生の豊かな淡水，汽水の湿地，周辺の草地，畑など。適当な環境であれば市街地の公園などにも。

類似種： ネッタイバン→○ひと回り小さい。○青色味がない。○頭は丸みを帯びる。

①**成鳥** 雌雄同色 ♂はやや大きい 11月
②**幼鳥** 嘴，虹彩が黒い。額板は小さい 6月
③**成鳥と雛** 6月
④**成鳥** 翼に目立つ模様はない 1月

③**Adult with chicks.** Jun.

④**Adult.** No obvious markings on wing. Jan.

ネッタイバン

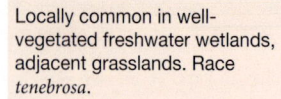

○ **Dusky Moorhen**
Gallinula tenebrosa

◆ TL 35-40 cm
◆ WS 55-65 cm

Locally common in well-vegetated freshwater wetlands, adjacent grasslands. Race *tenebrosa*.

Dusky=薄暗い。Moor＝湿地。

亜種*tenebrosa*。全身黒く，丸っこい体形。日本のバンによく似るが，脇に白い部分がない。鳴き声はよく似ている。繁殖羽では額板と嘴が赤く目立ち，嘴の先端は黄色。足は明るいオレンジ色。非繁殖羽では額板は小さく黒っぽいほか，虹彩，嘴，足の色も鈍い。開けた環境に出ていることが多い。

生息環境： 植生の豊かな淡水湿地，周辺の草地，畑など。適当な環境であれば市街地の公園などにも。大きく開けた水面のある環境を好む。稀に汽水域でも見られる。

類似種： オーストラリアセイケイ→○大きい。○顔～体下面に青色味がある。○頭の形が直線的。

① 成鳥繁殖羽　雌雄同色　3月
② 成鳥非繁殖羽　8月
③ 若鳥　非繁殖羽に似るが，より茶色，体羽などの羽縁が淡色　3月
④ 幼鳥　嘴が黄色　2月

① **Adult breeding.** Sexes similar. Forehead-shield brighter, larger. Legs brighter, iris reddish brown. Mar.

② **Adult non-breeding.** Forehead-shield less distinctive. Iris brown. Bill, legs duller. Aug.

③ **Immature.** Duller. Forehead-shield small. Legs greenish. Mar.

④ **Juvenile.** Duller, paler. Yellow bill. Feb.

オオバン

◎ **Eurasian Coot** ◆ TL 36-39 cm
Fulica atra ◆ WS 56-64 cm

Locally common in well-vegetated freshwater wetlands. Race *australis*.

Eurasian=ユーラシアの。
Coot=オオバン，鳴き声より。

日本と別亜種*australis*で，次列風切の後縁は白くない。全身すす色で，嘴と額が白く目立つ，丸っこい体形の鳥。虹彩は赤い。趾にヒレの付いた弁足で，ほかのクイナ類より泳ぐのが得意。潜水採食も多く，ある程度水深のある開けた環境を好む。

生息環境： 広い開放水面をもつ淡水湿地，流れのゆるやかな大きな河川など。適当な環境であれば市街地の公園などにも。

類似種： オーストラリアセイケイ，ネッタイバン→◯どちらも額が赤く，下尾筒が白い。

①**Adult non-breeding.** Sexes similar. Iris Red, sooty black overall, white forehead-shield. Aug.

②**Adult breeding with chick.** Forehead-shield larger. Oct.

①**成鳥非繁殖羽** 雌雄同色。白い額板が小さい 8月
②**成鳥繁殖羽と雛** 額板が大きい 10月
③**水面を走る** 8月
④**成鳥非繁殖羽** 翼に目立つ模様はない 8月

③**Often 'Run' water.** Aug.

④**Adult non-breeding.** No obvious markings on wing. Aug.

オオヅル

○ Sarus Crane
Antigone antigone

◆ TL -176 cm
◆ WS 220-280 cm

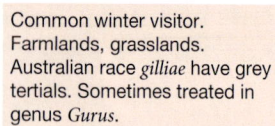

①**Adult male.** Sexes similar. Red head, red extend to neck with grey ear-patch. Female smaller. Nov.

②**Adult male.** Black primaries, grey secondaries. Aug.

Common winter visitor. Farmlands, grasslands. Australian race *gilliae* have grey tertials. Sometimes treated in genus *Gurus*.

Sarusはヒンズー語での呼び名に由来。Crane＝ツル。

オーストラリアに分布するのは亜種*gilliae*, 他亜種のように三列風切が白くない。顔〜喉, 頭の辺りまで赤い。虹彩はオレンジ色。足は赤い。水辺に限らず, 乾燥した草原でも採食する。夜間は水辺で休む。オーストラリアヅルと一緒にいることも多い。

生息環境：主に乾季に移動してくる。草原, 畑など。ねぐらとして浅い湿地を利用する。

類似種：オーストラリアヅル→○ひと回り小さい。○頭のみ赤い。○足は黒い。○体はより淡色に見える。○飛翔時に次列風切の羽縁が黒い。

①**成鳥♂** 雌雄同色。♀は小さく華奢 11月
②**成鳥♂** 初列風切のみ黒く。次列風切の羽縁は黒くない 8月
③**若鳥** 頭の模様は薄い。翼は褐色味がある 1月
④夜間は浅く水の張った湿地でねぐらをとる 6月

③ **Immatures.** Duller. Paler head/legs. Jan.

④**Night roost.** Jun.

オーストラリアヅル

○ **Brolga**
Antigone rubicunda
◆ TL 160 cm
◆ WS 200-230 cm

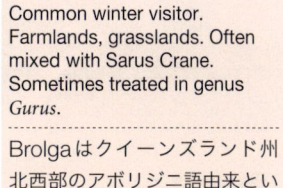

①**Adult male.** Red mask with grey ear-patch. Dewdrop under chin. Female smaller. Aug.

②**Adult.** Black primaries, black edged- secondaries. Aug.

③**Immature.** Pinkish face. Jun.

④**Juvenile (left).** Fawn bill/head/neck. Apr.

ツル目 GRUIFORMES

ツル科 Gruidae

Common winter visitor. Farmlands, grasslands. Often mixed with Sarus Crane. Sometimes treated in genus *Gurus*.

Brolga はクイーンズランド州北西部のアボリジニ語由来といわれる。

頭だけ赤い。顎の下に肉垂があり，特に雄で顕著。足は黒い。虹彩はオレンジ色。オオヅルよりもやや低い声で鳴く。水辺に限らず乾燥した草原でも採食し，夜間は水辺で休む。オオヅルと一緒にいることも多い。

生息環境： 乾季に移動してくる。草原，畑など。ねぐらとして浅い湿地を利用する。

類似種： オオヅル→○ひと回り大きい。○頭〜頸が広く赤い。○足は赤い。○体はより暗色に見える。○飛翔時に次列風切の羽縁が黒くない。

① 成鳥♂　8月
② 成鳥　次列風切羽縁が黒い　8月
③ 若鳥　頭の裸部が小さく色が薄い　6月
④ 幼鳥　頭と頸が褐色，嘴が黄色　4月

オーストラリアイシチドリ

○ **Bush Stone-curlew**
Burhinus grallarius

◆ TL 54-59 cm
◆ WS 80-100 cm

Locally common in grasslands, farmlands, parks, cemeteries.

Bush=薮。Stone=石。Curlew はダイシャクシギなどの「シャクシギ」で，鳴き声が似ていることから。

チドリ目ではあるが，乾燥した草地を好む。夜行性で眼は大きい。翼に大きな白斑があり，開くとよく目立つ。「ウィー」とか「ヒー」と聞こえる特徴的な声で鳴き交わす。夜間は市街地などでも普通に見られ，うるさく鳴き交わす。日中は果樹園，墓地など，開けていて遮蔽物のある環境に集まってねぐらをとる。**生息環境：** 開けた草地を好む。さまざまなタイプの疎林，草地，果樹園，墓地，市街地など。海岸近くでは干潟に出ることもある。**類似種：** なし。

①**Adult.** Sexes similar. Large yellow iris, long pale legs. Male larger. Dec.

②**Adult.** Distinctive white patch on wing. Aug.

①成鳥　雌雄同色。♂はやや大きい　12月
②成鳥　翼を広げて威嚇する　8月
③つがい，♀（左）と♂（右）　足元に幼鳥が座っている　5月
④雛　10月

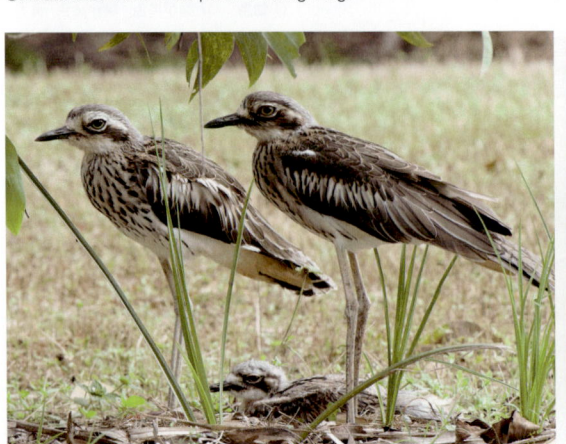

③ **Pair.** Female (left), male(right) and juvenile on ground. May.

④**Chick.** Oct.

ハシブトオオイシチドリ

◇ **Beach Stone-curlew**
Esacus magnirostris　◆ TL 53-57 cm

Uncommon and local in tidal mudflats, sandflats, mangroves, adjacent grasslands.

Beach=海岸。

大形で模様が明瞭な鳥。体の割にとても大きな嘴と、顔の模様が目立つ。肩に2本の白線があるように見える。足は黄色。つがいでいることが多い。干出した干潟でもっぱらカニを専門に捕り、強力な嘴でバラバラにして食べる。満潮時は後背湿地の草地や樹上で休む。鳴き声はコアジサシに似るがより太い。

生息環境： 海岸の干潟。マングローブ林，海岸に近い湿地，草地などにも。

類似種： 大きさと体形はオーストラリアイシチドリに似るが生息環境や模様が大きく異なる。

①**Adult.** Sexes similar. Large bill, white eyebrow, two white lines on wing, finely streaked neck/breast. Aug.

②**Immature.** Duller. Grey breast. Aug.

①成鳥　雌雄同色　8月
②若鳥　ほぼ成鳥羽だが雨覆に幼羽が残る。顔の模様がやや不明瞭　8月
③幼鳥　全体に淡色，雨覆の羽縁が淡色　3月
④成鳥　翼上面はオーストラリアイシチドリより白色部が大きい　11月

③**Juvenile.** Duller. Grey underparts, scalloped wing. Mar.

④**Adult.** Nov.

オーストラリアミヤコドリ

◇ **Pied Oystercatcher**

Haematopus longirostris ◆ TL 42-50 cm

①**Adult male.** Bill shorter, square tip. Orange-red iris/eye-ring/bill. Nov.

②**Adult female.** Similar to male. Bill longer, pointy tip. Usually has iris flecking. Oct.

③ **Adult female.** White wing bar restricted to secondaries. Sep.

Widespread but scarce. Tidal mudflats, sandflats.

Pied＝白黒の。Oystercatcherは牡蠣（oyster）を捕るもの（catcher）から。

嘴と足が赤く，白黒の体は遠くからでもよく目立つ。つがいでいることが多い。貝類を好み，薄い嘴を二枚貝のすき間に差し込んで開けることができる。日本のミヤコドリによく似るがひと回り大きく，飛翔時，翼帯が細く初列風切には翼帯がない，腰から背の白色部が角張って見える点などが異なる。鳴き声はミヤコドリに似る。

生息環境：干潟。砂質干潟を好む傾向があるが，泥質干潟でも見られる。岩礁。

類似種：オーストラリアクロミヤコドリ→○体下面も黒い。

①成鳥♂　嘴が短く先端が角張っている　11月
②成鳥♀　嘴が長く先端がとがっている。虹彩に黒い斑があり，瞳孔が雪だるま型に見える　10月
③成鳥♀　次列風切の部分に白い翼帯がある　9月

オーストラリアクロミヤコドリ

Sooty Oystercatcher　　　　*H.fuliginosus*

Adult male. Uncommon in rocky shore. Race *opthalmicus*. Jul.

成鳥♂　岩礁で見られることがある　7月

オーストラリアセイタカシギ

◇ **White-headed Stilt**

Himantopus leucocephalus ◆ TL 33-37 cm

①**Adult.** Sexes similar. Iris red, thin pointy slightly upturned bill, black crested nape, glossy black back, pink legs. Sep.

Moderately common in freshwater wetlands. Occasionally in tidal mudflats. Sometimes treated as a subspecies of *H. himantopus.*

White-headed ＝白い頭の。Stilt ＝竹馬。

セイタカシギ *H. himantopus* の亜種とする分類もある。長く赤い足が目立つスマートな鳥。後頸と翼は光沢のある黒。虹彩は赤い。細い嘴で水面，地表をついばむようにして採食する。水面や泥をなぐような動作で採食する様子も見られる。放浪性が強く，数羽の群れで見られることが多い。鳴き声はセイタカシギに似るがやや低い。

生息環境： 淡水，汽水の湿地，干潟など。

類似種： なし。

①**成鳥**　雌雄同色。♂はやや大きい　9月
②**幼鳥**　頭頂が黒い。虹彩は暗色。後頸が白い。雨覆の羽縁が淡色　6月
③**成鳥**　9月

②**Juvenile.** Dark cap/iris. White nape, browner mottled back, pale legs. Jun.

③ **Adult.** White tail/rump. Sep.

アカガシラソリハシセイタカシギ

Red-necked Avocet *Recurvirostra novaehollandiae*

Uncommon visitor. Sep.
稀に飛来する　9月

ムナオビトサカゲリ

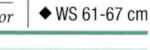
チドリ目 CHARADRIIFORMES

チドリ科 Charadriidae

Rare, mostly winter visitor. Farmlands, paddocks, grasslands, golf course.

Banded=帯のある。Lapwing=タゲリ。

主に乾季に少数が飛来するが不規則。胸に太い黒帯、眼先に小さく赤い肉垂がある。嘴と眼の周りは黄色。鳴き声は日本のケリに似る。つがいか少数の群れでいることが多い。

生息環境：内陸部の開放的で草がまばらに生えた乾燥した草原, 畑, 滑走路など。水辺の近くに生息するわけではないが, 干ばつの際などは沿岸部に移動する。

類似種：ズグロトサカゲリ→○ひと回り大きい。○胸の帯が短く細い。○顔に大きな黄色い肉垂がある。○翼に白帯がない。

①**Adult.** Sexes similar. Small red lore wattle, eyering yellow, white eye stripe, large black bib. Nov.

②**Adult.** Mar.

①成鳥　雌雄同色　11月
②成鳥　3月
③幼鳥　雨覆や体羽の羽縁が淡色。模様が薄い。赤い肉垂がない　11月
④成鳥　白い翼帯がある　3月

③ **Juvenile.** Paler, mottled head/breast/back, no prominent red wattle. Nov.

④**Adult.** Broad white wing bars distinctive. Mar.

ズグロトサカゲリ

◎ **Masked Lapwing**
Vanellus miles

◆ TL 30-37 cm
◆ WS 75-85 cm

Common in tidal mudflats, grasslands, urban parks. Southern race *novaehollandiae* sometimes treated as a separate species, Black-shouldered Lapwing.

Masked=仮面をつけた。

黄色い肉垂が目立つ。飛翔時は風切の黒が目立ち，ふわふわとした感じで飛ぶ。翼角には黄色い爪がある。鳴き声は日本のケリに似る。南部には胸に黒帯があり，肉垂の小さい亜種 *novaehollandiae* が生息し，種とする分類もあるが，雑種も普通に見られる。

生息環境：さまざま環境の草地。公園や畑，墓地，海岸，干潟など。

類似種：ムナオビトサカゲリ→○ひと回り小さい。○胸の黒帯が太く目立つ。○黄色の肉垂はない。

① **成鳥** 亜種 *miles*。雌雄同色。嘴と肉垂は黄色。頭頂が黒い。体下面は白く，上面は茶褐色。足は赤い　11月
② **幼鳥** 肉垂が小さい。頭頂と背は淡褐色で細かいうろこ模様がある　5月
③ **亜種 *miles* と *novaehollandiae* の雑種** 肉垂が小さく，胸に短い黒帯がある　12月
④ **成鳥** 亜種 *miles*。黒い風切と尾の黒帯が目立つ 12月

① **Adult.** Sexes similar. Race *miles*. Large yellow wattle, black cap, iris yellow, white breast, red legs. Nov.

② **Juvenile.** Race *miles*. Small wattle. Iris/bill/legs duller, mottled back. May.

③ **Hybrid Race** *miles* x *novaehollandiae*. Smaller wattle, short black breast band. Dec.

④ **Adult.** Race *miles*. Dec.

ワキアカチドリ

△ Red-kneed Dotterel
Erythrogonys cinctus

◆ TL 17-20 cm
◆ WS 33-38 cm

Uncommon in shallow freshwater wetlands, temporal water after rain, occasionally on coast.

Red-kneed=赤い膝の。Dotterel=チドリ，簡単に捕まるので「間抜け」の意ともいわれるが詳細は不明。

赤い足は跗蹠から下が黒い。単独か数羽でいることが多い。和名の通り脇が赤褐色だがはっきり見えないことが多い。高い声で「ピリリリ，ピリリリ」と鳴く。

生息環境：海岸の干潟などよりも，内陸部の淡水，汽水の湿地周辺に多い。泥地，裸地，砂利など。河川敷や干潟などにも。大雨の後には市街地の水たまりなどに飛来することもある。

類似種：カタアカチドリ→○赤いアイリングが目立つ。○頭が黒くない。

①**成鳥** 雌雄同色。嘴は赤く，頭はずきん状に黒い。胸に太く黒い帯がある　11月
②**若鳥** 模様が不明瞭　8月
③**幼鳥** 体下面は白い。雨覆の羽縁が淡色　6月
④**成鳥** 6月

①**Adult.** Sexes similar. Bill red, black cap/breast band, rufous side, 'Knee' red. Nov.

②**Immature.** Paler, duller. Aug.

③ **Juvenile.** No obvious markinds on underparts, mottled paler back. Jun.

④**Pair.** Jun.

ムナグロ

◇ Pacific Golden Plover
Pluvialis fulva

◆ TL 23-26 cm
◆ WS 60-72 cm

Moderately common summer visitor. Tidal sandflats, freshwater wetlands, grasslands, paddocks.

Pacific＝太平洋, Golden＝金の, Plover＝チドリ。

雨季に飛来するが数は多くない。草原などの環境でよく見られる。繁殖羽は胸が黒く，背面は黄色と黒の模様で目立つが完全な繁殖羽が見られることは滅多にない。飛び立つ際などに「キュビッ」と短く鳴く。

生息環境： 泥質の干潟よりも砂質，草のまばらに生えた環境を好む。淡水の湿地，草丈の低い草原，牧草地など。

類似種： ダイゼン→〇大きい。〇ずんぐりとした体形で足が短い。〇体色に黄色味はほとんどない。〇飛翔時に脇が黒く，腰が白い。

① ほぼ成鳥繁殖羽　繁殖羽では顔〜腹が明瞭に黒い　5 月
② 成鳥非繁殖羽　全体に淡褐色　12 月
③ 第 1 回非繁殖羽　腋羽が白い　12 月

①**Moult to Adult breeding.** White eyebrow to chest, black face/breast/belly. Gold, speckling black back. May.

②**Adult non-breeding.** Pale underparts, speckled buff back.Dec.

③**Immature.** First non-breeding. Note white 'armpits'. Dec.

ダイゼン

Grey Plover　　　*P.squatarola*

Uncommon summer visitor. Note black 'armpits'. Mar.

数少ない渡り鳥。黄色味がなく，腋羽が黒い。オーストラリアの越冬個体はほぼすべて♀であることが知られている　3 月

97

アカエリシロチドリ

◇ **Red-capped Plover**
Charadrius ruficapillus

◆ TL 14-16 cm
◆ WS 27-34 cm

Uncommon and local. One of the few resident wader. Tidal mudflats, sandflats.

Red-capped=赤い頭頂の。

留鳥のチドリ。日本のシロチドリと比べてひと回り小さく，眉斑は短く，頭の赤い部分が広い。砂質の干潟を好む。泥質干潟では大きく干出した乾燥した部分を好み，水に入ることはあまりない。打ち上げられた海藻などの周りでも盛んに採食する。繁殖期は6月ごろ〜1月と長く，条件がよければそれ以外の時期に繁殖することも珍しくない。

生息環境： 海岸の干潟。特に砂質の環境。後背湿地，大きな川の中州など。

類似種： メダイチドリ非繁殖羽→○ひと回り大きい。○嘴が太い。胸に太い茶褐色の帯がある。○頭は赤くない。

①**Adult male.** Prominent red cap fringed black. May.

②**Adult female.** Light brown head washed rufous, less obvious markings. Nov.

①成鳥♂　5月
②成鳥♀　頭は赤くない　11月
③若鳥　♀に似るがより淡色，雨覆などの羽縁が赤褐色　5月
④成鳥♂　6月

③ **Immature.** Similar to adult female. Buff edged juvenile feathers on wing coverts. May.

④**Adult male.** Jun.

チャオビチドリ

× **Double-banded Plover**
Charadrius bicinctus

◆ TL 18-21 cm
◆ WS 37-42 cm

①**Adult Breeding.** Distinctive double bars on breast. Short, slim bill. Jul.
成鳥繁殖羽　7月

②**Adult non-breeding.** Mar.
成鳥非繁殖羽　3月

Rare visitor. Tidal sandflats, rocky shore.

Double-banded＝二重の帯のある。

ニュージーランドで繁殖しオーストラリアで越冬する。主にメルボルンやアデレード周辺，タスマニア州などオーストラリア南部で見られ，ケアンズには稀に飛来する。単独で見られることが多い。不明瞭な眉斑が後頸まで伸び，嘴が細く短い。頭が大きく見える。繁殖羽では胸に黒帯，腹に赤茶の帯があり非常に特徴的。非繁殖羽でも模様は変わらないが，上面と同様の淡褐色になり，摩耗が進むと薄くなる。

生息環境：砂質の干潟。岩礁。不規則に飛来する。

類似種：幼鳥はほかのチドリ類に似る。眉斑，嘴，頭の大きさで識別する。

オオチドリ

× **Oriental Plover**
Charadrius veredus

◆ TL 22-25 cm
◆ WS 46-53cm

Immature. Sep.
若鳥　9月

Rare winter visitor. Grasslands, paddocks, farmlands.

Oriental＝東洋の。

少数が飛来し，9〜10月ごろに短期間滞在することが多い。単独でいることが多いが，ほかのチドリの群れに混じっていることもある。

生息環境：内陸部の乾燥した草のまばらな草原，牧草地，裸地，湿地の周辺など。水辺から離れた場所で見られることが多い。

類似種：体形と大きさはムナグロにやや似る。

メダイチドリ

○ **Lesser Sand Plover**
Charadrius mongolus

◆ TL 18-21 cm
◆ WS 45-58 cm

①**Adult male breeding.** Black mask, small white forehead/throat, rich rufous head/breast. Apr.

②**Adult female breeding.** Duller. Less rufous markings. May.

Common summer visitor. Tidal mudflats, sandflats. Mostly race *mongolus*.

Lesser=より小さな。
Sand=砂。

雨季に主に亜種モウコメダイチドリ *mongolus* が飛来する。足が長く，嘴の短い典型的な体形のチドリ。ちょこちょこと干潟の表面をつついて採食する。干出した干潟の中でも，やや水の残る湿った場所で採食していることが多い。

生息環境：海岸の干潟。
類似種：オオメダイチドリ→○やや大きい。○嘴と足が長い。○繁殖羽では色が淡い。アカエリシロチドリ→○ひと回り小さい。○眼の周りは黒くない。○胸が白い。

①**成鳥♂繁殖羽**　頭～胸が赤褐色。黒い過眼線がある。眼先と喉が白い　4月
②**成鳥♀繁殖羽**　♂ほど赤くならない　5月
③**成鳥非繁殖羽**　赤色味がない。胸には不明瞭な太い褐色の帯がある　12月
④**成鳥非繁殖羽**　飛翔時に足は尾端を越えない　1月

③ **Adult non-breeding.** Paler. No rufous markings. Dec.

④**Adult non-breeding.** Legs not exceed tail tip. Jan.

オオメダイチドリ

○ **Greater Sand Plover**
Charadrius leschenaultii

◆ TL 20-25 cm
◆ WS 53-60 cm

Common summer visitor. Tidal mudflats, sandflats. Race *leschenaultii*.

Greater=より大きな。

雨季に主に亜種 *leschenaultii* が飛来する。オーストラリアへの飛来数はメダイチドリよりも圧倒的に多い。干潟内のやや乾燥した場所で採食していることが多く，特に小形のカニを好む。前屈みの姿勢で狙いをつけ，メダイチドリよりも遠くから直線的に駆け寄って捕らえる。

生息環境： 海岸の干潟。砂浜で見ることも多い。

類似種： メダイチドリ→○やや小さい。○嘴と足が短い。○繁殖羽では胸のオレンジ色が濃く，喉の白色部を縁取るように黒い線があることが多い。

①**Adult male breeding.** Female paler, less black on face. Mar.

②**Adult non-breeding.** Paler. No rufous markings. Nov.

①成鳥♂ほぼ繁殖羽　♀は♂ほど赤くならない　3月
②成鳥非繁殖羽　11月
③第1回繁殖羽　摩耗した雨覆が目立つ　3月
④成鳥非繁殖羽　足は尾端を越える　5月

③**Immature.** First breeding. Fresh upper part contrasting worn coverts. Mar.

④**Adult non-breeding.** Legs exceed from tail tip. May.

101

カタアカチドリ

◇ Black-fronted Dotterel
Elseyornis melanops

◆ TL 16-18 cm
◆ WS 33-35 cm

①**Adult.** Sexes similar. Red eyering/bill base, black eye stripe/breast band distinctive. Dark chestnut shoulder bar. Sep.

②**Juvenile.** Paler, mottled back. Bill, eyering darker. Faint breast band. Jun.

Moderately common in tidal mudflats, sandflats, freshwater wetlands.

Black-fronted=黒い前額の。
Dotterel=小形のチドリ。

模様が明瞭な留鳥のチドリ。胸のY字の太く黒い帯と赤いアイリング，嘴が目立つ。肩が赤茶色なのが和名の由来だが，黒く見えることが多い。高い声で「ピッ，ピッ」と鳴きながら飛ぶ。単独か数羽の群れで見られることが多い。

生息環境： 淡水，汽水の湿地周辺のあまり草が生えていない場所。泥地，裸地，砂利など。河川敷や干潟などにも。大雨の後には市街地の水たまりなどにも飛来することもある。

類似種： ワキアカチドリ→○頭が全体的に黒い。○アイリングはない。

①**成鳥** 雌雄同色 9月
②**幼鳥** 模様が薄い 6月
③**雛** 4月
④**成鳥** 12月

③ **Chick.** Apr.

④**Adult.** Dec.

トサカレンカク

◇ **Comb-crested Jacana**
Irediparra gallinacea ◆ TL 21-24 cm

Moderately common in well-vegetated freshwater wetlands, rivers.

Comb-crested＝トサカのある。Comb, crested＝いずれもトサカの意。Jacana＝レンカク。アメリカの言語由来。

頭の赤いトサカが特徴。興奮するとより鮮やかになるが，興奮のピークでは黄色くなる。非常に長い趾を持ち，体重を分散させることでスイレンの葉の上などを歩く。長い足を後ろに伸ばして低く飛ぶ。単独でいることが多いが，生息に適した広い場所では多く見られる。細く高い声で「ピピピピ」と鳴く。
生息環境：浮遊性植物の茂る内陸の湿地，湖沼，大きな池のある公園など。大雨でできた一時的な湿地にも飛来する。
類似種：なし。

①**Adult.** Sexes similar. Prominent red crest, long toes. Female larger. Oct.

②**Immature.** Small crest. Paler, buff fringed back. Sep.

①成鳥　雌雄同色。♀はやや大きい　10月
②若鳥　トサカが発達していない　9月
③幼鳥　頭が銅色。胸が白い　6月
④成鳥　10月

③**Juvenile.** Tiny crest, bronze crown, white breast. Jun.

④**Adult.** Oct.

オーストラリアタマシギ

✕ **Australian Painted-snipe**

Rostratula australis

◆ TL 24-30 cm
◆ WS 50-54 cm

Adult male. Female more brightly colored, Rich rufous head and breast. Sep.

成鳥♂　♀はより色が鮮やか。頭～胸が赤褐色　9月

Rare visitor. Often on small pond in dry habitat.

Australian＝オーストラリアの。Painted＝彩色された。Snipe＝タシギ、細長いといった意味から。

日本のタマシギによく似ているが、模様が異なる。あまり定住せず、大きく移動しながら暮らしていると考えられているがよくわかっていない。

生息環境: 内陸部の淡水湿地。タマシギと異なり、かなり乾燥した環境の、あまり植生のない池や湿地で見られることが多い。

類似種: なし。

オオジシギ

△ **Latham's Snipe**

Gallinago hardwickii

◆ TL 23-33 cm
◆ WS 48-54 cm

Adult. Sexes similar. Long straight bill. Feb.

成鳥　雌雄同色　2月

Uncommon summer visitor. Freshwater wetlands.

Lathamは人名。

雨季に飛来する。数羽のゆるやかな群れで見られることが多い。繁殖期に残る個体はほとんどいない。

生息環境: 内陸の淡水湿地、貯水池。水際に姿が隠れる程度の植生がある場所を好む。大雨の後の牧草地など一時的な湿地も利用する。警戒心が強くほとんど草むらの中で過ごすが、渡りの直前、直後では開けた場所でも活発に採食している。移動中と思われる個体が市街地の公園などで見られることもある。

類似種: チュウジシギ *G.megala* ＊→稀に見られる。酷似するが、尾羽などが異なる。

＊未掲載

キリアイ

✕ **Broad-billed Sandpiper**
Limicola falcinellu

◆ TL 16-18 cm
◆ WS 34-37 cm

Uncommon summer visitor. Tidal mudflats, sandflats.

Broad-billed=幅広の嘴の。

雨季に極少数が飛来。ほとんどの場合、滞在は短期間で、ひと月ほどで移動する。干潟の湿った泥の部分か浅瀬で、ややゆっくりとした動きで採食する。繁殖羽の個体を見ることは滅多にない。繁殖羽で目立つ二重の眉斑も非繁殖羽ではかなり薄くなる。特に休息時はサルハマシギやトウネンの群れ、メダイチドリの群れに混じっていることが多い。

生息環境：海岸の干潟。内陸の湿地。
類似種：寝ているときはトウネンと区別が難しい→○頭が大きく見える。サルハマシギ→○ひと回り大きい。○嘴は細く長い。

Adult non-breeding. exes similar. Black bill noticeably thicker on base. Down curved on tip. Oct.

成鳥非繁殖羽　雌雄同色　10月

シベリアオオハシシギ

✕ **Asian Dowitcher**
Limnodromus semipalmatus

◆ TL 33-36 cm
◆ WS -59 cm

Rare summer visitor. Tidal mudflats.

Asian=アジアの。Dowitcher=オオハシシギ。北アメリカの言語由来といわれる。

雨季に極少数が飛来。大半が幼鳥か第1回非繁殖羽で、通常短期間で移動するが、稀に越冬することもある。繁殖羽はほぼ全身赤褐色だが、滅多に観察されない。ほかのシギと比べて、ギクシャクした動きで採食する。オオソリハシシギの群れや、オバシギの群れに混じることが多い。

生息環境：海岸の砂質、泥質の干潟。
類似種：オオソリハシシギ→○ひと回り大きい。○嘴が反っている。オグロシギ→○ひと回り大きい。○足が長い。

Adult non-breeding. Black straight thick bill. Dec.

成鳥非繁殖羽　12月

オグロシギ

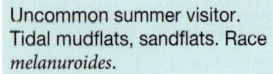

①**Adult non-breeding.** Plainer back than non-breeding Bar-tailed Godwit. Sexes similar. Rufous head/neck/breast on breeding. Dec.

②**Immatures.** Probable moult to second non-breeding, by time and conditions of primaries. Aug.

③ **Black-tailed (left) and Bar-tailed (right) Godwit.** Compare the proportion. Black-tailed slimmer, legs longer. Oct.

④**Adult non-breeding.** White wing bars/rump, black tail. Dec.

Uncommon summer visitor. Tidal mudflats, sandflats. Race *melanuroides*.

Black-tailed=黒い尾の。
Godwit＝由来不明，*Limosa*属のシギを指す。

亜種*melanuroides*。雨季に少数が飛来。嘴はまっすぐで長い。足はオオソリハシシギよりも長く，すらっとした印象。潮が引いているときでも波打ち際で採食していることが多い。数羽でいるときはオオソリハシシギの群れに混じることもある。

生息環境： 砂質，泥質の干潟。内陸の湖沼や大きな河川など淡水の湿地などでも見られる。

類似種： オオソリハシシギ→○嘴がやや反る個体が多い。○足が短い。○上面の模様はより粗い印象。○飛翔時に尾が茶色で，細かい横斑がある。○明瞭な翼帯がない。

①成鳥非繁殖羽　12月
②第1回繁殖羽　撮影時期と初列風切の換羽状態などから　8月
③オグロシギ（左）とオオソリハシシギ（右）体形の違いに注目　10月
④成鳥非繁殖羽　腰が白く，尾が黒い。白い翼帯がある　12月

オオソリハシシギ

○ **Bar-tailed Godwit**
Limosa lapponica

◆ TL 37-41 cm
◆ WS 70-80 cm

①**Moult to adult male breeding.** Rufous head/neck/breast. Female larger, less or no rufous. Race *baueri*. Mar.

②**Adult non-breeding.** No rufous Upperparts, plainer. Mottled back than Black-tailed Godwit. Longer bill suggests a female. Race *baueri*. Jan.

Common summer visitor. Tidal mudflats, sandflats. Mostly race *baueri*, small number of race *menzbieri* regularly recorded.

Bar-tailed=しまのある尾の。

雨季に飛来。主に亜種*baueri*だが，亜種*menzbieri*も少数飛来する。嘴はやや反るが，まっすぐな個体もいる。大きく潮が引いた干潟の海岸寄りで採食していることが多い。

生息環境： 海岸の干潟，特に泥質の部分を好む。特に渡りの直前直後では海岸近くの草地，公園の芝生などで活発にミミズなどを採食する。

類似種： オグロシギ→○嘴がまっすぐで足が長い。○上面はよりのっぺりに見える。○飛翔時は腰が白く尾が黒い。○翼に白い翼帯がある。

①**成鳥♂ほぼ繁殖羽** ♀は大きく嘴が長い，ほとんど赤くならない 3月
②**成鳥♀非繁殖羽** 雌雄同色。♂よりも嘴が長い 1月
③**幼鳥** 淡褐色で星模様に見える 10月
④**成鳥非繁殖羽** 1月
※写真はいずれも亜種*baueri*

③**Juvenile.** Buffy, spotty look. Bill not visible when roost. Some non-breeding feathers on scapulars. Race *baueri*. Oct.

④**Adult non-breeding.** Barred tail. Race *baueri*. Jan.

チュウシャクシギ

○ **Whimbrel**
Numenius phaeopus

◆ TL 38-43 cm
◆ WS 76-89 cm

Common summer visitor. Tidal mudflats, sandflats, mangroves, creeks. Mostly race *variegatus*.

Whimbrelは鳴き声に由来するといわれる。

雨季に飛来。主に亜種*variegatus*。腰が白くないアメリカ大陸の亜種*hudsonicus*も稀に報告される。「ホピピピピ…」とよく通る澄んだ声で鳴く。飛ぶと腰が白く切れ込んで見える。日中は単独か数羽のゆるやかな群れをつくり，夕方には数百羽が集まることもある。夜間はマングローブ林などをねぐらにして休む。

生息環境： 海岸の干潟，マングローブ林など。珊瑚礁や水辺から離れた草地などでも見られる。

類似種： コシャクシギ→○小さい。○嘴は極端に細く短く見える。

①**Adult.** Sexes similar. Long down curved bill. Race *variegatus*. Mar.

②**Adult.** Prominent white rump suggest race *variegatus* (common). American race *hudsonicus* (rare), brown rump also recorded. Mar.

①成鳥　雌雄同色　3月
②成鳥　腰が白い　3月
③換羽中の摩耗した個体　10月
④非繁殖羽に換羽中　背が白く切り込む　12月

③ **Moulting worn individual.** Race *variegatus*. Oct.

④**Moult to adult non-breeding.** Race *variegatus*. Dec.

ホウロクシギ

◇ **Far Eastern Curlew**
Numenius madagascariensis

◆ TL 60-65 cm
◆ WS 110 cm

①**Adult breeding.** Very long down curved bill. Longer bill suggest a female. Mar.

②**Adult breeding.** Shorter bill suggest a male. Mar.

Uncommon summer visitor. Tidal mudflats, sandflats.

Far Eastern= 極東の。Curlew は鳴き声に由来するといわれる。

雨季に飛来。嘴が長く下に曲がった大形のシギ。嘴の長さは頭の3倍程度。泥中深くの大形のカニなどを捕り，器用にバラバラにして食べる。干潮時にも波打ち際でよく採食する。単独か数羽のゆるやかな群れでいることが多い。

生息環境：海岸の干潟，マングローブ林など。泥質の環境を好む。

類似種：チュウシャクシギ→○ひと回り小さい。○嘴は頭の倍くらいの長さ。○黒褐色の頭側線が明瞭。ダイシャクシギ *N. arquata*〉○下面と腰が白い。○北部クイーンズランドでは確実な記録がない。

①成鳥♀繁殖羽　非繁殖羽より赤色味を帯びる　3月
②成鳥♂繁殖羽　♀より嘴が短い　3月
③成鳥非繁殖羽に換羽中　10月
④成鳥非繁殖羽　12月

③**Moult to adult non-breeding.** Bill not visible when roost. Oct.

④**Adult non-breeding.** Barred tan under wing, rump. Dec.

109

コシャクシギ

△ **Little Curlew**
Numenius minutus

◆ TL 29-32 cm
◆ WS 57 cm

Adult. Similar to Whimbrel, but smaller. Very thin down curved bill. Sexes similar. Oct.
成鳥　10月

Rare summer visitor. Grasslands, farmlands, runways.

Little=小さい。

雨季にごく少数が飛来するが不規則。短期間で移動していくことが多い。ほかのシャクシギと比べて，嘴が極端に細く短く見える。海岸の干潟で見られることはほとんどなく，草原などに生息。嘴を除くと体形や大きさはムナグロに似ており，ムナグロの群れに混じっていることも多い。

生息環境： 淡水の川，湿地，公園の池などの周辺にある，草丈の高い，よく茂った草原や畑。

類似種： チュウシャクシギ→○ひと回り大きい。○嘴はより太く長い。ムナグロ→○嘴が短い。

タカブシギ

◇ **Wood Sandpiper**
Tringa glareola

◆ TL 19-23 cm
◆ WS 34-37 cm

Adult non-breeding. Sexes similar. Speckled back, yellow legs. Oct.
成鳥非繁殖羽　10月

Uncommon summer visitor. Shallow freshwater wetlands.

Wood=木，生息環境に由来するといわれる。

雨季にごく少数が飛来。嘴は短く黒い。足は黄色。上面はやや褐色味があり，白斑がある。尾羽には細かい横斑がある。警戒心が強く，単独でいることが多い。飛翔時は腰が白く目立ち，水面低くを飛ぶことが多い。

生息環境： 内陸の淡水湿地，貯水池，大きな河川など。植生の豊かな浅い淡水湿地，特に倒木や枯れ木の多い環境を好み，背が隠れるくらいの草丈の中を歩いていることが多い。

類似種： クサシギ *T. ochropus* ＊はオーストラリアでは稀。コアオアシシギ→○上面が淡色で青色味がある。○嘴と足はより細く長い。

＊未掲載

コアオアシシギ

◇ **Marsh Sandpiper**
Tringa stagnatilis

◆ TL 22-26 cm
◆ WS 55-59 cm

Uncommon summer visitor. Freshwater wetlands, tidal mudflats, sandflats.

Marsh＝湿地。Sandpiper＝シギ。

雨季に少数が飛来。淡い色合いの美しいシギ。嘴は細く華奢で、ほぼまっすぐだがわずかに反る。「ピッピッピッピッ」と通る声で鳴きながら飛ぶ。足は黄色〜黄緑色。単独でいることが多い。アオアシシギ同様、飛翔時に腰〜背に白い切り込みが見える。尾羽には薄く横帯があるものの、ほぼ白く見える。

生息環境： 海岸の干潟、内陸の大きな淡水湿地。どちらかというと淡水環境に多い。

類似種： アオアシシギ→○大きい。○嘴ががっしりしている。

①**Moult to adult non-breeding.** Sexes similar. Similar to Common Greenshank. Thiner straight bill, legs yellow to dull green. Nov.

②**Immature.** First breeding, retain some juvenile coverts. Jun.

①**成鳥ほぼ非繁殖羽** 雌雄同色　11月
②**第1回繁殖羽** 雨覆に幼羽が残る　6月
③④**第2回非繁殖羽と思われる個体**
撮影時期において、初列風切の換羽がほぼ完了していることと、繁殖羽がほとんど見られないことから　10月

③④ **Immature.** Probable second non-breeding. White rump distinctive. An early date to complete moult primaries (P1-P7 fresh), no obvious breeding feathers. Oct.

111

アオアシシギ

○ **Common Greenshank**
Tringa nebularia

◆ TL 30-35 cm
◆ WS 68-70 cm

Common summer visitor. Tidal mudflats, sandflats.

Common＝普通の。Green＝緑。shank＝足。

雨季に飛来するが，数はあまり多くない。淡い色合いのシギ。嘴はほぼまっすぐで，わずかに反っている。「キョキョキョ」と通る声で鳴く。「青足」という割に足はあまり青くなく，黄色っぽく見えるものもある。シギでは珍しく，走って魚を捕ることも多い。

生息環境：海岸の干潟。内陸の大きな淡水湿地。。

類似種：コアオアシシギ→○小さい。○嘴がより細い。カラフトアオアシシギ *T. guttifer*＊，オオキアシシギ *T. melanoleuca*＊はどちらも稀で数例の記録しかない。

＊未掲載

①**Moult to adult breeding.** Slightly upturned bill. Legs grey-green to dull yellow. Sexes similar. Mar.

②**Adult non-breeding.** Plainer, browner back. Jan.

①成鳥ほぼ繁殖羽　雌雄同色　３月
②成鳥非繁殖羽　雌雄同色　１月
③成鳥ほぼ非繁殖羽　12月
④成鳥　飛翔時には背から尾羽が白く切り込んで見える。背が白く切り込む　１月

③ **Moult to adult breeding.** Dec.

④**Adult.** White upper back/tail distinctive. Jan.

キアシシギ

○ **Grey-tailed Tattler**
Tringa brevipes

◆ TL 23-27 cm
◆ WS 51cm

Common summer visitor. Tidal mudflats, sandflats.

Grey-tailed=灰色の尾の。Tattler=キアシシギ，鳴き声由来といわれる。

雨季に数多く飛来。干出した干潟を走り回ってカニや昆虫などを捕る。澪で小魚を捕ることもある。「ピューイー」と鳴く。満潮時はマングローブ林で休む。

生息環境：海岸の砂質，泥質の干潟など。

類似種：ソリハシシギ→○嘴が黄色く反る。○足はより黄色。メリケンキアシシギ→○全体に黒っぽい。○初列風切の突出が長い。○嘴の溝が長い。○跗蹠の後ろのうろこが網目状。○「キュビッ，キュビッ」と鳴く。○生息環境が異なる。

①**成鳥繁殖羽**　雌雄同色。明瞭な眉斑と過眼線がある。頬〜頸，胸，脇腹に横斑がある　4月
②**成鳥非繁殖羽**　横斑はなく一様に灰色　12月
③**幼鳥**　雨覆の羽縁に白斑がある　9月

①**Adult breeding.** Sexes similar. Straight bill, legs yellow, finely barred breast/flank, belly white. Apr.

②**Adult non-breeding.** Plain underparts. White eyebrow long exceed behind eye. Dec.

③**Juvenile.** Spotty back. Sep.

メリケンキアシシギ

Wondering Tattler　　　*T.incana*

Adult non-breeding. Uncommon winter visitor. Rocky shore. Darker. Short eyebrow. Mar.

成鳥非繁殖羽　岩礁などにごく少数が飛来する。この個体は換羽中のため，初列風切が短い　3月

ソリハシシギ

① **Moult to adult breeding.** Sexes similar. Upturned bill, bright orange legs, black line on upper scapulars. Mar.

② **Adult non-breeding.** Paler. Less or no back on scapulars. Mar.

③ **Juvenile.** Aged by primaries (not shown in this photo), similar to adult, browner. Mar.

④ **Adult.** White trailing edge. Aug.

Uncommon summer visitor.
Tidal mudflats, sandflats.

Terek＝テレク川（ロシア）。

雨季に少数が飛来。黒い嘴はやや反り，基部がオレンジ色。足は短めで鮮やかなオレンジ色。干潟を忙しく走り回ってカニなどを捕る。単独か少数のゆるやかな群れでいることが多い。満潮時はキアシシギの群れに混じってマングローブ林の樹上で休む。飛翔時は次列風切の羽縁が白く目立つ。完全な繁殖羽が見られることは滅多にない。

生息環境： 海岸の干潟。マングローブ林。

類似種： キアシシギ→○ひと回り大きい。○嘴がまっすぐ。○足の色が鈍い。イソシギ→○嘴がまっすぐ。○足の色は鈍い。○喉から胸が白い。

① **成鳥ほぼ繁殖羽** 雌雄同色。肩に黒い線がある　3月
② **成鳥非繁殖羽** 上面は一様に灰色　3月
③ **幼鳥** 上面は茶褐色。初列風切の換羽状態から判断　3月
④ **成鳥** 翼後縁が白く目立つ　8月

イソシギ

◇ **Common Sandpiper**
Actitis hypoleucos

◆ TL 19-21 cm
◆ WS 38-41 cm

Uncommon in waterside habitat. Tidal mudflats, estuaries, mangroves, freshwater wetlands.

Common＝普通の。

留鳥だが数は少ない。小形のシギで上面は灰褐色，下面は白く，肩の辺りに切れ込んで見える。嘴は黒くまっすぐで，足は短い。外見は地味だが行動が特徴的で，止まっているときも歩いているときも小刻みに腰を上下に振っている。飛んでいるときはカクカクしたぎこちない感じの羽ばたきをする。

生息環境：海岸，河岸，マングローブ林，淡水湿地の水際など。さまざまな水辺の環境に生息し，かなり細い水路などでも見ることがある。岩礁や護岸の石積みなどの環境を好み，海岸の干潟ではあまり見ない。

類似種：なし。

①成鳥非繁殖羽　1 月
②摩耗した個体　おそらく幼鳥　11 月
③成鳥非繁殖羽　翼下面は白と褐色のしま模様　12 月
④成鳥非繁殖羽　翼上面は白帯がある 12 月

①**Adult non-breeding.** Straight blackish bill, white shoulder mark distinctive. Jan.

②**Probable juvenile.** Worn individual, should mark not always visible. Nov.

③**Adult non-breeding.** Black and white striped underwing. Dec.

④**Adult non-breeding.** White wing bar. Dec.

キョウジョシギ

◇ **Ruddy Turnstone**
Arenaria interpres

◆ TL 21-26 cm
◆ WS 50-57 cm

Locally common in off-shore Island. Occasionally on mainland. Tidal sandflats.

Ruddy＝赤い。Turnstone＝石を転がす，石をひっくり返す習性から

雨季に少数が飛来。ずんぐりした体形と，やや上に反った短い嘴のシギ。足は赤い。繁殖羽はとても鮮やかだが，非繁殖羽では全体にぼんやりする。完全な繁殖羽が見られることは滅多にない。小石，貝殻，打ち上げられた海藻などを嘴でめくって小形の動物質の食物を採る。アジサシ類の集団繁殖地で卵や雛を食べることもある。

生息環境：海岸の干潟。珊瑚礁，島など。砂地の環境を好む。北部クイーンズランドでは1か所に留まらずに移動する傾向が強い。

類似種：なし。

①**Moult to adult breeding female.** Short stout bill, slightly upturned. Short orange legs. Unmistakable markings. Male brighter. Mar.

①**成鳥♀ほぼ繁殖羽**　♂は模様が明瞭で鮮やか　3月
②**成鳥非繁殖羽**　上面に赤色味はなく，模様も不明瞭　11月
③④ **成鳥♂非繁殖羽に換羽中**　♂は顔が白黒で茶色味がない。♀では特に頭頂部が茶色い　9月

②**Adult non-breeding.** Buff fringed coverts. Nov.

③④ **Adult male.** Moult to non-breeding. Female has browner face, head. Sep.

オバシギ

○ **Great Knot** ◆ TL 26-28 cm
Calidris tenuirostris ◆ WS -58cm

Common summer visitor. Tidal mudflats, sandflats.

Great=大きい。Knot=オバシギ，鳴き声由来といわれる。

雨季に飛来。最も数多く見られるシギの1つ。ほかのシギと比べてずんぐりとした中形のシギ。嘴は黒くまっすぐで，先端がやや下に曲がり，頭よりやや長い程度。干潟内の泥環境を好み，干潮時でも波打ち際で採食することが多い。特に二枚貝を中心に泥中のさまざまな動物質の食物を採る。飛翔時は腰が白く目立つ。

生息環境：海岸の干潟。
類似種：コオバシギ→○小さい。○嘴が短く頭の長さとほぼ同じ程度。○上面はのっぺりとして見える。○飛翔時，腰はぼんやりと白い。

①**Moult to adult breeding.** Sexes similar. Straight bill, stocky proportion. Mar.

②**Adult non-breeding.** Pale grey upperparts. Faint breast markings. Bill longer than the length from bill base to hind head. Dec.

①成鳥ほぼ繁殖羽　雌雄同色　3月
②成鳥非繁殖羽　雌雄同色　12月
③第1回繁殖羽と思われる個体　胸などに若干の繁殖羽がある　6月
④成鳥非繁殖羽　腰がはっきりと白い　12月

③**Immature.** Some breeding plumage on breast/back. Probable first breeding. Jun.

④**Adult non-breeding.** Note white rump. Dec.

コオバシギ

Uncommon summer visitor. Tidal mudflats, sandflats. Race *rogersi* in Eastern Australia.

Red=赤い。

雨季に飛来。ケアンズなどオーストラリア東部には主に亜種 *rogersi* が，オーストラリア西部には主に亜種 *piersmai* が飛来する。オバシギによく似ているがひと回り小さく，嘴が短い。オバシギの群れに混じっていることが多く，オバシギ同様に貝類を好む。嘴は非常に敏感で，泥の表面をつつくことで5cm離れた泥中の固形物を発見できることが知られている。

生息環境： 海岸の干潟。

類似種： オバシギ→○ひと回り大きい。○嘴が頭の長さより長い。○飛翔時に腰が明瞭に白い。○上面の模様は明瞭。

①**Adult non-breeding.** Sexes similar. Blight red underparts in breeding. Bill length almost same as the length from bill base to hind head. Dec.

②**Juvenile.** Distinctive 'anchor' markings on wing coverts. Moult to first non-breeding. Nov.

①**成鳥非繁殖羽** 雌雄同色 12月
②**第1回非繁殖羽に換羽中** 雨覆のいかり型の模様が目立つ 11月
③**コオバシギ（手前）とオバシギ（後）** 体形や大きさに注目 1月
④飛翔時，腰はぼんやりと白く見える 7月

③**Red (front) and Great (behind) Knots.** Note size difference, bill length. Jan.

④**Note finely barred grey rump.** Jul.

トウネン

○ **Red-necked Stint** ◆ TL 13-16 cm
Calidris ruficollis ◆ WS 29-33 cm

Common summer visitor. Tidal mudflats, sandflats.

Red-necked＝赤い頸の。

雨季に飛来。最も数多く見られるシギの1つ。小形のシギで，ちょこちょこと泥の表面をつつきながら歩く。干出した干潟の中でもやや水の残る，湿った場所で採食していることが多い。数十羽のゆるやかな群れをつくる。

生息環境：海岸の干潟。内陸の淡水の湿地で見られることもある。

類似種：トウネン以外の小形シギはいずれも稀。ミユビシギ*C. alba*＊→○体形は似るが大きい。ヨーロッパトウネン*C. minuta*は標識調査以外のでの確実な記録がほとんど無く，見落とされている可能性が高い。

＊未掲載

①**成鳥繁殖羽**　雌雄同色。顔と背が赤褐色　4月
②**成鳥非繁殖羽**　雌雄同色。全体に灰色　12月
③**おそらく成鳥**　非繁殖羽に換羽中の摩耗した個体　9月
④**第1回繁殖羽**　初列風切の外側3枚のみ換羽している　7月

①**Adult breeding.** Sexes similar. Short black bill, rufous head/neck. Apr.

②**Adult non-breeding.** Paler, no rufous markings. Dec.

③**Adult.** Probable moult to adult non-breeding. Very worn individual. Sep.

④**First breeding.** Note fresh outer primaries (P8-P10). Jul.

ウズラシギ

○ Sharp-tailed Sandpiper
Calidris acuminata

◆ TL 17-22 cm
◆ WS 36-43 cm

Common summer visitor. Tidal mudflats, sandflats, freshwater wetlands.

Sharp-tailed＝とがった尾の。

背面の模様が明瞭な小形のシギ。雨季に淡水湿地や水辺近くの草原にも飛来し, 最も多様な環境で見られるシギ。嘴は短く, 足はやや黄色っぽい。数十羽の群れで見られることが多い。越冬地によって成鳥と幼鳥の比が極端に異なり, 成鳥と幼鳥で渡りのルートが違うと考えられている。

生息環境: 海岸の干潟, マングローブ林, 内陸の淡水, 汽水の湿地, 水田など。

類似種: アメリカウズラシギ*C. melanotos*＊→○より灰色に見える。○嘴はやや長く下に曲がる。○胸と腹の境界が明瞭。

＊未掲載

①**成鳥繁殖羽に換羽中** 雌雄同色。頭頂や肩などが赤褐色の繁殖羽にやや換羽している 12月
②**成鳥非繁殖羽** 雨覆などが擦り切れた灰色の非繁殖羽 12月
③**幼鳥** 頭頂や肩羽の羽縁が赤褐色。眉斑が明瞭 10月
④**成鳥非繁殖羽** 細い翼帯がある 12月

①**Moult to Adult breeding.** Sexes similar. Slightly down curved short bill, strongly marked breast/flank. Dec.

②**Adult non-breeding.** Greyer. Less marked breast. Dec.

③**Juvenile.** Similar to adult breeding. Buff breast, pale flank. Oct.

④**Adult non-breeding.** Dec.

サルハマシギ

○ **Curlew Sandpiper** ◆ TL 18-23 cm
Calidris ferruginea ◆ WS 38-41 cm

Common summer visitor. Tidal mudflats, sandflats.

Curlewは嘴の形状が「シャクシギ」に似ることから。

雨季に飛来する小形のシギで, 嘴が細く下に曲がっている。跗蹠がやや隠れるくらいの水深の浅瀬で採食することが多い。繁殖羽は頭から体下面が赤褐色で細かいうろこ模様がある。上面も同様に赤褐色。特に東海岸では完全な繁殖羽が見られることは滅多にない。

生息環境： 海岸の砂質, 泥質の干潟。渡りの直前, 直後では満潮時に海岸近くの草地, 公園の芝生などで活発に昆虫などを採っている。

類似種： なし。(ハマシギ *C. alpina* *の記録は数例しかない →○嘴が短い。○腰が白くない)

＊未掲載

①**Adult breeding.** Sexes similar. Slender, down curved bill. Rosy brown head/body. Mar.

②**Adult non-breeding.** Paler, plainer. No rufous markings. Dec.

①成鳥繁殖羽　雌雄同色　3月
②成鳥非繁殖羽　雌雄同色。体下面は白く, 上面も一様な褐色　12月
③第1回非繁殖羽に換羽中　雨覆の幼羽にいかり型の模様が目立つ　10月
④成鳥非繁殖羽　腰が白く目立つ　11月

③**Juvenile.** Browner. Anchor markings on wing coverts. Moult to first non-breeding. Oct.

④**Adult non-breeding.** Note white rump. Nov.

ツバメチドリ科　Glareolidae

アシナガツバメチドリ

◇ **Australian Pratincole**
Stiltia isabella

◆ TL 21-24 cm
◆ WS 50-60 cm

①**Adult breeding.** Sexes similar. Short stout black tipped red bill. Black lores. Narrow elongated outer primary. Aug.

②**Adult non-breeding.** Bill duller. Pale lores. Dark mottlings on upperparts. Apr.

③**Immature.** Weakly streaked head/neck, less rufous on belly, scalloped wing. SHort, rounded outer primary. Apr.

④**Adult breeding.** Black forearm, white wing. Apr.

Uncommon winter visitor. Farmlands, grasslands, beach.

Australian=オーストラリアの。Pratincole=ツバメチドリ，ラテン語由来。

主に乾季に数羽が飛来する。食物である昆虫の発生に合わせて大きく不規則に移動することもある。

生息環境： 主に内陸の乾燥した環境で，草がまばらな裸地。草原の中を通る車道などにも現れる。非繁殖期にはニューギニアやインドネシアなどに渡る個体も多く，渡りの時期には内陸の湖沼，水田，海岸の干潟などさまざまな場所に飛来する。

類似種： ツバメチドリ *Glareola maldivarum* ＊は稀→○足が短い。○眼を通り喉を囲うように黒い線がある。

＊未掲載

①**成鳥繁殖羽**　雌雄同色。嘴の基部が赤く，脇腹が赤褐色。眼先は黒い。翼端は大きく尾端を越える　8月
②**成鳥非繁殖羽**　嘴基部は淡色で，眼先は黒くない。喉～胸に細かい斑がある　4月
③**若鳥**　非繁殖羽に似るが，雨覆の羽縁がより淡色。初列羽縁は淡褐色で丸みを帯びる　4月
④**成鳥繁殖羽**　翼下面は前腕が黒く風切が白い　4月

クロアジサシ

○ **Brown Noddy**
Anous stolidus

◆ TL 38-45 cm
◆ WS 75-86 cm

①**Adult.** Sexes similar. Brown washed black body, white cap, incomplete white eyering. Female smaller. Nov.

②**Adult.** Tail slightly exceed wing tips. Mar.

③**Juvenile.** Browner. White edged wing coverts. Feb.

④**Juvenile.** Browner. No or less white cap. Apr.

Common in GBR, cays. Often rest on beaches. Race *pileatus*.

Brown＝茶色の。Noddy＝クロアジサシなど，語源はアホウドリと同様で「まぬけ」の意。

日本と同じ亜種*pileatus*。眼の下が白く，きりっとした顔立ちの黒褐色のアジサシ。飛翔時は背〜肩がかなり淡色に見える。尾は凹尾だが，飛翔時はほぼくさび型に見える。頭はぼんやりと白い。海面近くの小魚などを捕り，水中深く飛び込むことは少ない。繁殖地からあまり遠くない範囲で採食する。

生息環境：外洋。珊瑚礁の周辺など。

類似種：ヒメクロアジサシ→○小さい。○より黒く褐色味がない。○嘴が細く長い。○頭頂の白色部はより明瞭に見える。

①**成鳥** 雌雄同色。♀はやや小さい 11月
②**成鳥** 尾端は翼端をわずかに越える 3月
③**幼鳥** 雨覆の羽縁が白い 2月
④**幼鳥** 頭が白くない。上面が淡褐色 4月

チドリ目 CHARADRIIFORMES

カモメ科 Laridae

123

ヒメクロアジサシ

◇ **Black Noddy**
Anous minutus

◆ TL 35-39 cm
◆ WS 66-72 cm

①**Adult.** Sexes similar. Sooty black body. Distinctive white cap. Nov.

②**Adult.** Slender long bill. Tail not exceed wing tips. NSW. Nov.

Uncommon in GBR, cays. Often rest on buoy, moored boat. Race *minutus*.

Black=黒い。

日本と別亜種 *minutus*。クロアジサシに似るがひと回り小さく，嘴が細長い。体羽はより黒く，頭の白色部の境界は明瞭で，特に遠くから見たときに顕著。尾は凹尾だが飛翔時はほぼくさび型に見える。海面近くで小魚を中心に捕っている。数羽の群れで採食することが多い。

生息環境：珊瑚礁の周辺。休息時も海面の浮遊物などに降りることが多い。

類似種：クロアジサシ→○大きい。○嘴は太く短い。○上面がより褐色味がある。○頭頂の白色部が灰色っぽい。

①成鳥　雌雄同色　11月
②成鳥　尾端は翼端を越えない　11月
③**ヒメクロアジサシ（左）とクロアジサシ**
　（右）　大きさと体形の違いに注目　1月
④成鳥　12月

③**Black (left) and Common Noddy (right).** Note size difference and bill shape. Jan.

④**Adult.** Dec.

ハシブトアジサシ

○ **Gull-billed Tern**
Gelochelidon nilotica

◆ TL 33-38 cm
◆ WS 85-103 cm

①**Adult breeding.** Sexes similar. Black stout bill, black cap. Race *macrotarsa*. Nov.

②**Adult non-breeding.** Black only around eyes. Race *macrotarsa*. Jul.

Common in tidal mudflats, sandflats. Less common in off-shore. Australian race *macrotarsa*, sometimes treated as a separate species "Australian Gull-billed Tern".

Gull-billed＝カモメのような嘴の。Tern＝アジサシ。

主に留鳥の亜種*macrotarsa*が分布し，亜種*affinis*が少数飛来するが，両者を別種とする分類もある。全身白く，頭はずきんをかぶったように黒い。潮の引いた干潟でカニなどを捕ることが多い。飛翔はアジサシ類にしては直線的。

生息環境：外洋。珊瑚礁の周辺など。

類似種：ヒメクロアジサシ→○小さい。○より黒く褐色味がない。○嘴が細く長い。○頭頂の白色部はより明瞭に見える。

①**成鳥繁殖羽** 亜種*macrotarsa*。雌雄同色 11月
②**成鳥非繁殖羽** 亜種*macrotarsa*。雌雄同色。眼の周りだけ黒い 7月
③**亜種*affinis*（左）と亜種*macrotarsa*（右）** 亜種*macrotarsa*はやや大きく，嘴ががっしりとして湾曲が強い 10月
④**幼鳥** 亜種*macrotarsa*。眼の周りだけ黒い。雨覆に細かい斑がある 5月

③**Race *affinis* (left), uncommon visitor, and Race *macrotarsa* (right).** Note size difference. Oct.

④**Juvenile.** Race *macrotarsa*. Black spots on wing coverts. May.

オニアジサシ

○ **Caspian Tern**
Hydroprogne caspia

◆ TL 48-56 cm
◆ WS 127-140 cm

①**Adult breeding.** Sexes similar. Bright red bill, black cap. Aug.

②**Adult non-breeding.** Mottled black cap, bill paler. May.

Moderately common in tidal mudflats, sandflats. Less common in off-shore.

Caspian=カスピ海の。

赤い嘴が目立つ大形のアジサシ。普通に見られるカモメ科の中で最大。黒い頭にはぼさぼさした短い冠羽がある。尾は短い。沖でも見られるが、海岸に近いところにいることが多い。ギンカモメやほかのアジサシ類から魚などを横取りすることもある。太い声で「ガッガッ」などと鳴く。

生息環境： 海岸近く、干潟、大きな島の周辺など。あまり外洋に出ることはない。内陸の大きな湖沼で見られることもある。

類似種： ハシブトアジサシ→○小さい。○嘴が黒い。オオアジサシ→○嘴が黄色。○上面が濃い。

①成鳥繁殖羽　雌雄同色。嘴が鮮やかに赤い。頭が黒い　8月
②成鳥非繁殖羽　雌雄同色。嘴の色がやや鈍い。頭はごま塩状　5月
③成鳥非繁殖羽　初列風切の下面が黒い　7月
④幼鳥　背や雨覆に褐色の斑がある　5月

③**Adult non-breeding.** Black under primaries. Jul.

④**Juvenile.** Buffy spotted upperparts, bill/legs yellowish. May.

オオアジサシ

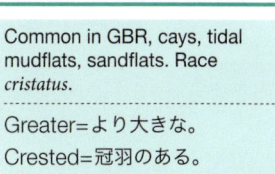

①**Adult breeding.** Sexes similar. Dull yellow bill, black cap, white frons. Jan.

②**Adult breeding.** Black cap with short crest, dark grey back. Dec.

Common in GBR, cays, tidal mudflats, sandflats. Race *cristatus*.

Greater=より大きな。
Crested=冠羽のある。

日本と同じ亜種*cristatus*。嘴が鈍い黄色の大形のアジサシ。頭にぼさぼさした冠羽がある。上面は暗灰色だが，飛翔時は光の加減によって白っぽく見えることもある。主に島や岸近くの波打ち際で採食する。

生息環境：海岸近く。干潟，内洋，島など。外洋の珊瑚礁や島の周りでも見られる。

類似種：ベンガルアジサシ→○ひと回り小さい。○嘴がオレンジ色。○繁殖羽では額が黒く嘴の根元とほぼつながって見える。オニアジサシ→○大きい。○嘴が赤い。○初列風切下面が黒い。

①**成鳥繁殖羽** 雌雄同色。頭の黒色と嘴の間は白い 1月
②**成鳥繁殖羽** 12月
③**成鳥非繁殖羽** 雌雄同色 4月
④**幼鳥** 上面は白黒のうろこ模様 7月

③**Adult non-breeding.** Whiter head. Apr.

④**Juvenile.** Bill greenish, mottled upperparts. Jul.

ベンガルアジサシ

○ **Lesser Crested Tern**
Thalasseus bengalensis

◆ TL 35-43 cm
◆ WS 88-105 cm

①**Adult breeding.** Sexes similar. Orange bill, black cap/frons. Oct.

②**Adult non-breeding.** White head, black nape. Jan.

Moderately common in GBR, cays, tidal mudflats, sandflats. Race *torresii*.

Lesser=より小さな。
Crested=冠羽のある。

亜種*torresii*。鮮やかなオレンジ色の嘴とぼさぼさした黒い頭が目立つ。オオアジサシよりも体，翼が細く，特に飛んでいるときは華奢な印象。上面は暗灰色だが，飛翔時は白く見える。島や岸近くの波打ち際，珊瑚礁でできた浅瀬などで小魚を捕る。

生息環境：外洋，珊瑚礁の周辺など。本土の海岸に来ることはほとんどない。

類似種：オオアジサシ→○ひと回り大きい。○嘴が黄色。○繁殖羽では頭の黒色部と嘴の間が白い。○上面の色が濃い。

①**成鳥繁殖羽** 雌雄同色。頭の黒色と嘴がつながる 10月
②**成鳥非繁殖羽** 雌雄同色。後頸のみ黒い 1月
③**幼鳥** 嘴の色が淡い。雨覆が褐色 7月
④**オオアジサシとベンガルアジサシ** 嘴の色に注目 1月

③**Juvenile.** Yellowish bill. Buff wing coverts. Jul.

④**Great and Lesser Crested Terns.** Note size and bill color difference. Jan.

コアジサシ

Moderately common summer visitor. Tidal mudflats, sandflats. Race *sinensis*.

Little=小さな。

日本と同亜種 *sinensis*。国内で繁殖する個体群と，越冬に訪れる個体群がある。数羽〜数十羽の群れで見られることが多い。海岸や珊瑚礁などの波打ち際で海面近くの小魚を浅く飛び込んで捕っている。

生息環境： 岸沿い，内陸の大きな湿地，河川，珊瑚礁や島周辺など。外洋や外洋の島ではあまり見られない。

類似種： ヒメアジサシ *S. nereis*＊ →○稀。○翼下面が初列風切先端まで白い。○繁殖羽でも眼先が白い。○飛び方はよりひらひらした感じ。○交雑個体も報告されている。

＊未掲載

チドリ目 CHARADRIIFORMES

カモメ科 Laridae

①**Adult male breeding.** Sexes similar. Black tipped yellow bill, black cap, white frons. Female thinner bill. Feb.

②**Adult non-breeding.** Bill black, white streaked black cap. Feb.

①成鳥♂繁殖羽　雌雄同色。♀は嘴が細い　2月
②成鳥非繁殖羽　雌雄同色。頭はごま塩模様。嘴は黒い　2月
③小群で見られることが多い　2月
④第1回非繁殖羽　雨覆などに幼羽が残る　12月

③**Often in small flocks.** Feb.

④**First non-breeding.** Dec.

マミジロアジサシ

◇ **Bridled Tern**
Onychoprion anaethetus

◆ TL 35-38 cm
◆ WS 76-81 cm

①**Adult male breeding.** Sexes similar. White eyebrow extend behind eye, black cap, grey back, pale underwing. Crown and back paler in non-breeding. Nov.

②**Adult male breeding.** Tail well exceeds wing tip. Back much paler than head. Nov.

Uncommon in GBR, cays. Often rest on buoy, moored boat. Race *anaethetus*.

- - - - - - - - - - - - - - - - - -

Bridled=くつわ，手綱状の模様から。

- - - - - - - - - - - - - - - - - -

日本と同亜種*anaethetus*。非繁殖期には若干，色が淡くなるが基本的な模様は変わらない。海面近くの小魚をすくい取ったり，水面に降りて捕らえる。水中深く潜ることはない。流木や漂流している海藻などに降りることが多い。

生息環境： 海上。島に限らず本土の岸近くでも見られる。セグロアジサシよりも岸や島などの近くに留まる傾向が強い。

類似種： セグロアジサシ→○上面がより黒く頭頂と色の差がない。○眉斑は眼を越えない。

①**成鳥♂繁殖羽** 雌雄同色。非繁殖羽では頭頂と背が淡い。♀はやや小さく，嘴が細い　11月
②**成鳥♂繁殖羽** 尾端は翼端を大きく越える。背は頭の色より薄い　11月
③**交尾するつがい** 大きさと嘴の形状に注目　10月
④**若鳥** 模様が不明瞭　2月

③**Mating pair.** Note Size difference. Female smaller, thinner bill. Oct.

④**Immature.** Duller. Feb.

セグロアジサシ

Common in GBR. Cays. Often rest on beaches. Race *serratus*.

Sooty=すす色の。

日本と異なる亜種*serratus*。額が白く，頭～背，翼上面が一様に黒い。体下面は白い。眉斑は短く，眼を越えない。海面近くの小魚やイカなどをすくい取って，浅く飛び込んで捕る。個体数は多く，大きなコロニーを作って繁殖する。繁殖地からかなり遠くまで採食に出かける。

生息環境：海上。もっぱら島や珊瑚礁の周辺。本土近くではあまり見られない。

類似種：マミジロアジサシ→○眉斑が眼を越える。○背は灰色で頭部とコントラストがある。○上面は全体に淡色。

①**Adult breeding.** Sexes similar. White eyebrow not extend eye. Black cap/back. Female thinner bill. Back paler in non-breeding. Sep.

②**Adult breeding.** Tail well exceeds wing tip. Jun.

①**成鳥繁殖羽** 雌雄同色。♂は嘴ががっしりしている　9月
②**成鳥繁殖羽** 尾端は翼端を大きく越える。背と頭の色が同じ。非繁殖羽では背に灰色味がある　6月
③**幼鳥** 腹を除いてほぼ全身黒く，細かい星模様がある　7月
④**幼鳥** 全身茶褐色で翼下面と腹は白い　10月

③**Juvenile.** Spotted black body. Jul.

④**Juvenile.** Dark brown overall, white belly/underwing. Oct.

ベニアジサシ

△ **Roseate Tern**
Sterna dougallii

◆ TL 33-43cm
◆ WS 72-80cm

Adult non-breeding. Slender long bill, long tail. Nov.
成鳥非繁殖羽　11 月

Uncommon in GBR. Race *gracilis*, race *bangsii*.

Roseate＝バラ色の。

オーストラリアで繁殖する亜種 *gracilis* と非繁殖期に飛来する亜種 *bangsii* がある。ほっそりとした体形で嘴が細長い。尾が長く，静止時に翼端を大きく越える。繁殖羽では嘴と足が赤い。足はやや赤色味があるが，黒く見えることが多い。上空高くから水中に飛び込む。

生息環境： 外洋の岩や砂でできた小島。珊瑚礁など。本土の海岸でも見られる。珊瑚礁の島で繁殖し，その周辺に多い。非繁殖期には分散する。

類似種： アジサシ→○静止時に尾端は翼端を越えない。○上面はより暗色。○嘴は短く太く見える。

アジサシ

△ **Common Tern**
Sterna hirundo

◆ TL 32-38 cm
◆ WS 80 cm

Adult non-breeding. Short stout bill. Race longipennis. Oct.
成鳥　非繁殖羽　10 月

Uncommon summer visitor in large open water. Race *longipennis*. Possible race *hirundo* with red bill also recorded in Australia.

主に亜種 *longipennis*。雨季に少数が飛来。嘴が赤い亜種 *hirundo* と思われる個体も記録されている。翼が長く尾は短い。静止時に尾端は翼端を越えない。上面はより暗色。嘴は短い。

生息環境： 沿岸や外洋の岩や砂でできた小島。珊瑚礁，海岸など。海岸から離れた内陸部の湿地などで見られることも多い。

類似種： ベニアジサシ→○静止時に尾端は翼端を大きく越える。○上面はより淡色。○嘴が細長く見える。

エリグロアジサシ

○ Black-naped Tern
Sterna sumatrana

◆ TL 30-32 cm
◆ WS 60-64 cm

①**Adult.** Sexes similar. Photo shows green wash caused by reflection from water. Dec.

②**Adults and chicks.** Dec.

Moderately common in GBR, cays. Race *sumatrana*.

Black-naped=黒い襟の。

日本と同亜種 *sumatrana*。ほかのどのアジサシ類よりも白く見える。眼～後頭部に黒い帯がある。地上に降りているときは尾羽が翼端をやや越える。繁殖地からあまり遠くない波打ち際や浅瀬で採食する。数十羽の群れで見られることが多い。

生息環境：外洋の岩や砂でできた小島。珊瑚礁など。本土の海岸でも見られる。

類似種：コアジサシ非繁殖羽→○上面がより暗色。静止時に尾端は初列風切を越えない。アジサシ非繁殖羽→○体が大きく，襟から頭頂付近まで黒い。○嘴が太い。

①**成鳥**　雌雄同色。海面の照り返しを受け，緑色味があるように見える　12月
②**成鳥と雛**　12月
③**若鳥**　頭の模様が薄い。雨覆と風切に暗色の幼羽が見える　11月
④**エリグロアジサシ (奥) とアジサシ (手前)**　11月

③**Immature.** Less distinctive black nape, dark edged wing feathers, shorter tail. Nov.

④**Black-naped Tern (back) and Common Tern (front).** Nov.

133

クロハラアジサシ

◇ **Whiskered Tern** | ◆ TL 23-29 cm
Chlidonias hybrida | ◆ WS 64-70 cm

Moderately common in large open water, freshwater wetlands, tidal mudflats. Race *javanicus*.

Whiskered＝ほおひげのある。頬の白い部分をまるごと髭に見立てたものらしい。

日本と同亜種*javanicus*。尾は短く，やや中央の凹んだ角尾に見える。翼の幅が広い。水面低くを飛び，つまみ取るようにして採食する。

生息環境： 内陸の大きな湖沼，湿地，貯水池，冠水した畑，牧草地など。海岸の干潟に飛来することもある。

類似種： アジサシ非繁殖羽→○大きい。○尾が長く燕尾。ハジロクロハラアジサシ非繁殖羽→○やや小さい。○耳羽の黒斑は下に伸び，耳の後ろの白色部が円形に見える。

①**Adult breeding.** Sexes similar. Red bill, black cap, dark grey breast/belly. Oct.

②**Adult non-breeding.** White belly, white streaked black cap. Oct.

①**成鳥繁殖羽**　雌雄同色。嘴は赤く，頭と腹が黒い　10月
②**成鳥非繁殖羽**　雌雄同色。嘴は暗色，腹は白く，頭の黒色部が小さい　10月
③**成鳥繁殖羽**　10月

③**Adult breeding.** Oct.

ハジロクロハラアジサシ

White-winged Tern | *C. leucopterus*

Adult non-breeding. Rare visitor. Large white patch behind ear. Apr.
成鳥非繁殖羽　稀に飛来　4月

ギンカモメ

◎ Silver Gull ◆ TL 38-43 cm
Chroicocephalus novaehollandiae ◆ WS 91-96 cm

①**Adult.** Sexes similar. Iris white, red bill/legs. Nov.

②**Adult.** Feb.

Common in GBR, tidal mudflats, sandflats, adjacent parks.

Silver= 銀の。Gull= カモメは ゲール語で，鳴き声から。最も 普通に見られるカモメ。

白い体に赤い嘴と足がよく目立 つ。公園で人に食物をねだった り，ゴミを漁ったりもしている。 沖ではあまり見ない。日本のユ リカモメに似るが，ひと回り 大きく，がっしりした感じで繁 殖羽でも頭が黒くならない。

生息環境： 海岸，干潟，大きな 川の河口。海岸に近い草原，公 園など。あまり外洋では見ない。 近海の島や珊瑚礁などにも。人 を恐れず食物を探して足元を歩 き回る。

類似種： なし。ユリカモメは オーストラリアでは数例の記録 があるのみ。

①**成鳥** 雌雄同色 11月
②**成鳥** 2月
③**幼鳥** 雨覆に褐色の斑がある。風切羽 が黒く，翼端の白色部がない 8月
④**幼鳥** 雨覆に褐色斑がある。嘴と足の 色が鈍い 7月

③**Juvenile.** Brown mottled wing coverts. Dark primaries and secondaries, black iris/bill. Aug.

④**Juvenile.** Mottled back. Paler legs. Jul.

チドリ目 CHARADRIIFORMES

カモメ科 Laridae

シロガシラカラスバト

①**Adult male.** Bright white head/underparts, glossy fringed feathers on upperparts. Jan.

②**Adult female.** Duller. Greyer head/nape. Jun.

Uncommon and local in rainforests, adjacent forests, parks, gardens.

White-headed=白い頭の。Pigeon=ハト, フランス語由来。

上面が黒く, 頭〜胸, 腹が白い大形のハト。アイリングと嘴は赤く, 嘴の先端は黄色〜白。虹彩はオレンジ色。上面の羽縁に緑〜紫色の光沢がある。林冠で採食することが多いが, 朝夕には林縁の地面で採食することもある。日本のカラスバトのような声でのような声で単調に「ウー, ウ, ウー, ウ」と鳴く。

生息環境: 雨林。雨林の林縁, 二次林など。木の茂った公園などにも。

類似種: パプアソデグロバト→○背, 肩などが白い。カミカザリバト→○体に灰色味がある。○頭に冠羽がある。○尾に白帯があり, 風切のみ黒い。

①**成鳥♂** 胸と腹が白い 1月
②**成鳥♀** 頭頂と腹は紫色味がある 6月
③**若鳥** ♀に似るがより暗色。幼鳥では眼と嘴が黒い 4月
④**成鳥♂** 翼に目立つ模様はない 6月

③**Immature.** Grey crown/nape/breast/belly. Paler eyering. Juvenile has dark iris/bill. Apr.

④**Adult male.** Jun.

カノコバト

◎ Spotted Dove
Streptopelia chinensis ◆ TL 28-30 cm

①**Adult.** Sexes similar. Iris yellow-orange, spotted black nape distinctive. Female smaller. Oct.

②**Adult male (left), female (right).** May.

③**Juvenile.** Browner overall. No marking on nape. Nov.

④**Adult.** Distinctive white wing bar and white tail tip. Underwing grey. Apr.

Introduced. Common in urban areas, parks, gardens.

Spotted＝水玉模様の。Dove＝ハト、鳴き声から。

頭の白黒の鹿の子模様がよく目立つ。鳴き声はキジバトに似るがより単調。幼鳥には後頸の模様がない。虹彩はオレンジ色。足は赤い。翼下面はほぼ一様に暗灰色。主に地表で採食し、あまり大きな群れで見ることはない。外来鳥で原産は中国南部や東南アジア。1800年代後半〜1900年代前半に持ち込まれたとされる。

生息環境：もっぱら都市部。草地、海岸などにも。

類似種：ベニカノコバト→○後頸が赤茶の細かいうろこ模様。○アイリングがある。○飛翔時、翼下面は茶色。○尾に白斑がない。

①**成鳥**　雌雄同色。♂はやや大きい　10月
②**つがい、**♂（左）と♀（右）　5月
③**幼鳥**　褐色味が強い。後頸の模様がない　11月
④**成鳥**　白い翼帯と尾羽両端の白斑が目立つ　4月

オナガバト

○ Brown Cuckoo-Dove
Macropygia phasianella ◆ TL 39-45 cm

Common in rainforest, adjacent forest, parks, gardens. Race *robinsoni*.

Brown=茶色い。
Cuckoo-Dove=オナガバト，カッコウに似た鳴き声から。

亜種*robinsoni*。全身茶色で尾の長いハト。雄は胸〜腹のグラデーションや後頸の光沢が美しい。翼下面はほぼ一様に茶色。風切は黒っぽい。灌木や樹林の中層で採食していることが多く，林縁部や樹林内部の開けた場所などで見られる。よく通る声で「ホクオ，ホクオ」と鳴く。声質はベニカノコバトに似ているがやや高く，よりカッコウに似た調子。

生息環境： 雨林，特に林縁部。二次林など。好む実がなっていれば庭や公園などにも飛来する。

類似種： なし。

①**Adult male.** Hind neck glossy, pinkish neck/breast. Oct.

②**Adult female.** Mottled neck/breast. More distinctive facial markings. Less or no gloss on neck. Oct.

①**成鳥♂** 胸〜腹がピンク色。後頸に光沢がある　10月
②**成鳥♀** 胸〜腹にうろこ模様。顔の模様が明瞭　10月
③**幼鳥** ♀に似るがよりうろこ模様が明瞭　10月
④**成鳥♂** ディスプレイ　10月

③**Juvenile.** Similar to adult female. More distinctive scary patterns on neck/breast/wing coverts. Oct.

④**Adult male displaying.** Oct.

オーストラリアキンバト

Pacific Emerald Dove
Chalcophaps longirostris ◆ TL 23-27 cm

Common in rainforest, adjacent forest, park, garden. Race *rogersi*.

Pacific=太平洋の。Emerald=エメラルド。

亜種 *rogersi* で体色が深い。翼，背の金属光沢が美しいハト。うっそうとした樹林内に生息し，主に地表を歩きながら採食する。日本のキンバトによく似るが，頭が茶色く，肩の白色部が大きい。声質もキンバトに似るが「ポー，ポー」と一音ずつ鳴く。

生息環境： 主に雨林。木が多くうっそうとして湿った環境であれば，公園や果樹園，庭などにも。周辺の草地などで見られることもある。人に慣れやすく餌台なども利用する。

類似種： なし。

① 成鳥♂　上面の緑色光沢が強い。肩の白色部が明瞭。嘴は赤い　8月
② 成鳥♀　全体に色が鈍い。肩の白色部は不明瞭　8月
③ 幼鳥　嘴が黒い。雨覆の羽縁が褐色で帯状に見える　10月
④ 成鳥♀　雌雄とも腰に2本の白帯がある　11月

① **Adult male.** Green sheen on wing. Bright white shoulder patch. Head/nape/breast soft purple. Aug.

② **Adult female.** Duller, browner. Shoulder patch less distinctive. Aug.

③ **Juvenile.** Browner overall. Less glossy wing with brown fringes. Oct.

④ **Adult female.** Both sexes have white bars on rump. Nov.

レンジャクバト

◇ **Crested Pigeon**
Ocyphaps lophotes ◆ TL 31-35 cm

①**Adult.** Sexes similar. Distinctive long black crest. Metallic green/purple patch on wing. May.

②**Adult male displaying.** Showing metallic wing patch. Oct.

③**Adult.** White tail tip. Mar.

Locally common in grasslands, farmlands, open forests. Race *lophotes*.

Crested=冠羽のある。

亜種*lophotes*。長く黒い冠羽が特徴的なハト。雨覆の光沢が目立つ。飛翔時は鈴の音のような風切り音を出す。短い羽ばたきと滑空をくり返す飛び方と、止まる際に一度尾を持ち上げる動作が特徴的。翼下面はほぼ一様な灰色。数羽の群れで見ることが多い。主に地表で採食する。
生息環境： やや乾燥した環境の疎林、草原、公園、庭、市街地など。もともと内陸部にのみ生息していたが分布を広げ、特に市街地で数を増やしている。
類似種： ニジハバト→○がっしりした体形。○冠羽やアイリングがない。○翼はより光沢がある。

①成鳥　雌雄同色　5月
②成鳥♂　ディスプレイ　10月
③成鳥　3月

ニジハバト

Common Bronzwing *Phaps chalcoptera*

Adult male. Rare/uncommon visitor. Nov.
成鳥♂　内陸部に生息。稀に飛来　11月

ライチョウバト

△ **Squatter Pigeon**
Geophaps scripta　◆ TL 26-32 cm

Uncommon and local in
dry open forest, farmlands,
grasslands.

Squatter=開拓民，不法占拠者
など。特定の場所を占有するよ
うにじっと動かないところにな
ぞらえられたものらしい。

北部に亜種*peninsulae*，南部に
亜種*scripta* が分布。亜種*scripta*
はアイリングが青灰色。アイリ
ングと隈取りのような顔の模様
が目立ち，腹の白が肩に切れ込
んでいるように見える。草のま
ばらな草原で地面を歩きながら
採食する。「ポポポーポー」と小
声でよく鳴く。

生息環境：乾燥した環境の疎林，
岩場，周辺の草地，畑，牧草地，
住宅地など。裸地が多く草がま
ばらな環境を好む。

類似種：なし。

①**Adult.** Race *peninsulae*. Sexes similar. Red skin around eye. Female smaller. Nov.

②**Adult.** Race *peninsulae*. Shows, small metallic green/purple wing patch. Black in dim light. Oct.

①**成鳥**　亜種 *peninsulae*。雌雄同色。ア
　イリングが赤い。♂はやや大きい　11月
②**成鳥**　亜種 *peninsulae*。翼鏡は緑〜紫
　10月
③**幼鳥**　亜種 *peninsulae*。成鳥に似るが
　色が鈍い。雨覆などにぼんやりと斑があ
　る　10月
④**成鳥**　亜種 *peninsulae*。翼に目立つ模
　様はない　11月

③**Juvenile.** Race *peninsulae*. Duller, mottled back, wing freckled, no wing patch. Oct.

④**Adult.** Race *peninsulae*. Nov.

ウスユキバト

✕ **Diamond Dove**
Geopelia cuneata ◆ TL 19-22 cm

①**Adult male.** Bright red eyering, grey back with fine white spots, head/breast plain blue-grey. Oct.

②**Adult female.** Narrower eyering, browner overall, mottled head/breast. Oct.

Uncommon winter visitor. Grasslands, farmlands, rainforest forests.

Diamond=ダイヤモンド，翼の白い点に由来。

主に乾季にごく少数が飛来する。赤いアイリングの目立つ灰色の小形のハト。頭〜胸は青色味のある灰色。翼上面には細かい白点がある。足は赤い。尾は細く長い。道路や道路脇に降りて採食していることも多い。「ポーポー，ポーポポー」と抑揚のあまりない，細いがよく通る声で頻繁に鳴く。

生息環境：灌木の多い乾燥した環境で，水場からあまり遠くない範囲。

類似種：オーストラリアチョウショウバト→○アイリングと嘴が青い。○胸に細かいしま模様がある。○翼下面のパターンが異なる。

①**成鳥♂** 灰青色の頭に鮮やかなアイリングが目立つ 10月
②**成鳥♀** 頭や上面は褐色味がある 10月
③**幼鳥** アイリングが淡い。雨覆の羽縁が淡色 3月
④**成鳥♂** 前腕が灰色で風切下面が赤褐色 10月

③**Juvenile.** Pale eyering, barred head/back. Mar.

④**Adult male.** Grey arm with rufous wing. Oct.

オーストラリアチョウショウバト

①**Adult.** Sexes similar. Blue bill/eye-ring, finely barred breast, scaly back. Mar.

②**Adult male (left), female (right).** Male eye-ring tend be more obvious. Mar.

Common in urban parks, gardens, farmlands, forests. Race *placida*.

Peaceful＝平和な，由来は諸説あるがはっきりしない。

亜種 *placida*。水色の嘴とアイリングの目立つ小形のハト。さまざまな環境で普通に見られ，市街地では人々の足元をちょこちょこと歩き回っている。主に地表で種子などを食べる。小さな体の割によく通る大きな声で「タマゴ，タマゴ」という調子で鳴く。

生息環境：多少の木と草地があれば，さまざまな環境に生息。樹林，畑，市街地，海岸など。小さな街路樹や庭木などでも普通に繁殖する。

類似種：ウスユキバト→○アイリングが赤く嘴は黒い。○胸にしま模様はない。○翼下面のパターンが異なる。

①成鳥　雌雄同色　3月
②つがい，♂（左）と♀（右）♂のほうがアイリングや模様が明瞭な傾向がある　3月
③幼鳥　全体のしま模様がより明瞭　3月
④成鳥　前腕が赤褐色で風切下面が灰色　10月

③**Juvenile.** Mottled. Strongly barred head, back. Mar.

④**Adult.** Rufous arm with grey wing. Oct.

ハト目　COLUMBIFORMES

ハト科　Columbidae

ベニカノコバト

◎ Bar-shouldered Dove
Geopelia humeralis ◆ TL 26-30 cm

Common in rainforests, forests, parks, gardens. Race *humeralis*, race *inexpectata*.

Bar-shouldered= しまのある肩の。

亜種 *humeralis* と亜種 *inexpectata* が分布。頭と胸は青灰色で，後頭は赤褐色で黒の細かいうろこ模様がある。嘴は水色〜灰色。上面は淡褐色でうろこ模様がある。アイリングは青灰色だが興奮すると赤くなる。幼鳥は後頭の模様がない。主に地表で採食する。よく通る声で「ホクオ, ホッホウ」と鳴く。カッコウに似た調子で連続して鳴くことも多い。

生息環境： さまざまなタイプの樹林の林縁部。隣接した畑, 市街地, 海岸など。水路や湿地沿いのやや湿った環境を好む。

類似種： カノコバト→◯後頭の模様が白黒。◯アイリングはない。◯飛翔時, 風切の下面は黒く, 尾に大きな白斑がある。

①**成鳥**♂ 雌雄ほぼ同色。♂のほうが模様は鮮やかで胸と腹の境界が明瞭　11月
②**成鳥**　翼に大きな赤褐色の斑がある　10月
③**成鳥**　翼下面は赤褐色　12月
④**成鳥**　興奮すると眼の周りの裸部が赤くなる　2月

①**Adult male.** Sexes similar. Blue-grey head/breast with orange barred nape, eye-ring blue-grey. Female duller. Nov.

②**Adult.** Large rufous wing patch in flight. Juvenile similar to adult, no rufous on nape. Oct.

③**Adult.** Underwing rufous. Dec.

④**Adult.** Eye-ring flush red when excited. Feb.

ワープーアオバト

Common in rainforest, adjacent forest, parks, gardens. Race *keri*.

Wompoo＝鳴き声から。

亜種*keri*。色鮮やかな大形のハト。「ワァ，ウー」とよく通る声は種名の由来となっている。うっそうとした林に生息し，声を聞くことは多いが，姿を見るのは難しい。さまざまな果実を食べ，好む果実があれば地表近くに降りることもある。林冠から中層で活発に行動し，単独かつがいでいることが多い。早朝や夕方には開けたところで日向ぼっこをしている。

生息環境：主に雨林。川沿いの樹林。木の茂った環境であれば果樹園，公園，庭や街路樹にやってくることもある。

類似種：なし。

①**Adult.** Sexes similar. Iris red, yellow tipped red bill, maroon chin to breast, yellow broken line on wing. Oct.

②**Adult.** Yellow belly/undertail coverts. Jun.

①成鳥 雌雄同色 10月
②成鳥 6月
③幼鳥 後頸が緑で，全体に模様が不明瞭 6月
④成鳥 黄色の翼帯がある 10月

③**Juvenile.** Green nape, mottled breast/belly/back. Jun.

④**Adult.** Oct.

145

クロオビヒメアオバト

◇ **Superb Fruit Dove**

Ptilinopus superbus ◆ TL 22-24 cm

①**Adult male.** Rich purple crown, orange nape, black breast, blue shoulder patch. Nov.

②**Adult female.** Small blue crown, grey breast, red legs. Juvenile similar to female, no crown, breast greener, legs yellow. Jan.

Uncommon in dense rainforests, adjacent habitats. Race *superbus*.

Superb＝すてきな。Fruit＝果物，果実を好むことから。

亜種*superbus*。頭の赤と胸の明瞭な黒帯がよく目立つ小形のハト。上面はややくすんだ緑で黒斑がある。後頭部〜頸はオレンジ色。果実食でさまざまな種類の果実を食べる。林冠での採食が多いが，林縁部などでは中層に降りることもある。声質は日本のキンバトなどと似た感じで「ウォ，ウォ，ウォ，ウォ」とくり返し鳴く。

生息環境：雨林，マングローブ林，二次林，木の茂った公園など。うっそうとした林内を好む。

類似種：ベニビタイヒメアオバト→○腹が橙色。○胸の黒帯がない。○尾端は黄色。○鳴き声が異なる。

①成鳥♂　11月
②成鳥♀　幼鳥は♀に似るが頭頂の模様がなく，胸は緑，足が黄色　1月
③成鳥♂　11月
④成鳥♂　翼下面は暗色。尾端は白い　9月

③**Adult male.** Nov.

④**Adult male.** Dark grey underwing, white tail tip. Sep.

ベニビタイヒメアオバト

◇ **Rose-crowned Fruit Dove**
Ptilinopus regina ◆ TL 22-24 cm

Uncommon in rainforests, mangroves, adjacent forests, parks, gardens. Resident coast, summer visitor tablelands. Race *regina*.

Rose-crowned= バラ色の頭頂の。

亜種 *regina*。額のピンク色が鮮やかな美しい緑色のハト。顔〜胸は灰色で、胸〜腹はピンクからオレンジ色。風切の羽縁や尾端は黄色。声質は日本のキンバトなどと似た感じで「ウッウー，ウッウー」とくり返し鳴く。つがいでいることが多い。

生息環境：雨林，木の茂った公園，沿岸部のマングローブ林や海岸沿いの疎林，島などにも多い。クロオビヒメアオバトよりも開けた環境に生息する。。

類似種：クロオビヒメアオバト →○胸に黒帯がある。○腹は白い。○尾端が白い。○鳴き声が異なる。

①成鳥♂ 9月
②成鳥♀ 9月
③幼鳥 9月
④成鳥♂ 9月

①**Adult male.** Rose crown, grey head/neck/breast. Pink, orange belly. Sep.

②**Adult female.** Duller. Neck/breast greener. Sep.

③**Juvenile.** Green overall. Yellow fringed wing. Sep.

④**Adult male.** Light grey underwing, yellow tail tip. Sep.

147

パプアソデグロバト

○ **Torresian Imperial Pigeon**
Ducula spilorrhoa ◆ TL 38-44cm

①**Adult.** Sexes similar. Yellow bill, iris black, white body, slightly darker face, black bars on undertail coverts. Female smaller. Nov.

Common summer visitor to the coastal area. Rainforests, forests, mangroves, parks, gardens.

Torresianはトレス海峡周辺を指す生物地理区分から。
Imperial Pigeon=ミカドバト。

白黒の大形のハト。飛翔時は風切の黒と尾の太い黒帯が目立つ。雨季の間にパプアニューギニアから渡ってきて繁殖する。主に沿岸の島で繁殖しており，朝夕に群れで移動しているのを見る。街路樹で繁殖する個体も多い。よく通る低い声で「ウッ，ウウー」と盛んに鳴く。つがいや数羽の群れでいることが多い。
生息環境：木の茂った島，海岸からあまり遠くない範囲のさまざまな樹林，公園，庭など。
類似種：なし。

②**Adult male displaying (left), female (right) .** Oct.

①**成鳥**　雌雄同色。♂はやや大きい　11月
②**成鳥♀（右）とディスプレイする成鳥♂（左）**　10月
③**幼鳥**　下尾筒に模様がない　3月
④**成鳥**　翼上面も同様の模様　11月

③**Juvenile.** Head, breast, greyer. No markings on undertail coverts. Mar.

④**Adult.** Upperwing has same pattern as underwing. Nov.

カミカザリバト

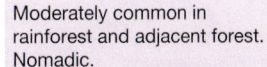

◇ **Topknot Pigeon**

Lopholaimus antarcticus ◆ TL 40-45 cm

Moderately common in rainforest and adjacent forest. Nomadic.

Topknot=髪飾り。

灰色の大形のハト。上面は青灰色。嘴は赤く先端が黄色。額と冠羽が特徴的。頸にもざくざくとした感じの模様がある。数十羽の小群で樹頂を飛んでいくのを見ることが多い。果実食で，さまざまな木を次々と移動しながら採食する。採食の際は小枝や実を落としながら活発に動く。

生息環境： 雨林など湿った環境の樹林。樹冠部にいることが多いが，果実を求めて下層を訪れることもある。

類似種： シロガシラカラスバト→○体下面が白い。○飛翔時に翼下面全体が黒い。○尾に白帯がない。

①成鳥　雌雄同色。♀は冠羽がやや短い　10月
②成鳥　尾の白帯は静止時にも目立つ　10月
③成鳥　幼鳥は成鳥に似るが冠羽がない　11月
④成鳥　尾の白黒の帯が目立つ　11月

①**Adult.** Sexes similar. Iris/bill red, distinctive orange short crest. Female has shorter crest. Oct.

②**Adult.** Often in canopy level. Distinctive tail bars. Oct.

③**Adult.** Mottled breast. Juvenile similar to adult, but no crest. Nov.

④**Adult.** Grey underwing. Distinctive tail bars. Nov.

キジバンケン

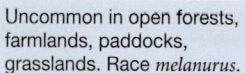

◇ **Pheasant Coucal**
Centropus phasianinus

◆ TL 53-68 cm
◆ WS 56-77 cm

①**Adult breeding.** Sexes similar. Iris red. Female slightly larger. Nov.

②**Adult non-breeding.** Pale bill, white streaked brown body, iris red or chestnut depends on individual. Jul.

③**Juvenile.** Similar to non-breeding. Darker. Iris/bill dark brown. Aug.

④**Adult breeding.** Nov.

Uncommon in open forests, farmlands, paddocks, grasslands. Race *melanurus*.

Pheasant= キ ジ。Coucal= バ ンケン。

亜種*melanurus*。ほかの亜種より大きい。カッコウ科だが托卵はしない。嘴は太短い。主に地上を歩き回って採食する。朝夕の薄暗い時間に草むらの中で「ポーポポポポ，ポーポーポー」とよく響く特徴的な声で鳴く。単独かつがいでいることが多い。

生息環境：川沿いのうっそうとした植生，湿地の周辺の草地，畑，牧草地など。体が隠れる高さの草原にいることが多く，あまり姿を見せない。早朝には日当たりの良い場所にいることが多く。道路脇でよく見かける。

類似種：なし。

①**成鳥繁殖羽**　雌雄同色。♀はやや大きい。虹彩が赤く，頭～腹と嘴が黒い　11月
②**成鳥非繁殖羽**　頭～腹は褐色で細かい縦斑がある。虹彩は赤～茶色。嘴は白い　7月
③**幼鳥**　非繁殖羽に似るが，より黒っぽい。虹彩は黒く，嘴は黒褐色　8月
④**成鳥繁殖羽**　あまり長距離は飛ばない　11月

オーストラリアオニカッコウ

○ **Pacific Koel** ◆ TL 39-46 cm
Eudynamys orientalis ◆ WS -63 cm

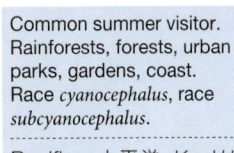

Common summer visitor. Rainforests, forests, urban parks, gardens, coast. Race *cyanocephalus*, race *subcyanocephalus*.

Pacific＝太平洋。Koel は鳴き声を表すヒンズー語由来。

亜種 *cyanocephalus* と亜種 *subcyanocephalus*。雄と雌で羽衣が大きく異なる。亜種 *cyanocephalus* は雌の顔の模様が褐色。ニューギニアやインドネシアから繁殖のために渡ってくる。繁殖期には夜明け前から深夜まで大きな声で「コーエル, コーエル」と鳴き続ける。

生息環境: さまざまな樹林, 公園, 市街地など。

類似種: アオアズマヤドリ雄→ ○虹彩が青い。○ずんぐりとして尾も短い。テリオウチュウ→ ○光沢が強い。○尾端が開く。

①**Adult male.** Iris red, white bill, glossy black body, long round tail. Dec.

②**Adult female.** Race *subcyanocephalus*. White spotted black upperparts, white cheek stripe, finely barred underparts. Jan.

①**成鳥♂** 虹彩が赤く, 嘴は白い。全身が光沢のある黒。尾は長く尾端は丸い 12月
②**成鳥♀** 亜種 *subcyanocephalus*。上面は細かい星模様。腹〜尾に細かい横斑がある。顔の模様が黒い 1月
③**若鳥♂** 11月
④**幼鳥** ♀に似るが頭頂が乳白色。体下面の模様が薄い。雨覆が淡褐色 3月

③**Immature male.** Moult to adult. Nov.

④**Juvenile.** Similar to adult female. Crown cream, paler mottled back. Mar.

オオオニカッコウ

◇ **Channel-billed Cuckoo**
Scythrops novaehollandiae

◆ TL 60 cm
◆ WS 88-107 cm

Uncommon summer visitor. Rainforests, open forests, parks, gardens. Race *novaehollandiae*.

Channel-billed=溝のある嘴の。 Cuckoo=カッコウ。

亜種 *novaehollandiae*。托卵するカッコウの中では世界最大。雨季にニューギニアやインドネシアから繁殖のために渡ってくる。大きな響く声で「クーエッエッ，クーエッエッ」と鳴きながら飛んでいるのを見ることが多い。主に果実を食べ，林冠で活発。特にイチジクを好み，大きな木ではオーストラリアオニカッコウやメガネコウライウグイスなどとともに採食していることも多い。

生息環境：雨林や極端に乾燥した環境を除く，さまざまな環境の樹林。イチジクが生えている庭や公園など。

類似種：なし。

①**Adult male.** Iris/eye-ring red. Female has shorter bill and barred underparts. Sep.

②**Juvenile.** Head, breast off-white, buff fringe on wing coverts, iris brown. Mar.

①**成鳥♂**　雌雄ほぼ同色。♀は嘴が短く，体下面に不明瞭な横じまがある　9月
②**幼鳥**　雨覆羽縁が淡褐色　3月
③**成鳥**　飛翔時は尾羽と嘴が長く十字型に見える　9月
④**成鳥**　9月

③**Adult.** Sep.

④**Adult.** Sep.

ヨコジマテリカッコウ

◇ **Shining Bronze Cuckoo**
Chrysococcyx lucidus

◆ TL 15-17 cm
◆ WS 25-32 cm

①**Adult male.** Race *plagosus*. Sexes similar. Brown cap, glossy green back, barred underparts. Pale bill base. Female duller. Oct.

②**Adult male.** Race *plagosus*. Juvenile duller, less bars on breast/belly. Oct.

③**Adult male.** Race *plagosus*. Broad white underwing bars. Oct.

Moderately common in rainforest, adjacent parks, gardens. Race *plagosus* breed in Aus, race *lucidus* breed in NZ.

Shining＝輝く。Bronze＝銅色の。

オーストラリアで繁殖する亜種*plagosus*と，ニュージーランドで繁殖し，渡りの時期に通過する亜種*lucidus*が見られる。前者は頭が褐色で嘴の付け根が白い。後者は頭が緑色で嘴は黒い。上面は光沢のある緑色。体下面には明瞭な横帯がある。外側尾羽には白黒の模様がある。模様の間隔は広い。「ピーユ，ピーユ，ピーユ」と鳴く。

生息環境： 雨林，隣接する林や公園など。標高の高い地域に多い。

類似種： マミジロテリカッコウ→○過眼線と白い眉斑がある。○尾の裏の白黒の模様の間隔が狭い。

①**成鳥♂**　亜種*plagosus*。雌雄ほぼ同色　10月
②**成鳥♂**　亜種*plagosus*。腹の横帯はつながって見える個体が多いが，途切れている個体もいる　10月
③**成鳥♂**　亜種*plagosus*。翼下面に太い白帯がある。上面は目立つ模様はない　10月

マミジロテリカッコウ

Horsfield's Bronze Cuckoo　*C. basalis*

Uncommon visitor. More bars on tail, no bars on throat.
少数飛来する　9月

153

アカメテリカッコウ

○ **Little Bronze Cuckoo**
Chrysococcyx minutillus

◆ TL 15-16 cm
◆ WS 26-30 cm

Common in forests, rainforests, parks, gardens. Race *barnardi*, race *russatus*.

Little＝小さい。

亜種*barnardi*と頸，背，外側尾羽が赤褐色の亜種*russatus*が分布し，交雑個体も見られる。上面は光沢のある緑色で茶色味が強い。体下面には途切れがちな横帯がある。外側尾羽に明瞭な白黒模様がある。外側尾羽以外は赤褐色。模様の間隔は広い。雄の虹彩は赤く，赤いアイリングが目立つ。雌は虹彩が黒く，アイリングは黄色。尻下がりの調子で「ティリリリリ」「ティーユ。ティーユ。ティーユ」と鳴く。

生息環境： マングローブ林，川沿いの樹林，雨林，公園など。標高が低い地域に多い。

類似種： ヨコジマテリカッコウ→○虹彩，アイリングは赤くない。○体下面の横しまが明瞭。

①成鳥♂ 亜種*barnardi*。主に内陸部の乾燥した環境に生息 10月
②幼鳥 亜種*barnardi*。アイリングは黄色。虹彩は茶色。光沢は鈍い 6月
③若鳥 亜種*russatus*。下面に模様がない 4月
④成鳥♂ 亜種*russatus*。主に沿岸部に分布 9月

①**Adult male.** Race *barnardi*. Iris/eye-ring red, bronze green underparts, barred underparts. Female have pale eye-ring. Oct.

②**Juvenile.** Race *barnardi*. Duller. Dark iris, pale eye-ring. Jun.

③**Immature.** Race *russatus*. Dark iris. Pale eye-ring. No or few bars on underparts. Apr.

④**Adult male.** Race *russatus*. Gould's Bronze Cuckoo. Rufous wash on upperparts/nape/undertail. Sep.

ハイイロカッコウ

△ **Pallid Cuckoo**
Cacomantis pallidus

◆ TL 31-32 cm
◆ WS -52 cm

カッコウ目 CUCULIFORMES

カッコウ科 Cuculidae

Uncommon in open forests, farmlands.
Pallid=色の薄い。

虹彩は黒く、細く黄色いアイリングがある。体下面は灰色。上面も灰色で褐色味は少ない。尾は長く、白黒のしまがある。尻上がりの調子で「トゥトゥトゥトゥトゥ」「ティーティーティー」と鳴く。南部に移動して繁殖するものもあり、季節や環境によって大きく移動するが不規則。

生息環境： やや乾燥した環境の樹林、草地、庭や公園など。

類似種： ハイガシラヒメカッコウ→○ひと回り小さい。○体下面はオレンジ色味がある。○声と生息環境が異なる。ウチワヒメカッコウ→○やや小さい。○体下面がオレンジ色。○上面の灰色が濃い。○アイリングが太い。○声と生息環境が異なる。

①**成鳥♂**　11月
②**成鳥♀淡色型**　上面は星模様。赤色型もある。幼鳥は♀に似るが顔や喉が黒い　9月
③**成鳥♂**　11月

①**Adult male.** Yellow eyering, plain pale grey breast/belly, finely barred tail. Nov.

②**Adult female light rufous morph.** Buff spotted upperparts. Rufous morph more rufous. Juvenile similar. More marked underparts. Sep.

③**Adult male.** Nov.

ツツドリ

Oriental Cuckoo　　　*Cuculus optatus*

Uncommon summer visitor. Barred white belly. Dec.
雨季に少数が飛来　12月

ウチワヒメカッコウ

○ **Fan-tailed Cuckoo**
Cacomantis flabelliformis

◆ TL 25-27 cm
◆ WS 34-42 cm

Common in rainforests, forests, parks, gardens. Race *flabelliformis*.

Fan-tailed=扇子状の尾の。

亜種*flabelliformis*。体下面は喉から下尾筒まで薄いオレンジ色，胸の辺りが濃い。上面は灰色。翼上面の色が濃い。虹彩は黒く，黄色いアイリングがある。尾は長く，白く細かいしま模様がある。よく通る声で「ピート，ピー。ピート，ピー」または尻下がりに「ピリリリリリ」と鳴く。
生息環境：樹高の高い乾燥した環境の林，雨林など。非繁殖期には北に移動する個体もある。
類似種：クリハラヒメカッコウ→○体色が全体的に濃い。○分布域が異なる。ハイガシラヒメカッコウ→○喉が灰色。○体下面の色が淡い。○尾羽のしまは不明瞭。○アイリングが灰色。

① **成鳥**　雌雄同色　7月
② **若鳥**　アイリングは薄い。体下面は白く，細かい横斑がある　5月
③ **幼鳥**　茶褐色。尾羽下面の模様は成鳥と同じ　10月

①**Adult.** Sexes similar. Yellow eye-ring, pale orange underparts, white notched tail. Jul.

②**Immature.** Pale eye-ring, barred breast. May.

③**Juvenile.** Browner upperparts, light grey barred belly. Oct.

クリハラヒメカッコウ

Chestnut-breasted Cuckoo *C. castaneiventris*

Uncommon summer visitor. Rich chestnut underparts. Aug.
稀に飛来　8月

ハイガシラヒメカッコウ

○ **Brush Cuckoo**
Cacomantis variolosu

◆ TL 21-28 cm
◆ WS 32-43 cm

①**Adult.** Male and female unbarred morph similar. Thin grey eye-ring. Some individual shows paler ear patch. Aug.

②**Adult.** Tail rather square shape. Sep.

Common in forest, riverside vegetation, parks, gardens. Resident and some migratory population. Race *variolosus*.

Brush＝やぶ，雨林を指す。

亜種 *variolosus*。体下面は胸〜下尾筒が薄いオレンジ色，下尾筒は濃い。上面は灰色。頭は一様に灰色だが，耳羽の辺りが白い個体もいる。背や翼上面は褐色味が強い。虹彩は黒い。尾は長く，白く薄いしま模様がある。よく通る声で「ピートピー，ピートピー」「ティーユ，ティーユ」と鳴く。通年生息する個体と非繁殖期に南部から移動してくる個体がいる。

生息環境：雨林，隣接する林，河川沿いの林。下草の茂った環境を好む。

類似種：ウチワヒメカッコウ→○尾がより丸く見える傾向がある。○喉から胸がオレンジ色。○上面は褐色味が薄い。○黄色いアイリングがある。

①**成鳥** 雌雄同色。♀には幼鳥に似た全体が横しまのタイプもある　8月
②**成鳥** 尾はやや角尾に見える傾向がある　9月
③**若鳥** ところどころに幼羽が残る　9月
④**幼鳥** 全体にしま模様。成鳥♀にもこのタイプがある　6月

③**Immature.** Almost to adult plumage. Sep.

④**Juvenile.** Barred, mottled body. Female barred morph similar, less brown tones. Jun.

ヒメススイロメンフクロウ

△ Lesser Sooty Owl
Tyto multipunctata

◆ TL 15-16 cm
◆ WS 26-30 cm

Uncommon in dense rainforests.

Lesser= より 小さい。Sooty=
すす色の。Owl=フクロウ。

上面が黒いメンフクロウ。足が
大きくがっしりしており，附蹠
がしっかり羽毛で覆われている。
体の大きさの割に大形の獲物を
狙い，樹林内で哺乳類や鳥など
を捕る。地上近くの垂直の枝や
幹に止まっているのを見ること
が多い。単独かつがいでいるこ
とが多く，2羽で鳴き交わして
いる様子もよく見られる。笛
ロケット花火のような声で
「キューーン」と鳴く。日中は林
冠の枝や樹洞で休む。
生息環境：雨林，隣接した林，
うっそうと茂った林冠の閉じた
環境。
類似種：なし。

①**Adult.** Sexes similar. Sooty black white spotted upper parts. Pale bill. Proportionately large legs. Female larger. Sep.

②**Juvenile.** Darker face. Bill black, pale look by flashlight. Sep.

①**成鳥**　雌雄同色。♀はやや大きい。嘴
　は白い　9月
②**幼鳥**　嘴は黒っぽいが，ここでは照明に
　よって白っぽく見える　9月
③**幼鳥**　9月
④**成鳥**　9月

③**Juvenile.** Sep.

④**Adult.** Sep.

オーストラリアメンフクロウ

○ **Eastern Barn Owl**
Tyto javanica

◆ TL 29-40 cm
◆ WS 70-90 cm

Common in farmlands, paddocks, adjacent forest, parks. Race *delicatula* in Australia. Sometimes treated as a subspecies of *T. alba*.

Eastern＝東の。Barn＝納屋。

亜種*delicatula*。メンフクロウ*T. alba*の亜種とする分類もある。雌雄ほぼ同大で、模様が異なる。跗蹠にはあまり羽が生えていない。樹洞などをねぐらにし、隣接する草原で狩りをする。夜間、牧草地のフェンスに止まっているのを見ることが多い。甲高い声で「ギュー」と鳴く。

生息環境：雨林、樹林近くの草原、畑、牧草地など。

類似種：ヒガシメンフクロウ→○足が長い。○特に上面が褐色。オオメンフクロウ *T. novaehollandiae* ＊→○跗蹠がしっかり羽毛で覆われている。○額板の縁取りが濃い。

＊未掲載

①**Adult male.** Breast, belly mostly white, few black spots. Unfeathered legs. Jun.

②**Adult female.** Breast, belly with black spots. Sep.

①成鳥♂　胸、腹にほとんど模様がない　6月
②成鳥♀　胸、腹に細かい黒点がある　9月
③成鳥♂　足はやや尾端を越える　9月

③**Adult male.** Legs barely exceed tail. Sep.

ヒガシメンフクロウ

Eastern Grass Owl　　　*Tyto longimembris*

Adult female. Uncommon. Legs well exceed tail. Sep.

成鳥♀　足は大きく尾端を越える。草丈の高い草原に生息。数は多くない。　9月

アカチャアオバズク

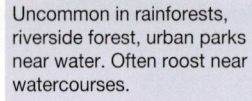

△ **Rufous Owl**
Ninox rufa

◆ TL 40-52 cm
◆ WS -115cm

①**Adult male.** Sexes similar. Finely barred underparts, mottled rufous brown back. Female smaller with darker, broader bars. Race *queenslandica*. Jun.

②**Adult female (left), male (right).** Roosting. Race *queenslandica*. Jun.

③**Adult male (left) feeding female (right) near the nest.** Race *queenslandica*. Nov.

④**Adult.** Race *queenslandica*. Jul.

Uncommon in rainforests, riverside forest, urban parks near water. Often roost near watercourses.

Rufous=赤茶色の。

北部に亜種 *meesi*，南部に亜種 *queenslandica* が分布。赤茶色の細かい横斑のある大形のフクロウ。虹彩は黄色。足は大きくがっしりしており，樹林内や隣接した草地などでハトやツカツクリ，オオコウモリ，ポッサムなど中形の獲物を捕らえる。太い声でゆっくりと「ウー，フ。ウー，フ。」と鳴く。大きな木の樹洞で営巣し，日中は林冠で休息する。

生息環境：雨林，隣接した樹林，川沿いの樹林など。大きな木の茂った公園などにも。特に水場に近い場所で休んでいることが多い。

類似種：なし。

①成鳥♂　雌雄ほぼ同色，♂はやや大きい。♀は胸の横斑がやや粗く暗色　10月
②つがい，♀（左）と♂（右）　よく茂って樹冠の閉じた木を好んでねぐらをとる　6月
③つがい，♂（左）と♀（右）　抱卵中の♀に給餌する♂　11月
④成鳥　7月
※写真はいずれも亜種 *queenslandica*

オーストラリアアオバズク

①**Adult.** Sexes similar. Iris yellow, pale eyebrow, brown streaked breast/belly. Female smaller. Aug.

②**Adult.** Aug.

Uncommon in open forest, riverside forest. often roost near watercourses. Race *peninsularis*, race *connivens*.

Barking=吠える。鳴き声が犬が吠えているように聞こえることから。

北部の亜種*peninsularis*は小さく，縦斑が茶色い。南部には亜種*connivens*が分布するとされるがはっきりしない。全体に暗色で下面は太い縦斑がある。虹彩は黄色。「ウォッ，ホ。ウォッ，ホ」と鳴く。特に特に川沿いの樹林でねぐらをとり，隣接した草原などで採食する。

生息環境：やや乾燥した環境の林，内陸の湿地周辺の林，隣接した草原など。キャンプ場などで見られることも多い。

類似種：ミナミアオバズク→◯ひと回り小さい。◯眼の周りが暗色。

①**成鳥** 雌雄同色　♂はやや大きい　8月
②**成鳥** 8月
③**成鳥** オオハダカオネズミを捕らえた 8月
④**成鳥** 8月

③**Adult.** Caught White-tailed Rat. Aug.

④**Adult.** Aug.

フクロウ目 STRIGIFORMESS

フクロウ科 Strigidae

ミナミアオバズク

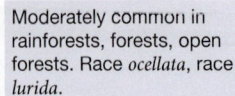
◇ **Southern Boobook**
Ninox boobook

◆ TL 25-36 cm
◆ WS 60-80 cm

①**Adult.** Race *ocellata*. Sexes similar. Distinctive dark 'goggle' on face, iris pale yellow to pale grey. Female larger. Jul.

②**Adult.** Race *ocellata*. Jul.

Moderately common in rainforests, forests, open forests. Race *ocellata*, race *lurida*.

Southern＝南の。Boobookは鳴き声から。

主に淡色の亜種*ocellata*が分布。雨林には全体が暗褐色の亜種*lurida*が生息。眼の周りが黒く目立つ。全体に暗色。下面は太い縦斑がある。「ホッホ, ホッホ」と鳴く。日中は樹洞や林冠で休息し, 夜間は林内や隣接した草原で採食する。街灯に集まる昆虫を捕りにくることもある。
生息環境：やや乾燥した環境の林, 内陸の湿地周辺の林, 隣接した草原など。キャンプ場などで見られることも多い。
類似種：オーストラリアアオバズク→○ひと回り大きい。○眼の周りが淡色

①**成鳥** 亜種 *ocellata*。雌雄同色。♀はやや大きい。眼の周りが暗色, 淡色の縁取りがある　7 月
②**成鳥** 亜種 *ocellata*　7 月
③**成鳥** 亜種 *lurida*。頭が全体的に暗褐色　6 月
④**幼鳥** 亜種 *ocellata*。巣穴で休む　6 月

③**Adult.** Race *lurida* inhabit rainforest. Darker, smaller. Mottled belly. Jun.

④**Juvenile in nest hollow.** Race *ocellata*. Jun.

パプアガマグチヨタカ

◇ **Papuan Frogmouth**
Podargus papuensis ◆ TL 50-60 cm

①**Adult female.** Iris red. Female has plainer breast and more rufous overall. Dec.

②**Adult male(left), female(right).** Male greyer. Aug.

Locally common in rainforests, riverside vegetation. Often roost near water.

Papuan＝パプアの。Frog＝カエル。mouth＝口。

ヨタカ科ではないが，ヨタカのように飛び回って採食するほか，止まっている枝から飛び降りるようにして採食することも多い。低い声で「ヴ ーヴ ーヴ ー」とゆっくり単調に，くり返し鳴く。雄は特に体下面が白っぽい。雌は全体の褐色味が強く，胸の模様が雄よりも平坦。夜行性で日中は川沿いの樹林などで休む。警戒すると頸を伸ばした姿勢をとる。つがいで見ることが多い。

生息環境：雨林，隣接した公園。湿地や河川沿いの樹林など湿った環境を好む。

類似種：オーストラリアガマグチヨタカ→○小さい。○虹彩が黄色。○生息環境が異なる。

①成鳥♀　12月
②つがい，♂（左）と♀（右）　8月
③巣に座る雛　7月
④威嚇する成鳥♂　9月

③**Chick on nest.** Jun.

④**Adult male.** Sep.

163

オーストラリアガマグチヨタカ

◇ **Tawny Frogmouth**
Podargus strigoides ◆ TL 34-50 cm

①**Adult male.** Iris yellow. Male grey, streaked breast. Jun.

②**Adult female rufous morph.** Browner. Plainer breast. Nov.

Locally common in open forest, caravan parks. Mostly race *strigoides, brachypterus, phalenoides.*

Tawny=黄褐色の。

3亜種分布するが，大きさ以外にほとんど違いがない。雄はあまり褐色味がない。雌は雄同様の灰色型と褐色味の強い赤色型があるが，後者が多い。どちらも胸の模様が雄よりも平坦。「ウーウーウーウー」と単調にくり返し鳴く。夜行性で日中は木の枝に止まって休む。警戒すると頸を伸ばした姿勢をとる。

生息環境： さまざまな環境の疎林。ある程度の大きさの木がまばらに生えた草原，公園，キャンプ場など。あまりうっそうとした林や，雨林では見られない。

類似種： パプアガマグチヨタカ →○大きい。○虹彩が赤い。○生息環境が異なる。

① **成鳥♂** 胸〜腹に細かい縦斑がある　6月
② **成鳥♀赤色型** 上面が茶褐色。下面は模様が少ない　11月
③ **成鳥♀灰色型** ♂に似るが，下面は模様が少ない　5月
④ **幼鳥** 12月

③**Adult female grey morph.** Less marked breast and plainer back. May.

④**Juvenile.** Scruffy streaked head, body. Dec.

オビロヨタカ

△ Large-tailed Nightjar
Caprimulgus macrurus ◆ TL 25-29 cm

Moderately common in rainforest margins, riverside vegetation. Race *schlegelii*.

Large-tailed＝大きな尾の。Nightjar＝ヨタカ，鳴き声由来といわれる。

亜種*schlegelii*。基亜種より褐色味があり，雨覆の白斑が不明瞭。飛翔時，翼下面に小さい白斑，尾羽下面外側に大きな白斑がある。「キョッ，キョッ，キョッ，キョッ」と通る声でくり返し鳴くほか，特に地表にいるときに「ゲッゲッゲッゲッ」と低い声で鳴く。

生息環境：雨林，うっそうと茂った樹林，隣接した林など。林内の地表でねぐらをとり，隣接した草原などで採食する。

類似種：オオヒゲナシヨタカ*Eurostopodus mystacalis*＊→○頬に白線がない。○翼の白斑が小さい。○尾端に白斑がない。ヒゲナシヨタカ→○頬に白線がない。○翼に大きな白斑がある。○尾端に白斑はない。

＊未掲載

①成鳥　雌雄同色　9月
②成鳥　翼と尾の白斑が目立つ　11月
③成鳥と雛　9月

①**Adult.** Sexes similar. White spots on closed wings. Two white lines on face. Sep.

②**Adult.** Shows large white tail spots and wing spots. Nov.

③**Adult with chick.** Sep.

ヒゲナシヨタカ

Spotted Nightjar　　*Eurostopodus argus*

Uncommon visitor. No cheek line. Large wing spots and no tail spots on flight. Sep.
少数が飛来。雨覆の斑は褐色　9月

オーストラリアズクヨタカ

◇ **Australian Owlet-nightjar**
Aegotheles cristatus ◆ TL 21-25 cm

Uncommon in suitable habitat.
Race *cristatus*.

Australian=オーストラリア。
Owlet=小さなフクロウ, -letは
「小さな」を意味する接尾辞。

亜種 *cristatus*。スマートな体形
で尾が長く, 細かい横斑がある。
夜行性で日中は樹洞で休む。日
本のヨタカのように飛びながら
採食することが多い。淡色型,
暗色型, 赤色型またその中間な
どの体色がある。朝はねぐらの
縁に止まって日なたぼっこして
いることが多い。日中も時々顔
を出す。甲高い声で「ピゥ。ピゥ。
ピゥ」と鳴くほか, 「キュウ, キュ
ウ, キュウ」「ギャーゥゥ」など
と鳴く。
生息環境：雨林から乾燥した環
境の疎林までさまざまな樹林に
広く生息。
類似種：なし。

①**Adult.** Sexes similar. Short bill, large eye, iris dark brown, finely barred upperparts, long tail. Apr.

②**Adult.** Aug.

①成鳥　雌雄同色　4月
②成鳥　8月
③成鳥　褐色味の強い個体　2月
④成鳥　8月

③**Adult.** Roosting. Feb.

④**Adult.** Roosting. Apr.

オーストラリアアナツバメ

Aerodramus terraereginae ◆TL 11-12 cm

①**Adult.** Sexes similar. White rump, glossy black upperparts, paler underparts, short forked tail. Feb.

②**Immature.** Browner back. Dec.

③**Adult.** Feb.

Common along the coast. Race *terraereginae*.

Australian=オーストラリアの。Swiftlet =小さなアマツバメ。

主に亜種*terraereginae*。上面は暗色で腰が白い。下面は灰色だが日の当たり方によってかなり白く見える。ゆるやかな群れでいることが多く、早朝に大きな川の河口で水浴びをしたり、夕方にねぐらに向かう群れが見られる。

生息環境：地上の植生に関係なく，さまざまな場所。

類似種：シロハラアナツバメはインドネシアやニューギニアで繁殖し，少数が稀に飛来。尾は角尾。上面は光沢が強いが上空を飛んでいるときの識別は難しい。ムジアナツバメ*A. vanikorensis*＊は上下面とも暗色。稀に記録される。

＊未掲載

①**成鳥**　雌雄同色　2月
②**若鳥**　雨覆などが褐色　12月
③**成鳥**　2月

シロハラアナツバメ

Glossy Swiftlet　　　　*Collocalia esculenta*

Rare visitor. Glossy blue-back underparts. PNG May.

稀に飛来。上面は青く光沢が強い。PNGにて　5月

ハリオアマツバメ

△ **White-throated Needletail**
Hirundapus caudacutus

◆ TL 19-20 cm
◆ WS -50cm

Uncommon visitor mostly in summer. Race *caudacutus*.

White-throated=白い喉の。Needletailは*Hirundapus*属のうち尾が針状の4種を指す。

日本と同亜種*caudacutus*。喉と下尾筒〜脇が白い。尾は角尾で針状の突起があるが，ほとんどの場合見えない。雨季に飛来し，主に10月と4月ごろに通過していく個体が見られる。滞在は短く，数日で移動する。アマツバメと混群をつくり，数百羽の群れで見られることが多い。

類似種： アマツバメ→○尾が長く燕尾。○体は細く華奢。○喉はぼんやりと白い。○下尾筒は黒く腰が白い。

Juvenile. Long wing, off-white chin/undertail coverts, short tail. Adult has pure white chin/undertail coverts. Jan.
幼鳥　白色部に茶色味がある。成鳥ではより白く，境界が明瞭　1月

アマツバメ

△ **Pacific Swift**
Apus pacificus

◆ TL 17-19 cm
◆ WS 38-43 cm

Uncommon visitor mostly in summer. Race *pacificus*.

Pacific=太平洋。Swift=アマツバメ。

日本と同じ亜種*pacificus*。腰が白く燕尾。喉はぼんやりと白い。体下面には細かく白いしま模様がある。翼は細長く，湾曲の強い鎌形の飛翔形。雨季に飛来し，主に10月と4月ごろに通過していく個体が見られる。滞在は短く，数日で移動する。アマツバメと混群をつくり，数百羽の群れで見られることが多い。

類似種： ハリオアマツバメ→○尾が短く角尾。○体が太くがっしりしている。○喉が白い。○背が淡色で腰は黒い。○体下面はのっぺりと黒い。

Adult. Long wing, white rump, long forked tail. Jan.
成鳥　1月

ブッポウソウ

○ **Oriental Dollarbird**
Eurystomus orientalis ◆ TL 27-32 cm

Common summer visitor. Open forests, rainforests, farmlands. Race *pacificus*.

Oriental= 東洋の。Dollarbird =ブッポウソウ。翼の白斑を1ドルコインに見立てたもの。

日本とは異なる亜種*pacificus*。雨季の間、インドネシアやニューギニアから繁殖のために渡ってくる。赤い嘴の目立つずんぐりとした体形の鳥。飛翔時は翼の白斑が目立つ。体の割に翼が長く、ふわふわとした感じで飛ぶ。樹頂付近に止まり、「ゲゲゲゲッ」と鳴く。目立つところに止まっていることが多い。

生息環境: 雨林の林縁、湿地周辺、川沿いの疎林、畑、牧草地など、水辺からあまり遠くない樹林を好む。

類似種: なし。

①**Adult.** Sexes similar. Bright red bill/legs, thin red eyering, brown head/back, purple throat, green wing. Female larger. Dec.

②**Adult male displaying (left), female (right).** Dec.

①成鳥　雌雄同色。♀はやや大きい　12月
②ディスプレイする成鳥♂（左）と♀（右）　12月
③幼鳥　全体に黒い　1月
④成鳥　翼の白斑が目立つ　5月

③**Juvenile.** Duller. Dark bill, pale eyering. Jan.

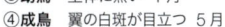

④**Adult.** White wing patch distinctive. May.

シラオラケットカワセミ

○ Buff-breasted Paradise Kingfisher

Tanysiptera sylvia ◆ TL 29-37 cm

Common but local summer visitor. Rainforests, adjacent forests. parks, gardens. Race *sylvia*.

Buff-breasted=黄褐色の胸の。 Kingfisher=カワセミ。

亜種*sylvia*。白く長い尾が特徴的な美しいカワセミ。10月下旬にパプアニューギニアから繁殖のために飛来し，4月中ごろまで滞在する。繁殖に適した環境では普通に見られ，繁殖期前半はほぼ1日中「テューテューテューテュー」とよく通る声でくり返し鳴く。地表のシロアリの塚に穴を掘って営巣する。主に地表で採食するが，休息時は林冠にいることが多い。

生息環境： 林内に開けたスペースがある雨林。営巣場所周辺の民家の庭などに食物を探しにくることもある。

類似種： なし。

①**Adult male.** Red bill, orange underparts, blight blue crown/wing, long white tail. Jan.

②**Adult female (left), male (right).** Female slightly duller. Tail shorter. Nov.

④**Adult male.** Feb.

③**Juvenile.** Duller. Scalloped. Bill black, tail short. Feb.

①成鳥♂　尾が長い　1月
②つがい，♀（左）と♂（右）。♀は尾が短く，色が淡い　11月
③幼鳥　尾は短く雨覆の羽縁が淡色。嘴が黒い　2月
④成鳥♂　2月

ワライカワセミ

①**Adult dominant male.** Back/rump blue, lower mandible pink. Non-breeding male has less blue on rump. Aug.

②**Adult female.** Similar to male. Less or no blue rump, large white wing patch. Mar.

③**Juvenile.** Black shorter bill. Head washed fawn. Back paler, mottled. Dec.

④**Often in family group.** May.

Common in various habitats. Rainforests, open forest, farmlands, urban parks, gardens. Race *minor*, race *novaeguineae*.

Laughing=笑っている。Kookaburraはアボリジニ語に由来し，鳴き声からとされる。

亜種*minor*と亜種*novaeguineae*が分布。笑うような鳴き声は朝夕に聞くことが多い。ゆるやかな家族群で暮らし，繁殖は群れのメンバーが手伝う。樹上のシロアリの塚に穴を掘って営巣する。主に地表で採食するが，ほかの鳥の雛などを狙うこともあり，小鳥からモビングを受けることも多い。庭や公園などで人の食べ物を狙うこともある。

生息環境：疎林，雨林林縁，市街地の公園など。

類似種：アオバネワライカワセミ→○過眼線がなく虹彩が白い。○翼の青い部分はより広い。○頭がより大きく見える。

①**成鳥♂** 家族群の中でも上位の♂は背と腰が下位の♂より青い 8月
②**成鳥♀** 背は茶色 3月
③**幼鳥** 下嘴が黒い。顔の模様が淡い。雨覆などの羽縁が淡色 12月
④**家族群** 朝夕に集まって鳴き交わす 5月

アオバネワライカワセミ

◇ **Blue-winged Kookaburra**

Dacelo leachii ◆ TL 38-41 cm

①**Adult male.** Tail blue, iris pale-grey, white streaked head, short crest, finely barred underparts, lower mandible pink. Nov.

②**Adult female.** Similar to male. Tail brown, blue/black barred above. Slightly larger. Jul.

Moderately common in open forests, farmlands, parks. Mostly in inland. Race *leachii*.

Blue-winged=青い翼の。

亜種*leachii*。ぼさぼさとした頭の羽を開き気味にしていることが多く, 頭が大きく見える。ワライカワセミよりも甲高い声で「キャラ, キャラ, キャラ」と鳴く。ワライカワセミ同様, ゆるやかな家族群で暮らす。主に地表で採食し, 庭や公園などで人の食べ物を狙うこともある。ワライカワセミよりも早朝や夕方の薄暗い時間に採食することが多い。

生息環境: 疎林, 雨林林縁, 市街地の公園など。内陸よりに多いが, 雨季の間は沿岸部でも普通に見られる。

類似種: ワライカワセミ→○翼の青い部分が小さい。○過眼線があり虹彩は黒〜茶色。○頭は小さく見える。

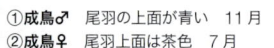

①成鳥♂ 尾羽の上面が青い 11月
②成鳥♀ 尾羽上面は茶色 7月
③成鳥♂ 9月
④つがい, ♂（左）と♀（右） 鳴き交わすつがい 7月

③**Adult male.** Sep.

④**Pair.** Male (left), female (right) Jul.

モリショウビン

①**Adult male.** White collar around neck. White spots on forehead, light blue back, deep blue wing. May.

②**Adult female.** Blue nape connect to back. May.

Common in rainforests, open forests, riverside vegetation, urban parks, gardens. Race *incinctus* in FNQ.

Forest=森。

Kingfisher=カワセミ。

亜種*incinctus*。背にはやや緑色味がある。眼先の白斑と，飛翔時の翼の白斑が目立つ。高い声で「キキキキキ」とくり返す。単独かつがいでいることが多い。樹上のシロアリの塚に穴を掘って営巣し，ヒジリショウビンと競合することもある。前年生まれの若い雄がヘルパーにつく場合もある。

生息環境： 疎林，雨林林縁，畑，市街地の公園など。水辺に限らず，林縁に近い草原や畑などにも生息。

類似種： ヒジリショウビン→○眼先の斑は細く眼の上まで伸びる。○体色はより緑色。○翼に白斑はない。

①**成鳥♂** 襟は白く，頭と背の模様がつながらない　5月
②**成鳥♀** 頭と背の青がつながる　5月
③**幼鳥** 頭や雨覆の羽縁が淡色でうろこ模様　4月
④**成鳥♂** 飛翔時に翼の白斑が目立つ　8月

③**Juvenile.** Duller, scalloped head, wing. Buff breast. Apr.

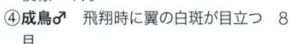

④**Adult male.** Large white wing spots. Aug.

トレスショウビン

○ Torresian Kingfisher
Todiramphus sordidus ◆ TL 24–29 cm

①**Adult.** Sexes similar. Bill black, pink base. White spot on forehead, green back, blue-green wing. Female duller. Apr.

②**Adult.** Nov.

Locally common in mangroves, riverside vegetation, adjacent parks. Race *sordidus*. Sometimes treated as a subspecies of *T. chloris.*

Torresian＝トレス海峡周辺を指す生物地理区分から。

亜種*sordidus*。ナンヨウショウビン *T. chloris* の亜種とする分類もある。がっしりとした嘴をもつやや大形のカワセミ。目立つところに止まり、「クッ! ケッ! ケッ!」と大きな声で鳴く。単独かつがいでいることが多い。シロアリの塚に穴を掘って営巣する。なわばりは通年維持する傾向がある。
生息環境：マングローブ林, 海岸, 海岸近くの疎林, 干潟, 市街地の公園など。
類似種：ヒジリショウビン→○ひと回り小さく嘴が細い。○体羽にオレンジ色味がある。○眉斑は白くない。

①**成鳥。**雌雄同色 4月
②**成鳥。**11月
③**幼鳥。**頭，背など全体に淡色 1月
④**成鳥。**8月

③**Juvenile.** Duller. Paler cap, back. Jan.

④**Adult.** Aug.

ヒジリショウビン

○ **Sacred Kingfisher**
Todiramphus sanctus　◆ TL 20-22 cm

Common in mangroves, tidal flats, riverside vegetation. Less common in summer. Race *sanctus*.

Sacred＝聖なる。

亜種 *sanctus*。緑色の小形のカワセミ。摩耗した個体では上面はより緑色に，下面は白くなる。水辺に留まる傾向が強い。オーストラリア南部に移動して繁殖する個体も多く，乾季の間に個体数が多い。シロアリの塚に穴を掘って営巣する。早い調子で「ケッケッケッケッケッ」と5音で鳴くことが多い。

生息環境：海岸，干潟，内陸の湿地，河川沿いの林，池のある公園など。

類似種：トレスショウビン→○ひと回り大きい。○嘴ががっしりして見える。○休羽は白い。○眉斑が白い。モリショウビン→○眼先と翼に白斑がある。○上面はより青い。

①成鳥♂。上面は青色味が強い。過眼線が濃い　10月
②成鳥♀。上面は緑色味があり，翼と背の色の違いが少ない。過眼線が薄い　9月
③幼鳥。頭や雨覆の羽縁が淡色でうろこ模様　4月
④幼鳥。カニを捕らえた　9月

①**Adult male.** Blue-green wing, greenish back, broad dark eye-stripe. Belly less buffy in worn plumage. Oct.

②**Adult female.** Greener head/wing, eye-stripe paler, but difference not so obvious in most cases. Belly less buffy in worn plumage. Sep.

③**Juvenile.** Scalloped head/breast. Buff edged wing coverts. Apr.

④**Juvenile.** Sep.

コシアカショウビン

△ Red-backed Kingfisher
Todiramphus pyrrhopygius ◆ TL 20-24 cm

Uncommon winter visitor. Open forest, farmlands.

Red-backed＝赤い背の。

名前の通り，背〜腰，上尾筒まで赤茶色のカワセミ。止まっているときは赤い部分が見えないことも多い。内陸の乾燥した地域に多い。乾季に少数が飛来するが，年によって不規則。電線などに止まっているのを見る。「ピーゥ，ピーゥ」と鳴く。単独かつがいでいることが多い。河岸や小さな崖の切り立った地面に横穴を掘って営巣する。

生息環境： 乾燥した環境の疎林，草原，牧草地，市街地など。水辺から遠く離れた場所でも見られる。

類似種： モリショウビン→○頭，背，腰は青い。

①**Adult male.** Streaked head, brown rump, green back, blue wing. Jun.

②**Adult female.** Greyer back, greener wing than male. Jun.

①成鳥♂　背は緑色味があり，翼は青い。腰が赤茶色　6月
②成鳥♀　全体に色が鈍く，背は灰色味，翼は緑色味がある　6月
③幼鳥　嘴が短い。顔の模様が薄い。雨覆などの羽縁が淡色　11月
④成鳥♂　雌雄とも腰が赤茶色　8月

③**Juvenile.** Paler. Wing scalloped. Nov.

④**Adult male.** Aug.

ルリミツユビカワセミ

①**Adult.** Sexes similar. Black bill, large white ear-patch, white throat, orange underparts/legs, short tail. Sep.

②**Adul.** Apr.

③**Juvenile.** Duller. Larger white tip to bill. Apr.

④**Adult.** Jun.

Moderately common in well vegetated rivers, creeks, streams in rainforest. Race *azureus*.

Azure＝青色の。

亜種 *azureus*。鮮やかな青とオレンジ色のコントラストがよく目立つカワセミ。眼先に小さな斑，耳の後ろに白斑がある。尾は短く，嘴は雌雄ともに黒い。さまざまな水辺の環境に生息し，水に飛び込んで採食する。早い羽ばたきで水面低くを直線的に飛ぶが，鳴きながら飛ぶことが多く，声は日本のカワセミに似る。川岸などの斜面に穴を掘って営巣する。

生息環境： 海岸，川岸の植生が茂った川，湖，貯水池，マングローブ林。適した環境であれば市街地の水路，池のある公園など。

類似種：ヒメミツユビカワセミ→○小さい。○体下面が白い。

①**成鳥**　雌雄ほぼ同色　9月
②**成鳥**　4月
③**幼鳥**　嘴先端の白色部が広い。雨覆はより淡色　4月
④**成鳥**　6月

ヒメミツユビカワセミ

◇ Little Kingfisher
Ceyx pusilluss　◆ TL 11 cm

Uncommon in well vegetated rivers, creeks, streams in rainforest, mangroves. Race *halli*.

Little＝小さな。

亜種*halli*。とても小さなカワセミ。鮮やかな青と白のコントラストがよく目立つ。眼先と耳の後ろに白斑がある。尾は短い。さまざまな水辺の環境に生息。早い羽ばたきで水面低く直線的に飛び，鳴きながら飛ぶことが多い。声はルリミツユビカワセミに似るが，より細く高い。

生息環境： 沿岸部。海岸，川岸の植生が茂った川，湖，貯水池，マングローブ林。適した環境であれば市街地の水路，池のある公園や庭などでも見られる。

類似種： モリショウビン→○大きい。○過眼線が黒い。○耳の白斑はない。ルリミツユビカワセミ→○大きい。○体下面はオレンジ色。

①成鳥　雌雄同色　7月
②成鳥　上面は光線によって，濃紺から青色に見える　10月
③若鳥　頭や雨覆の羽縁が淡色でうろこ模様に見える　5月
④成鳥　10月

①**Adult.** Sexes similar. Black bill, white spots on forehead, large white ear-patch, white underparts, black legs, short tail. Jul.

②**Adult.** Upperparts dark blue to sky blue depends on light condition. Oct.

③**Immature.** Almost to adult plumage. Barred head/back, darker shoulder. May.

④**Adult.** Oct.

ハチクイ

①**Adult male.** Center tail feathers extremely long, iris red, pointy down curved bill. Sep.

②**Adult male (left), female(right).** Female duller, shorter center tail feathers. Sep.

Common in open forest, grasslands, farmlands, parks, cemeteries.

Rainbow=虹色の,
Bee-eater=ハチクイ。

長く湾曲した嘴と, 長い尾羽が特徴的。草地に面した電線や木の枝に止まり, 飛び立って昆虫を捕らえる。その名の通り, ハチを捕ることも多い。数回の羽ばたきと滑空を交互にする特徴的な飛び方をする。飛翔時のシルエットは扇形で, 尾羽の中央が針状に飛び出すのが目立つ。震えるような声で「ビービービー」と鳴く。地面に穴を掘って営巣し, 乾季にはオーストラリア南部で繁殖している個体が移動してくる。

生息環境: 疎林, 草原, 海岸, マングローブ林, 河川, 市街地などさまざまな環境に生息。

類似種: なし。

①**成鳥♂** 中央尾羽が長い 9月
②**つがい, 成鳥♂（左）と♀成鳥（右）** 尾羽の長さに注目 9月
③**成鳥♂（左）と幼鳥（右）** 幼鳥は尾が短く, 全体に淡色 11月
④**成鳥♂** 11月

③**Adult male(left), juvenile(right).** Juvenile paler, short center tail feathers. Nov.

④**Adult male.** Nov.

179

オーストラリアチョウゲンボウ

○ **Nankeen Kestrel**
Falco cenchroides

◆ TL 28-35 cm
◆ WS 66-78 cm

①**Adult male.** Head/rump/tail grey, eye-ring/cere yellow, rufous back, grey long tail with black tips. Aug.

②**Adult male.** Broad black tail band distinctive. Jun.

③**Adult female.** Head, rump/tail rufous, cere/eye-ring yellow. Juvenile similar to adult female, more streaked. Eye-ring, cere grey. Feb.

④**Adult female.** Jun.

Common in open forest, grasslands, farmlands.

Nankeenは南京木綿からで黄色っぽい白色を指す。Kestrel=チョウゲンボウ，鳴き声に由来。

日本のチョウゲンボウによく似るが，やや小さくより淡色。開けた草原などで採食する。通年見られるが，内陸部の個体は非繁殖期に海岸部に移動するため，乾季に個体数が増える。ニューギニアなどに渡る個体もいる。

生息環境：草原，牧草地，畑。開けた樹林，海岸や市街地などにも。電線や電柱，フェンスなどに止まっていることが多い。

類似種：チャイロハヤブサ淡色型→○ひと回り大きく，体は太くがっしりしている。○顔の模様が異なる。○足の付け根が茶色。

①成鳥♂　背は赤褐色，頭と尾が灰色　8月
②成鳥♂　6月
③成鳥♀　背は赤褐色で細かい黒斑がある。頭と尾が茶色　2月
④成鳥♀　6月

オーストラリアチゴハヤブサ

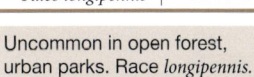

Uncommon in open forest, urban parks. Race *longipennis*.

Australian＝オーストラリアの。Hobby＝チゴハヤブサ。

亜種*longipennis*。日本のチゴハヤブサに似るが，胸に縦斑はなく，ほぼ一様な淡褐色。アイリングは青い。通常の淡色の羽衣のほかに，全身が暗色の個体も見られる。樹林や隣接した草原などで採食し，単独でいることが多い。

生息環境：やや乾燥した環境の疎林，隣接した草原，牧草地，畑など。街路樹の多い市街地でも見られる。内陸の個体は非繁殖期に沿岸部に移動するものもいる。

類似種：ハヤブサ→○大きくがっしりとしている。○下面は白い。○アイリングは黄色。チャイロハヤブサ→○翼と尾が太く短い。○頬が白い。

①**Adult, pale morph.** Sexes similar. Eye-ring pale-blue, cere pale yellow/blue, grey upperparts, pale orange underparts. Female larger. Sep.

②**Adult.** Oct.

①**成鳥淡色型** 雌雄同色。♀はやや大きい 9月
②**成鳥** 10月
③**成鳥暗色型** 7月
④**幼鳥** 雨覆などの羽縁が淡色でうろこ模様に見える 6月

③**Adult, dark morph.** Darker. Dark scalloped body. Jul.

④**Juvenile.** Buff fringed wing. Eye-ring, cere pale blue. Jun.

チャイロハヤブサ

①**Adult.** Sexes similar. Huge varieties in plumage, difficult to age. Eye-ring/cere pale bule/yellow. Female larger. Apr.

②**Adult on nest.** Jul.

Uncommon in open forests, farmlands, paddocks. Mostly winter visitor. Race *berigora*.

Brown=茶色の。Falcon=ハヤブサ。

亜種*berigora*。雌雄同色で雌のほうがやや大きい。色は個体差が大きく、白っぽい個体やほとんど真っ黒に見える個体もいて年齢の判断が難しいものが多い。アイリングや嘴基部は青いが，年齢の高い個体では黄色くなることが知られている。草むらを歩いて採食することもある。
生息環境：内陸の乾燥した環境の草地，畑，樹林など。乾季の間は海岸よりに移動する個体が多い。
類似種：クロハヤブサ→○全身が真っ黒。○翼端がよりとがる。○尾は長く角尾に見える。○頭が小さく足が短い。○翼下面は一様に黒い。

①**成鳥** 雌雄同色。♀はやや大きい　4月
②**巣と成鳥** この個体はアイリングが黄色っぽい　7月
③**幼鳥** 虹彩は淡色。額や顔は褐色味があり，模様が不明瞭。雨覆の赤褐色の羽縁が目立つ　4月
④**成鳥** 暗色の個体　11月

③**Juvenile.** Brown iris, facial markings duller, buff fringed wing coverts. Apr.

④**Adult dark morph.** Black overall. White facial markings. Nov.

ハヤブサ

◇ **Peregrine Falcon** ◆ TL 35-50 cm
Falco peregrinus ◆ WS 80-100 cm

Uncommon and local in various habitats.
Race *macropus*.

Peregrine=放浪する。

日本と異なる亜種*macropus*で体色が濃く，頭が大きい。がっしりした体形で，翼と尾はやや短く見える。アイリングと嘴基部は黄色。単独かつがいでいることが多い。数は少ない。

生息環境： 低地から標高の高い地域まで，さまざまな環境で見られる。繁殖は海岸部の崖に限らず，内陸の崖や市街地の建物などでも行う。ほかの猛禽類などの古巣を利用する個体も多い。

類似種： オーストラリアチゴハヤブサ→○小さく華奢。○体下面が褐色。○翼と尾が長い。ハイイロハヤブサ*F. hypoleucos**→○体色は薄い灰色。○目立つ模様はない。チャイロハヤブサ→○頬が白い。○アイリングが青い。○翼と尾は長い。

*未掲載

① **成鳥♀** ♂はひと回り小さい　5月
② **幼鳥**　雨覆の羽縁が淡色。アイリングと嘴基部が青っぽい　12月
③ **幼鳥**　胸は縦斑　12月

① **Adult female.** Eye-ring/cere yellow. Stockier than other Australian Falcons. Male smaller, slimmer. May.

② **Juvenile.** Buff fringed wing. Eye-ring, cere blueish. Dec.

③ **Juvenile.** Browner, streaked underparts. Dec.

クロハヤブサ

Black Falcon *F. subniger*

Uncommon winter visitor. Grasslands, farmlands. Round long tail. Oct.

乾季に稀に飛来する　10月

アカオクロオウム

○ Red-tailed Black Cockatoo
Calyptorhynchus banksii ◆ TL 50-64 cm

①**Adult male.** Glossy black with long crest, large red patch on tail. Dark bill. Sep.

②**Adult female.** Yellow spots on face/wing, scaly markings on breast, yellow/orange barred tail, pale bill. May.

Locally common in open forest, farmlands, parks. Race *banksii*.

Red-tailed=赤い尾の。Cockatoo=オウム，マレー語での呼び名に由来。

最大の亜種 *banksii*。全身黒く，尾羽を開いたときに見える赤い帯が特徴。雌は頭や翼に細かい黄色の斑があり，体下面には黄色のうろこ模様が密にある。尾は赤と黄色のしま模様。幼鳥は雌に似るが模様が少ない。「ペーペー」と鳴きながらゆっくりとした深い羽ばたきと滑翔を交えて飛ぶ。さまざまな植物の種子を食べる。10羽程度の群れで見ることが多いが，乾季の間は数百羽の大きな群れで牧草地や畑に降りていることも多い。夜間は集まってねぐらをとる。

生息環境：うっそうとした環境を除くさまざまな樹林，林に近い畑，海岸，市街地など。

類似種：なし。

①成鳥♂　9月
②成鳥♀　頭の光沢が鈍い。顔や翼に細かい斑がある　5月
③若鳥♂　♀に似るが嘴が黒く，特に体下面の模様が少ない　6月
④成鳥♂　5月

③**Immature male.** Similar to adult demale, less spots and markings., dark bill. Take several years to obtain full adult plumage. Jun.

④**Adult male.** Red tail patch only visible when spread. May.

モモイロインコ

◇ Galah
Eolophus roseicapilla　◆ TL 35-36 cm

①**Adult male.** White cap, pink underparts, grey above. Iris dark. Aug.

②**Adult female.** Similar to male. Iris Orange/Red. Jan.

③**Juveniles.** Dark iris. Paler. Jul.

④**Adult female.** Jul.

Locally common in drier forests, farmlands, caravan parks. Race *Kuhli*, with whitish crest.

Galahはニューサウスウェールズ州北西部のアボリジニ語での呼び名に由来するとされる。

亜種*Kuhli*。基亜種よりも眼の周りの裸部の赤色味が強く，冠羽は白っぽい。和名は「インコ」だが，オウム（オウム科，またはオウム亜科）に分類されている。主に地表で採食する。数羽で見られることが多いが，生息に適した環境では数百羽の群れが見られる。

生息環境：乾燥した環境の疎林，草原など。畑，牧場，市街地などにも分布を拡大している。

類似種：なし。

①**成鳥♂**　虹彩が黒い　8月
②**成鳥♀**　虹彩がオレンジ色　1月
③**幼鳥**　虹彩は黒。頭の模様が不明瞭。胸や腹に灰色の羽が混じる　7月
④**成鳥♀**　翼に目立つ模様はない　7月

テンジクバタン

✕ **Long-billed Corella**

Cacatua tenuirostris ◆ TL 37-40 cm

Adult. Sexes similar. Long whitish bill, red markings on forehead/throat. Feb.
成鳥　雌雄同色　2月

Avian escapee established small population in urban areas.

Long-billed=嘴の長い。

嘴先端が極端に長く，頭が角張った感じで大きく見える。全身白く，眼先〜額，胸の辺りに赤色斑がある。眼の周りは青く裸出する。本来はオーストラリア南西部に分布。北部クイーンズランドで観察されているのは飼い鳥が野生化した個体と考えられている。主に地表で採食する。

生息環境：市街地の街路樹などで見られることが多い。ねぐらではキバタンに混じる。

類似種：キバタン→○ひと回り大きい。○目立つ冠羽がある。○嘴が黒い。アカビタイムジオウム→○嘴が短い○赤色斑が小さい。

アカビタイムジオウム

✕ **Little Corella**

Cacatua sanguinea ◆ TL 36-39 cm

Adult. Sexes similar. Pale grey bill, blue skin around eye, little red on face. Apr.
成鳥　雌雄同色　4月

Rare visitor or avian escapee. Often in urban areas.

Little=小さい。Corellaはアボリジニ語由来とされるが詳細は不明。

内陸部から稀に飛来するが，観察されるのはもっぱら飼い鳥が野生化した個体と考えられている。全身白く，眼先がわずかに赤い。眼の周りは肌が青く裸出している。頭に短い冠羽がある。主に地表で採食する。

生息環境：やや乾燥した環境の林，草原，畑，牧草地，市街地の公園や庭など。食物があればさまざまな環境に飛来する。

類似種：キバタン→○ひと回り大きい。○目立つ冠羽がある。○嘴が黒い。テンジクバタン→○嘴が長い。○額と胸に赤色斑がある。

キバタン

◎ **Sulphur-crested Cockatoo**
Cacatua galerita ◆ TL 45-55 cm

①**Adult.** Sexes similar. Large black bill, pale yellow crest. Often feed on ground. Apr.

②**Adult female.** Spreading crest. Iris red, darken by age. Nov.

Common in rainforests, forests, farmlands, grasslands, parks, gardens. Race *galerita*.

Sulphur-crested＝黄色の冠羽の。

亜種*galerita*。全身白い大形のオウム。黄色く長い冠羽が目立つ。翼や尾羽の下面も黄色。「ギャー，ギャー」とけたたましく鳴き，つがいか数羽で見られることが多いが，畑になどに数百羽の群れで降りていることもある。ねぐらでは繁殖していない個体を中心に数百羽が集まって休む。

生息環境： さまざまな樹林。草原，畑，海岸など。市街地の公園や庭などにも。あまり乾燥した環境では見られない。

類似種： ほかの白色オウム→◎冠羽が長くない。

①成鳥　雌雄同色　4月
②成鳥♀　若い♀は虹彩が赤い。年齢を経ると黒くなる　11月
③幼鳥　嘴の色が淡い。ろう膜が白い　12月
④成鳥　翼下面と尾下面が黄色　12月

③**Juvenile.** Similar to adult. White cere, paler bill. Dec.

④**Adult.** Underwing/undertail, tail washed yellow. Dec.

キンショウジョウインコ

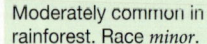
◇ Australian King Parrot
Alisterus scapularis　◆ TL 42-43 cm

Moderately common in rainforest. Race *minor*.

Australian＝オーストラリアの。Kingは人名。Parrot＝インコ。

基亜種よりやや小さい亜種 *minor*。尾が長く，スマートなやや小形のインコで雌雄の羽衣が大きく異なるが，腰が青い点は共通。つがいか数羽の群れで見ることが多い。うっそうとした林内や林冠で活発に「キッ，キッ」と鳴きながら樹上を飛んでいくことが多い。好む果実がある場所では下層に降りてくることもあり，地面で採食することもある。

生息環境： 主に雨林，隣接した樹林，公園など。

類似種： なし。

①**Adult male.** Iris yellow. Red bill/head/underparts, green back, pale blue shoulder line, long black tail. Nov.

②**Adult female.** Iris duller. Bill dark grey, green head/breast. Feb.

①**成鳥♂**　体色は赤く，後襟が青い。翼と上面は緑で，肩が光沢のある水色。虹彩は黄色で嘴が赤い　11月
②**成鳥♀**　頭〜胸が緑色。虹彩の色は鈍く嘴は黒い　2月
③**若鳥♂**　上嘴が赤い。赤い成鳥羽が混ざる　2月
④**幼鳥**　嘴が淡色。虹彩が暗色　6月

③**Immature male.** Similar to female, upper mandible pink, iris yellow. Some adult plumage on head. Feb.

④**Juvenile.** Similar to female, paler bill. Jun.

ハゴロモインコ

①**Adult male.** Iris red. Fluorescent green head/body, black back, large red patch on shoulder. Both sexes have blue rump. Sep.

②**Adult female.** Iris red. Amount of the red on shoulder varies in individual. Juvenile similar. Duller. Paler bill. Apr.

③**Immature male.** Duller pale green body, mottled red shoulder. Jun.

④**Adult male.** Both sexes have blue rump. Jul.

Common in dry forest, grasslands, parks, gardens.

Red-winged=赤い翼の。

雄は背が黒く，肩〜雨覆が赤く目立つ。体は緑色で頭〜胸に蛍光色のような光沢がある。虹彩は赤い。雌は光沢が弱く，全体に平坦で赤い部分が小さい。幼鳥は雌に似るが，より体色が淡く，嘴が淡色。虹彩は暗色。アジサシのような調子で「キリッ，キリッ」と鳴き，飛び方もアジサシに似た，上下動の大きいフワフワワとしたもの。樹上で採食するほか，地面に降りて種子を採ることもある。つがいか数羽でいることが多い。

生息環境： 乾燥した環境のユーカリ林，樹林，草地，公園など。水場からあまり遠くない範囲に留まる。

類似種： なし。

①成鳥♂　9月
②成鳥♀　赤い部分の大きさは個体によって異なる　4月
③若鳥♂　成鳥羽が混じる　6月
④成鳥♂　雌雄とも腰は青い　7月

アカクサインコ

①**Adult.** Sexes similar. Pale bill, blue cheek/wing/tail, crimson scalloped black back, crimson head/underparts. Jun.

②**Adult.** Juvenile similar to adult. Darker. Oct.

③**Adult.** Undertail pale blue. Sep.

④**Adult.** Oct.

Locally moderately common in rainforest and adjacent forest, flowering gardens. Race *nigrescens*.

Crimson＝やや紫がかった深紅。Rosellaは地名に由来。

体色の赤い亜種 *nigrescens*。特に幼鳥の体色が赤いことが特徴。ほかにも多くの亜種があり，体色も黄色，オレンジ，赤とさまざま。頬の青と長く青い尾が目立つ。上面は黒いうろこ模様。樹上のほか，地面に降りて採食していることも多い。「キッ，キッ」と鳴くほか，笛のような声で控えめに「ピーポー，ピーポー」と鳴く。

生息環境： 雨林，河川沿いの林などさまざまな樹林，牧草地，庭や公園など。ホオアオサメクサインコよりも湿った環境を好む。うっそうとした林内にいることも多い。

類似種： なし

①成鳥　雌雄同色　6月
②成鳥　10月
③成鳥　9月
④成鳥　10月

ホオアオサメクサインコ

①**Adult male.** Sexes similar. Pale head, blue fringed white cheek, yellow nape, blue body, red undertail coverts. Female often duller. Race *palliceps*. Sep.

②**Adult.** Race *palliceps*. Jan.

③**Juvenile.** Yellowish. Often have red marks on head, breast. Race *palliceps*. Jul.

④**Adults.** Race *palliceps*. Oct.

Moderately common in open forest, parks, gardens. Race *adscitus* and *palliceps*.

Pale-headed=白っぽい頭の。

亜種 *adscitus* と亜種 *palliceps* が分布。頭が白く体は青い。上面には黒いうろこ模様がある。下尾筒が赤く尾は長い。亜種 *adscitus* は喉が黄色く，腹だけが青い。樹上で採食するが，地面に降りて採食していることも多い。「キッ，キッ」と鳴くほか，笛のような声で控えめに「ピフィフィフィフィ」と鳴く。

生息環境： 雨林林縁，ユーカリ林などをはじめさまざまな樹林，牧草地，草原など。アカクサインコよりも乾燥した環境を好み，うっそうとした樹林内では見ない。

類似種： なし。

①**成鳥♂**　亜種 *palliceps*。雌雄ほぼ同色だが，しばしば♂のほうが鮮やか　9月
②**成鳥**　亜種 *palliceps*　1月
③**幼鳥**　亜種 *palliceps*。全体に淡黄色。額や喉に胸にまばらに赤い羽がある　7月
④**成鳥**　亜種 *palliceps*　10月

191

ヒメジャコウインコ

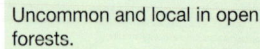

△ **Little Lorikeet**
Parvipsitta pusilla ◆ TL 15-17 cm

Uncommon and local in open forests.

Little=小さい。

小形のインコでほぼ全身緑色。下面はやや黄色味がある。顔だけ赤く，嘴は黒い。主にユーカリやそのほかの樹木の花粉や蜜を食べる。林冠にいることが多い。コセイガイインコにやや似た声で「ジュリ，ジュリ」と鳴く。早い羽ばたきで高い位置を直線的に飛ぶ。飛翔時，下面も一様に緑色で風切の下面のみ黒い。

生息環境： 主に乾燥した環境のさまざまな樹林。特にユーカリの仲間の茂る環境を好む。

類似種： イチジクインコ→○尾が短い。○顔の模様が異なる。○脇の黄色が明瞭。○飛翔時，初列風切上面が青い。

①**Adult.** Sexes similar. Bill/iris black, red face, yellowish nape, green wing/tail, pale green underparts, short pointy tail. Dec.

②**Adult.** Dec.

①成鳥　雌雄同色　12月
②成鳥　12月
③成鳥　12月
④つがい　性差は見られない　8月

③**Adult.** Dec.

④**Pair.** Aug.

ゴシキセイガイインコ

◎ **Rainbow Lorikeet**

Trichoglossus moluccanus ◆ TL 25-32 cm

Common in rainforests, forests, coastal vegetation, parks, gardens, street trees. Race *septentrionalis*, race *moluccanus*.

Rainbow= 虹色の。Lorikeet= インコはマレー語由来。

亜種 *septentrionalis* と亜種 *moluccanus* が分布。最も普通に見られるインコで数も多い。嘴はオレンジ色、虹彩は赤い。頭と腹が青く、後頸は黄緑。胸はオレンジ色と黄色のうろこ模様。尾は長い。幼鳥は成鳥に似るが嘴と虹彩が暗色。とても派手な鳥だが、じっとしていると意外と目立たない。「キリッ！キリッ！」と鋭い声で鳴きながら飛ぶ。つがいでいることが多い。夜間は集団でねぐらをとり、やかましく鳴く。

生息環境：雨林、ユーカリ林、マングローブ林などをはじめさまざまな樹林、公園、街路樹、海岸など。
類似種：コセイガイインコ→○胸は緑色。○飛翔時、翼下面に黄色帯はない。

①**成鳥**　雌雄同色　1月
②**成鳥**　翼下面は前腕が赤く、黄色の翼帯がある。羽縁は黒い　4月
③街路樹でコセイガイインコとともにねぐらをとる　4月
④**成鳥**　初列風切上面に黄色の翼帯がある　9月

①**Adult.** Sexes similar. Iris red, orange bill, blue face/belly, green nape, orange breast, green wing/tail. Jan.

②**Adult.** Red forearms and broad yellow wing bars. Apr.

③**Night roost.** Mixed with Scaly-breasted Lorikeet. Apr.

④**Adult.** Yellow wing bars on primaries. Sep.

コセイガイインコ

○ Scaly-breasted Lorikeet
Trichoglossus chlorolepidotus ◆ TL 22-24 cm

①**Adult.** Sexes similar. Iris/bill red, bright green body, yellow scaly markings on breast. Jan.

②**Adult.** Less marked individual. Apr.

③**Juveniles.** Dark iris. Duller bill. Oct.

④**Adults.** Red forearms, wing bars. Dec.

Common in forests, coastal vegetation, parks, gardens, street trees.

Scaly-breasted= うろこ模様の胸の。

ほぼ全身が緑色。嘴と虹彩が赤い。胸には黄色のうろこ模様がある。翼下面は明るいオレンジ色。和名のセイガイは波形文様の青海波から。ゴシキセイガイインコに似るが、やや高い声で鳴く。夜間は集団でねぐらをとる。ゴシキセイガイインコよりも乾燥した環境を好む。ゴシキセイガイインコの群れに混じっていることも多い。

生息環境： 雨林、ユーカリ林、マングローブ林などをはじめ、さまざまな樹林、公園、街路樹、海岸など。

類似種： ゴシキセイガイインコ→○胸はオレンジ色。○飛翔時、翼下面に黄色帯がある。

①成鳥　雌雄同色　1月
②成鳥　胸の斑が少ない個体　4月
③幼鳥　嘴の色が鈍い。虹彩は黒い　10月
④成鳥　翼下面が赤い　12月

イチジクインコ

①**Adult male.** Large scarlet cheek with blue fringe, short pointy tail. Nov.

②**Adult female and nest hollow.** Apr.

③**Immature male.** Similar to female. Some red on cheek. Sep.

④**Adult female.** Yellow underwing bars. Nov.

Common in rainforests, parks and gardens with fig tree. Race *macleayana*.

Double-eyed＝2つ目の，別亜種の模様から。Fig＝イチジク。

亜種 *macleayana*。雄は額と頬が赤く，雌は額のみ赤い。ほぼスズメ大の小形のインコ。日本のセグロセキレイに似た感じの声で「ヂヂッ，ヂヂッ」と鳴きながら直線的に飛ぶ。翼下面に黄色の翼帯がある。名前の通りイチジクを好み，枝をちょこちょこ歩いて採食する。雌雄でいることが多い。枝や幹の枯れた部分に巣穴を掘る。雄では額と頬が赤く，雌は額のみ赤い。

生息環境： 雨林及び隣接した樹林。イチジクの木があれば公園，庭などにも。

類似種： ヒメジャコウインコ→○嘴が黒い。○脇は黄色くない。○飛翔時に目立つ翼帯がない

①成鳥♂　11月
②成鳥♀と巣穴　4月
③若鳥♂　♀に似るが頬に赤い羽がある　9月
④成鳥♀　翼下面に黄色い翼帯がある　11月

ノドグロヤイロチョウ

◇ Noisy Pitta
Pitta versicolor ◆ TL 19-21 cm

Moderately common in rainforest, adjacent forests, parks, gardens. Race *intermedia*.

Noisy=騒々しい。Pitta=ヤイロチョウ，インド南東部の言語の「小鳥」から。

亜種*intermedia*。顔は黒く，頭頂は栗色。上面は緑で，翼と短い尾の光沢のある水色は飛翔時にもよく目立つ。下面は黄色，腹は黒く，下尾筒は赤い。薄暗い林内の地面で採食し，単独でいることが多い。早朝や夕方の薄暗い時間は開けたところに出ることもある。日本のヤイロチョウに似るが，やや濁った声で「ホイツ，ホヒッ」と鳴き，英語では「walk to work」と聞きなされる。

生息環境： 雨林および隣接した樹林。よく茂った公園や庭などにも現れる。

類似種： なし。

①**成鳥♂**　雌雄同色　10月
②**若鳥**　口角が黄色。幼鳥は喉～下尾筒まで淡色。翼の水色もない　6月
③**成鳥♂**　上尾筒の青と下尾筒の赤は姿勢によってとても目立つ　10月
④**成鳥♂**　繁殖期前半は樹上高くでさえずることが多い　12月

①**Adult male.** Sexes similar. Chestnut crown, black mask/belly, buff underparts, red vent, green back. Iridescent blue on wings/rump. Oct.

②**Immature.** Orange gape. Juvenile duller no blue on wing. Pale underparts. Jun.

③**Adult male.** Iridescent blue on wings/upper tail coverts. Oct.

④**Adult male.** Often sing high up in the trees, beginning of the breeding season. Dec.

マダラネコドリ

○ Spotted Catbird
Ailuroedus maculosus ◆ TL 26-30 cm

①**Adult.** Sexes similar. Iris red, pale bill, black ear-patch, scalloped green breast/belly, glossy green back. Apr.

②**Adult.** Green fringed white breast/belly feathers. Jul.

Moderately common in rainforest. Sometimes treated as subspecies of *A. melanotis.*

Spotted=斑点のある。Cat=ネコ, 鳴き声より。

ミミグロネコドリ *A. melanotis* の亜種とする分類もある。ずんぐりした体形で, 嘴は太くがっしりとしている。背は鮮やかな緑色で, 胸のうろこ模様が目立つ。虹彩は赤い。耳羽の辺りに黒斑がある。飛翔時は尾端が白く目立つ。主に果実や花などを食べるが, ほかの鳥の雛や卵を捕ることもある。単独でいることが多い。ニワシドリ科ではあるが, あずまやなどは作らない。ネコのような鳴き声のほかに, 「ピッ」という甲高い声で鳴く。

生息環境: 雨林及び隣接した樹林, 果樹園, 庭など。

類似種: ハバシニワシドリ→○体形と模様が似るため, 逆光時などでは区別しにくい。

①**成鳥　雌雄同色　4月**
②**成鳥　7月**
③**雛　2月**
④**成鳥　尾端が白い。翼に目立つ模様はない　11月**

③**Fledgling.** Feb.

④**Adult.** White tipped tail. Nov.

ハバシニワシドリ

①**Adult male singing.** Sexes similar. Black iris/bill/gape/mouth, thin orange eyering, brown upperparts, streaked brown breast. Nov.

②**Adult female/Immature male.** Orange gape. Apr.

Moderately common in rainforest. Easier to see in summer when they're displaying. Endemic to FNQ.

Tooth-billed=歯状の嘴の。
Bower=あずまや。

北部クイーンズランド固有種。ずんぐりとした体形で下面はうろこ模様。嘴は短い。体形と模様はマダラネコドリに似る。繁殖期は林床にディスプレイ用のあずまやを作り，大きな声でひっきりなしに鳴く。鳴き声には他種の鳥の声のほか，カエルや昆虫などさまざまな音を取り入れる。非繁殖期はほとんど鳴かずに林冠で生活し，姿を見る機会は少ない。

生息環境：標高の高い雨林および隣接した樹林。

類似種：マダラネコドリ→○体形と模様が似るため，逆光時などでは識別しにくい。

①**成鳥♂** 盛んにさえずる。成鳥♂は口角と口腔内が黒い 11月
②**成鳥♀あるいは若鳥♂** 口角がオレンジ色 4月
③**林床に作られたあずまや** 裏返した葉を敷き詰めて白い踊り場を作る 11月
④**成鳥♂** ギザギザの嘴は葉をちぎるためと考えられている 11月

③**Bower.** Small clearing with white 'stage' made with upside down leaves. Nov.

④**Adult male.** "Tooth bill". Black mouth interior. Nov.

オウゴンニワシドリ

△ Golden Bowerbird
Prionodura newtoniana ◆ TL 23-25 cm

Uncommon in highland rainforest. Endemic to FNQ.

Golden=金色の。

北部クイーンズランド固有種。鮮やかな黄色の鳥だが，薄暗い林内の木漏れ日の中では意外と目立たない。あずまやは大きく，高さ2mほどで2本の柱を使った吊り橋型。中央部は白い花や地衣類などで飾りつけ，ディスプレイを行う。他種の鳥の声も取り入れるが，基本的には昆虫のような感じで「シャシャシャシャ」とくり返し鳴く。単独でいることが多いが，果実が多く付いた木では10羽程度が見られることもある。アオアズマヤドリと一緒に採食することも多い。

生息環境：標高の高い雨林。うっそうとした林内に生息。

類似種：なし。

①**あずまやを飾りつける成鳥♂** 顔と翼がオリーブ色で，後頸や腹は鮮やかな黄色 10月
②**成鳥♀** 上面が茶褐色で下面が灰褐色 10月
③**若鳥♂** 成鳥♀に似るが，虹彩はより暗色。体下面はより白っぽい。尾や翼に黄色味がある。完全な成鳥羽になるには数年かかる 10月
④**あずまやは通年維持されるが，飾りは繁殖期のみ 5月

①**Adult male.** Decorating bower with white flower, lichens. Oct.

②**Adult female.** Olive upperparts, off-white underparts, iris yellowish. Oct.

③**Immature male.** Similar to female. Darker iris, some yellow wash on tail, wing. Several years to obtain adult plumage. Oct.

④**Bower.** Tall 'twin tower'. Decoration only in breeding season. May.

アオアズマヤドリ

△ Satin Bowerbird
Ptilonorhynchus violaceus ◆ TL 28-32 cm

①**Adult male.** Pale yellow bill, iris purple, glossy blue black body. Oct.

Uncommon in rainforests, adjacent forests, parks, gardens. Smaller Race *minor* in Atherton Tablelands.

Satin=サテンのような。

亜種 *minor*。基亜種より小さく鳴き声が異なる。雄は全身濃紺で鈍い光沢がある。雌は上面が緑で，下面は細かい横斑がある。虹彩は雌雄ともに紫色だが，雌はやや淡い。あずまやに青いものを集めることで有名。林冠から中層で活発。数羽の群れでいることが多いが，乾季には若い個体を中心に100羽以上の群れをつくることもある。

生息環境：雨林林縁および隣接した樹林。乾季には移動する個体もあり，公園や庭を含むさまざまな環境で見られる。

類似種：オオオニカッコウ雄→○虹彩が赤い。○尾が長い。

②**Adult female.** Black bill, iris blue, green back, barred breast. Sep.

①成鳥♂ 10月
②成鳥♀ 9月
③若鳥♂ 亜種 *violaceus*。完全な成鳥羽には数年かかる 9月
④あずまや 中に緑色のコケを敷くのは亜種 *minor* の特徴 10月

③**Immature male.** Similar to adult female. Pale bill, some adult feathers. Take several years to obtain full adult plumage. Race *violaceus*. Sep.

④**Bower.** Decorated with blue staff. Using green moss is characteristic to race *minor*. Oct.

オオニワシドリ

①**Adult male.** Sexes similar. Pink crest only visible when displaying. Female has less or no pink crest. Nov.

Common in open forests, urban parks, gardens in dryer area. Race *orientalis*.

Great＝大形の。

亜種 *orientalis*。基亜種よりやや小さく，上面のうろこ模様がより明瞭で体色は茶色味がある。嘴は太く，がっしりとしている。雄は後頭部に鮮やかなピンク色の冠羽があるが，ふだんはほとんど見えない。あずまやは通年維持し，若い雄の場合，数羽で管理していることもある。生息に適した環境では数多く見られる。「ジャー」と大きな声で鳴く。特に果実を好んで採食する。

生息環境： 乾燥した環境の樹林，疎林，周辺の草原，庭，公園など。人家周辺でも普通に見られる。植え込みややぶの下などにあずまやを作る。

類似種： なし。

②**Adult male displaying.** Erecting bright pink crest. Nov.

①**成鳥♂** 11月
②**成鳥♂** ピンクの冠羽を広げたところ 11月
③**あずまや** 白を基調に緑やピンクの飾りを置く 11月
④**成鳥♀と巣に座る雛** 12月

③**Bower.** White base with some green/pink decoration. Nov.

④**Adult female and chicks.** Dec.

ノドジロキノボリ

○ **White-throated Treecreeper**
Cormobates leucophaea ◆ TL 14-16 cm

①**Adult male.** White throat less obvious than other races. May.

②**Adult female.** Similar to male. Small reddish cheek patch. Dec.

Common in rainforest, riverside vegetation in dry area. Race *minor*.

White-throated= 白 い 喉 の。Treecreeper=キノボリ，「樹を はう者」から。

亜種*minor*。ほかの亜種より小形で喉の白が不明瞭。幹を垂直に登り，ある程度上まで行ったら次の木の根元付近に飛んで採食する。ムナオビエリマキヒタキにやや似た感じの大きな声で「フィフィフィフィ」と頻繁に鳴く。

生息環境：雨林および隣接した樹林，川沿いなどやや湿った環境を好む。乾燥した環境でも川沿いの林などで見られることがある。

類似種：チャイロキノボリ→○明瞭な眉斑がある。○生息環境がやや異なる。

①成鳥♂　5 月
②成鳥♀　頬に小さなオレンジ色の斑がある　12 月
③成鳥♂　12 月
④成鳥♀　白く太い翼帯がある　10 月

③**Adult male.** Dec.

④**Adult female.** Broad pale wing bars typical to Treecreepers. Oct.

チャイロキノボリ

◇ **Brown Treecreeper**
Climacteris picumnus　◆ TL 16-18 cm

Locally common in drier forest. Open forest. Race *melanotus*.

Brown=茶色の。

主に亜種*melanotus*。ほかの亜種より全体に色が濃く，眉斑がより明瞭。ノドジロキノボリ同様，幹を垂直に登り，ある程度上まで行ったら次の木の根元付近に飛んで移動して採食する。アリを中心にさまざまな昆虫を食べる。「ピ，ピピピピ」と大きな声で鳴く。つがいで見ることが多い。

生息環境： 乾燥した環境のさまざまな樹林。

類似種： ノドジロキノボリ→○全体の色が淡い。○眉斑はない。○より湿った環境に生息

①**Adult male.** Darker than other races. White broad eyebrow, black eyestripe. Aug.

②**Adult female.** Similar to male. Small rufous markings on throat. Sep.

①**成鳥♂**　8月
②**成鳥♀**　喉にオレンジ色の斑がある　9月
③**成鳥♂**　9月
④**成鳥**　太い翼帯がある　11月

③**Adult male.** Sep.

④**Adult.** Distinctive wing bars. Nov.

203

ケープヨークオーストラリアムシクイ

◇ Lovely Fairywren

Malurus amabilis ◆ TL 11-13 cm

①**Adult male breeding.** White tipped tail. Non-breeding similar to female but varies in individual. Sep.

②**Adult female.** Blue face, prominent ear coverts, faint orange eyering. May.

③**Juvenile.** Similar to female, upperparts duller, underparts browner. Sep.

④**Adult male breeding.** Sep.

Uncommon In rIverside vegetation, mangroves, rainforest margins, parks, gardens.

Lovely= 美 し い。Fairywren= オーストラリアムシクイ, Fairy は妖精, 優美な, Wrenは小鳥全般に使われている呼称。

ピンと上げた尾が特徴的な小鳥。日本のキクイタダキのような声で「チリリリリ」と鳴く。数羽の群れで枝から枝に忙しく移動しながら採食する。なわばりは小さく, 頻繁にその中を巡回している。

生息環境: マングローブ林, ユーカリ林などさまざまな林の林縁部。海沿いの低地ではマングローブ林や隣接した灌木林にいることが多い。標高の高いところでは乾燥した林の下草やツタの茂ったやぶにいる。

類似種: なし。

①**成鳥♂繁殖羽** 頭は鮮やかな青。後頸と胸は黒い。肩と背は赤褐色 9月
②**成鳥♀** 顔〜背, 尾にかけて青い。体下面は白 5月
③**幼鳥** ♀に似るが, 顔などは黒っぽく, 全体に光沢がない 9月
④**成鳥♂繁殖羽** 翼に目立つ模様はない 9月

セアカオーストラリアムシクイ

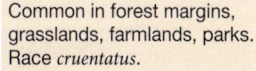
○ Red-backed Fairywren

Malurus melanocephalus ◆ TL 10-12 cm

Common in forest margins, grasslands, farmlands, parks. Race *cruentatus*.

Red-backed=赤い背の。

亜種*cruentatus*。基亜種より尾が短く、背の赤が濃い。赤と黒の印象的な小鳥。家族群でいることが多く、数羽の群れで枝から枝に忙しく移動しながら採食する。地上で採食することも多い。ケープヨークオーストラリアムシクイに似るが、やや太く通る声で「チリリリリ」と頻繁に鳴く。

生息環境: 疎林、灌木林、畑、牧草地、主に乾燥した環境のさまざまな草原。畑や牧草地ではフェンスやポストに止まっていることが多い。道路際の草むらなどでも見られ、出会う頻度は高い。

類似種: なし。

①成鳥♂繁殖羽　全身黒く、肩と背が赤い　11月
②成鳥♀　幼鳥や♂の非繁殖羽は♀に似る　12月
③♂換羽中　3月
④成鳥♂繁殖羽　8月

①**Adult male breeding.** Rich black body, bright red back, rump. Non-breeding similar to female. Nov.

②**Adult female.** Juvenile similar to adult female. Dec.

③**Moulting male.** Mar.

④**Adult male breeding.** Aug.

コゲチャミツスイ

○ Dusky Myzomela
Myzomela obscura ◆ TL 12-15 cm

One of the most common honeyeaters in various habitats. Rainforest, open forest, parks. Race *harterti*.

Dusky=薄黒い。Myzomela は属名からでミツスイの意。

亜種 *harterti*。基亜種より色が濃い。全身焦げ茶色で目立った模様はない。いろいろな声で鳴くが「キーキー」という声を聞くことが多い。あらゆる環境で普通に見られ, 数も多い。
生息環境： さまざまな環境に広く生息。主に雨林や湿った環境に多いが, 花が咲いていれば乾燥した林でも普通に見られる。庭や公園などにも。
類似種： ほかの *Myzomela* 属の雌→体下面まで一様に焦げ茶色なのは本種のみ。

①**Adult.** Sexes similar. Thin yellow eye-ring, slightly down curved bill, rich brown overall. May.

②**Adult.** Oct.

①成鳥　雌雄同色　5月
②成鳥　10月
③幼鳥　成鳥に似る。口角が黄色　12月
④成鳥　12月

③**Juvenile.** Yellow gape, head reddish brown. Dec.

④**Adult.** Dec.

クレナイミツスイ

①**Adult male.** Scarlet head/breast/back/rump, black wing/tail. Dec.

②**Adult female collecting nest materials.** Tawny brown with little scarlet wash on face. Sep.

Moderately common anywhere with flowering trees.

Scarlet＝紅の。

頭, 背, 胸が赤く鮮やか。上面は黒い。樹冠で花から花へ移動しながら活発に採食する。単独でいることが多い。よく樹冠にいるが, 花が咲いていれば地表近くに降りることもある。日本のメジロに似たよく通る声だが, よりゆっくりとした調子で長くさえずる。

生息環境： さまざまな環境に広く生息。季節によって移動するがほぼ通年見られる。花の咲いた木があれば公園や庭などにも。

類似種： ズアカミツスイ *M. erythrocephala*＊→○頭のみ赤い。○分布域が異なる。

＊未掲載

①**成鳥♂**　12月
②**成鳥♀**　巣材を集めている。全体に茶褐色。顔にやや赤色味がある。足は黒い　9月
③**幼鳥**　成鳥♀に似るが, 口角がより黄色, 雨覆の羽縁がより淡色。足が黄色　10月
④**成鳥♂**　6月

③**Juvenile.** Similar to female, yellow gape, paler back. Buff fringed wing. Yellowish legs. Oct.

④**Adult male.** Jun.

キリハシミツスイ

○ Eastern Spinebill

Acanthorhynchus tenuirostris　◆ TL 13-16 cm

Moderately common in rainforests, adjacent parks, gardens. Race *cairnsensis*.

Eastern＝東の。Spine＝トゲ。

亜種 *cairnsensis*。ほかの亜種より頭の後ろの赤色味が少なく, 喉の斑が薄い。長く湾曲した嘴が特徴的。単独かつがいで見ることが多い。樹林の中〜下層で活発。日本のヒガラの鳴き方を早くしたような感じで鳴く。尾羽両端が白く, 飛翔時に目立つ。
生息環境： さまざまな樹林。雨林の林縁, 隣接した庭や公園。雨林内部の小さく開けた日の当たる場所。乾燥した樹林の水辺に近い環境。高地の個体は乾季に低地に移動するものもある。
類似種： なし。

①**Adult male.** Black mask, dark grey crown, iris red, long down curved bill. Oct.

②**Adult female.** Similar to male. Black mask with grey crown, shows more contrast. Sep.

①**成鳥♂**　虹彩が赤い。過眼線と頭頂が黒い。胸に黒い帯がある。脇腹はオレンジ色　10月
②**成鳥♀**　♂に似るが, 頭頂は灰色で過眼線が明瞭　9月
③**若鳥**　下面は淡褐色。虹彩が黒い　10月
④**幼鳥**　全体に茶褐色。嘴が黄色　10月

③**Immature.** Yellow gape, dark iris, dark brown cap/back, tawny underparts. Oct.

④**Juvenile.** Pale brown overall. Yellow gape, dark iris. Oct.

クロオビミツスイ

✕ Banded Honeyeater
Cissomela pectoralis ◆ TL 11-13 cm

Uncommon winter visitor. Open forests, riverside vegetation in dry area.

Banded＝帯のある。
Honeyeater＝ミツスイ

白黒の小さなミツスイ。頭と喉, 体上面が黒い。新羽では三列風切や尾羽の羽縁が白い。主に乾季に内陸部から数羽が飛来するが不規則。林冠で活発。花が咲いていれば地表近くに降りてくることもある。単独でいることが多い。ほかのミツスイに混じって見られることが多い。「ビュイッ, ビュイッ」と鳴く。
生息環境: 主に乾燥した環境の疎林, 川沿いの林など。雨林や海岸のマングローブ林などで見られることもある。下草の茂った環境を好む。
類似種: なし。

①**Adult breeding.** Sexes similar. Black cap/back/breast band. Brown back in non-breeding. Aug.

②**Immature, moult to adult.** Sep.

①成鳥繁殖羽　雌雄同色。非繁殖羽では背が茶褐色　8月
②若鳥　9月
③幼鳥　口角が黄色。体上面と喉の帯は褐色　7月
④成鳥と巣　10月

③**Juvenile.** Yellow gape, pale brown cap/back, faint breast band. Jul.

④**Adult on nest.** Oct.

サメイロミツスイ

◎ **Brown Honeyeater**

Lichmera indistincta　◆ TL 12-16 cm

①**Adult male breeding.** Gape yellow in non-breeding. Jun.

Probably the most common honeyeater in various habitats. Rainforest, open forest, gardens. Race *ocularis*.

Brown=茶色い。

亜種 *ocularis*。ほかの亜種より嘴が長く、色が暗色。あらゆる環境で最もよく見られるミツスイ。全身緑色味のある薄茶色。眼の後ろに黄色斑があり、次列風切の羽縁が黄色。大きな声でうるさく鳴き、ウグイスの谷渡りに似た感じの声を出す。ほかのミツスイと混群をつくることも多い。

生息環境: 雨林、マングローブ林、海岸、乾燥した環境など、およそあらゆる環境に生息。庭や公園、市街中心部の街路樹などでも普通に見られる。

類似種: *Myzomela* 属の雌→◯褐色味が強い。

②**Adult female/Adult male non-breeding.** Yellow gape. Female has shorter, slimmer bill. Dec.

①**成鳥♂繁殖羽**　非繁殖期は口角が黄色　6月

②**成鳥♀あるいは成鳥♂非繁殖羽**　口角が黄色。♀の嘴は♂より細く短いが識別は難しい　12月

③**若鳥**　嘴基部が淡色。口角が黄色。額や喉に黄色味がある　12月

④**幼鳥**　口角が黄色。眼の後ろの黄色斑がない　4月

③**Immature.** Paler bill base, Yellow gape. Yellow wash on face. Dec.

④**Juvenile.** Pale bill base, yellow gape. Buffy, no yellow shots behind eye. Apr.

ホオジロキバネミツスイ

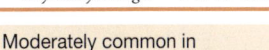
◇ **White-cheeked Honeyeater**
Phylidonyris niger ◆ TL 16-18 cm

Moderately common in flowering gardens. Race *nigra*.

White-cheeked＝白い頬の。

亜種 *nigra*。頬が白く，虹彩は黒い。過眼線と喉は黒い。胸と背は白黒で風切と尾羽の羽縁が黄色。頭には細い白線がある。花蜜を求めて花にやってくることが多いが，地表近くのやぶで昆虫などを捕ることもある。地面に降りることはない。単独か，食物の豊富な場所であれば小さな群れで見られる。やや鼻にかかった声で「チュイチュイ，チュイチュイ」とくり返し鳴く。

生息環境：主に標高の高い地域に生息。さまざまなタイプの樹林。主に湿った環境の樹林，林縁部。乾燥した環境の川沿いの林。好む花が咲いていれば，市街地の庭や公園などにも。

類似種：なし。

①**Adult.** Sexes similar. Broad black eyestripe, white forehead/cheek, black striped breast/back, bright yellow wing patch/tail edge. Nov.

②**Adult.** Nov.

①成鳥　雌雄同色　11月
②成鳥　11月
③幼鳥　口角が黄色。全体の色が淡い 10月
④成鳥　9月

③**Juvenile.** Duller, paler. Yellow gape. Oct.

④**Adult.** Sep.

シラフミツスイ

○ **Macleay's Honeyeater**
Xanthotis macleayanus ◆ TL 17-20 cm

Common in rainforests, adjacent parks, gardens. Endemic to FNQ.

Macleayは人名。

北部クイーンズランド固有種。頭が黒く，眼の周りは肌が裸出する。胸～腹，背には黄色と白色の斑が入る。雨覆先端にも白斑があり，全体的にごま塩模様になっている。成幼雌雄で外見にあまり違いがない。「チッチョホイ，チッチョホイ」と日本のコジュケイに似たリズムで鳴く。単独かつがいでいることが多い。キミミミツスイやコゲチャミツスイなどと混群をつくることもある。

生息環境： 主に雨林，隣接する庭や公園など。うっそうとした林内にも生息。分布は狭いが，生息域では数も多く普通に見られる。

類似種： なし。

①**Adult.** Sexes similar. Streaked body, pale orange face. Oct.

②**Immature fed by adult.** Sep.

①成鳥　雌雄同色　10月
②成鳥（右）に給餌される若鳥（左）　9月
③幼鳥　全体の模様が淡色　1月
④成鳥　12月

③**Juvenile.** Duller, plainer. No or less marked breast, belly. Jan.

④**Adult.** Dec.

ヒメハゲミツスイ

○ Little Friarbird

Philemon citreogularis ◆ TL 25-29 cm

①**Adult.** Sexes similar. The only Friarbird without knob on bill. Black bill/iris, bluish bare face. Sep.

②**Immature.** Yellow washed throat, breast. Sep.

③**Adult.** Sep.

④**Adult.** No obvious markings on wing. Nov.

Common in drier open forest, parks, gardens. Race *citreogularis*.

Little= 小さい。Friar＝托鉢の修道士，裸出した頭部を托鉢僧に見立てたものか。

亜種 *citreogularis*。顔は裸出しているが，ほかのハゲミツスイと比べて範囲は狭い。裸部は青く見えることが多い。オーストラリアのハゲミツスイの中では唯一コブがない。やや高い声で「キョロン，キョロン」と鳴く。林冠で活発。数羽～数十羽のゆるやかな群れでいることが多い。

生息環境：主に乾燥した環境の疎林，川沿いの樹林など。花の咲いた木があれば湿地周辺などにも。乾季には移動する個体もあるが不規則。

類似種：ほかのハゲミツスイは裸部が大きく，青くない。

①成鳥　雌雄同色　９月
②若鳥　喉や胸に黄色の羽が混じる　９月
③成鳥　９月
④成鳥　翼に目立つ模様はない　11月

213

ケープヨークハゲミツスイ

○ **Hornbill Friarbird**
Philemon yorki ◆ TL 32-36 cm

Common in rainforests, adjacent parks, gardens. Sometimes treated as subspecies of *P. buceroides.*

Hornbill=サイチョウ。

トサカハゲミツスイ *P. buceroides* の亜種とする分類もある。大形のミツスイで顔は大きく裸出している。嘴の根元に小さいコブがある。単独でいることが多い。「アゥ，アワ」と人の声のような変わった声でうるさく鳴くほか，夜明け前の暗い時間に「キョッ，キョッ，キョッ」とヨタカのように鳴くことがある。

生息環境：主に雨林。湿地周辺の樹林やマングローブ林など。よく木の茂った公園，庭など。市街地でも普通に見かける。

類似種：ズグロハゲミツスイ→ ○頭全体が裸出している。

①**Adult.** Sexes similar. Black bare face, iris red, knob on bill, silvery crown/breast. May.

②**Adult.** Jan.

① **成鳥** 雌雄同色 5月
② **成鳥** ツムギアリを捕らえた 1月
③ **若鳥** ナナフシを捕らえた。頭の裸部とコブがやや小さい。虹彩が暗色。上面の羽縁が白い 12月
④ **幼鳥** 頭の裸部とコブが小さい。虹彩が暗色 11月

③**Immature.** Iris dark. Less or no knob. Silver fringed back. Dec.

④**Juvenile.** Paler, duller. Iris brown. Less or no knob. Nov.

ズグロハゲミツスイ

①**Adult.** Sexes similar. Black bare head, iris red, yellow eyebrow, small prominent knob on bill. Oct.

②**Immature.** Silver fringed back. May.

Common in drier open forest, parks, gardens. Race *corniculatus*.

Noisy＝騒々しい。

大形のミツスイで頭は大きく黒く裸出しているが，羽毛がないため頭が小さく見える。嘴の付け根のコブが顕著で，眉毛状に羽毛がある。林冠で活発。数羽〜数十羽のゆるやかな群れでいることが多く，食物をめぐって争うことも多い。ケープヨークハゲミツスイに似ているが，やや高い声でうるさく鳴く。つがいや数羽で鳴き交わす。

生息環境：主に乾燥した環境の疎林やユーカリ林。好む花の咲いた木があれば湿地周辺，庭や公園などにも。乾季には移動する個体もあるが不規則。

類似種：ほかのハゲミツスイ→
○頭全体が裸出しているのは本種のみ。

①成鳥　雌雄同色　10月
②若鳥　背や腰の羽の羽縁が淡色　5月
③幼鳥　コブはなく，虹彩は茶色。全体に淡褐色。頭は成鳥ほど裸出しない　10月
④成鳥　10月

③**Juvenile.** Feathered head, bare face. No knob. Iris brown. Pale brown overall. Oct.

④**Adult.** Oct.

アオツラミツスイ

○ **Blue-faced Honeyeater**
Entomyzon cyanotis ◆ TL 30-32 cm

①**Adult.** Sexes similar. Bright blue skin around eye, yellow-green back, black throat/bib, white cheek stripes. Sep.

②**Juvenile.** Facial skin olive-green. Nov.

Common in open forests, parks, gardens. Race *cyanotis*, race *griseigularis*.

Blue-faced=青い顔の。

亜種 *cyanotis* とひと回り小さい亜種 *griseigularis* が分布し、両者の羽衣は変わらないが鳴き声が異なる。顔の裸部が青く目立つ。強い調子でさかんに鳴く。亜種 *griseigularis* は「フィー、フィー」と鳴き、亜種 *cyanotis* では鳴き声が鼻にかかる感じ。花蜜のほか、人の周りで食べかすを拾ったり、ゴミ箱を漁ることもある。

生息環境：主に乾燥した環境の疎林。公園、畑、道路脇などにも。適当な環境であれば市街地でも普通に見られる。
類似種：なし。

①**成鳥**　雌雄同色　9月
②**幼鳥**　口角が黄色。喉などの模様が不明瞭。顔の裸部が黄色っぽい　11月
③**成鳥**　翼に大きな白斑がある　5月
④**成鳥**　4月

③**Adult.** Large dull white wing patches. May.

④**Adult.** Dull white wing patches. Apr.

ノドジロハチマキミツスイ

○ **White-throated Honeyeater**
Melithreptus albogularis ◆ TL 12-15 cm

①**Adult.** Sexes similar. White/Pale blue above eye, black head, white stripe on nape, olive-yellow back. Dec.

②**Immature.** Duller, paler. Pink gape. Dec.

Common in open forests, rainforest edges, parks, gardens. Race *inopinatus*.

White-throated＝白い喉の。

亜種 *inopinatus*。林冠から中層で活発。「チッチュイ，チッチュイ」とさかんに鳴く。単独〜数羽の群れでいることが多い。サメイロミツスイなどと一緒にいることもある。ハチマキミツスイのいる環境ではハチマキミツスイとも混群をつくる。

生息環境：主に乾燥した環境の疎林。公園，畑，道路脇などにも。花が咲いていればさまざまな環境で見られ，市街地の庭や街路樹などで見ることも多い。

類似種：ハチマキミツスイ→○眼の上が赤く，腮が黒い。○より乾燥した環境に多い。ノドグロハチマキミツスイ→○やや大きい。○腮が大きく黒い。○上面は明るい黄色。

①**成鳥** 雌雄同色 12月
②**若鳥** 口角が肌色。頭に褐色の幼羽が混じる。雨覆は淡褐色 12月

ハチマキミツスイ

White-naped Honeyeater *M. lunatus*

Locally moderately common. Red above eye. Jun.
標高の高い地域に局所的に分布 6月

ノドグロハチマキミツスイ

Black-chinned Honeyeater *M. gularis*

Race *laetior* Uncommon visitor. Sometimes treated as a separate species, Golden-backed Honeyeater. Sep.
亜種 *laetior*。稀に飛来。別種とする分類もある 9月

ノドアカムジミツスイ

✕ **Rufous-throated Honeyeater**
Conopophila rufogularis ◆ TL 13-14 cm

Rare visitor. Dry open forests, riverside vegetation.

Rufous-throated=赤い喉の。

喉に赤い斑があるが，角度によっては見えにくい。頭〜体下面は汚白色。上面は褐色。次列風切の羽縁が黄色く目立つ。喉の白い若鳥を見ることが多い。乾季に内陸から稀に飛来するが不規則。乾燥した環境の樹林でほかのミツスイに混じっていることが多い。「フィフィフィ」「ジャッ，ジャッ」と短く鳴く。

生息環境：主に乾燥した環境の疎林。特に水辺の近く。河川沿いの林，湿地周辺など。適当な環境であれば庭や公園，市街地などにも。雨林林縁部やマングローブ林で見られることもある。**類似種：**なし。

①**Adult.** Probable female. Similar to male, duller. Sep.

②**Adult.** Probable male. White breast, brighter throat. Yellow patch on wing. Sep.

①**成鳥♀** 全体の模様が鈍い。ただし判断が難しい個体が多い 9月
②**成鳥♂** 体下面が白く，喉の赤が明瞭 9月
③**幼鳥** 喉が白い 9月
④**成鳥** 6月

③**Juvenile.** White throat. Sep.

④**Adult.** Jun.

ウロコミツスイ

○ **Brown-backed Honeyeater**

Ramsayornis modestus ◆ TL 11-13 cm

①**Adult.** Sexes similar. Pink bill/legs, faint barred breast, pale brown back. Dec.

②**Immature.** Streaked breast/belly, duller bill/iris/legs. Dec.

③**Juvenile.** Yellow gape, streaked breast. Nov.

Common especially in summer when migratory population joins. Waterside vegetation.

Brown-backed＝茶色い背中の。

嘴と足がピンク色で，胸の辺りにわずかにうろこ模様がある。虹彩は赤い。水辺の環境で多く，地表近くで活発でよく目につく。繁殖期には水面に張り出した枝などに底の丸い吊り巣を作る。つがいでいることが多く，数つがいが隣接して営巣することも多い。やや高い声で「キョ，キョ，キョ，キョ」と鳴く。

生息環境：水辺に近い環境。雨林の河川沿い，湿地周辺の樹林，河川沿いの樹林，マングローブ林，池や川のある公園など。

類似種：ヨコジマウロコミツスイ→○胸と脇腹に明瞭な横斑がある。

①**成鳥** 雌雄同色　12月
②**若鳥** 胸は縦斑に見える。嘴や足の色が鈍い　12月
③**幼鳥** 口角が黄色　11月

ヨコジマウロコミツスイ

Bar-breasted Honeyeater *R. fasciatus*

Uncommon/rare visitor to waterside vegetation. Sep.

稀に飛来する。乾燥した環境の湿地周辺の樹林や河川沿いの樹林。池や川のある公園など　9月

キスジミツスイ

○ **Bridled Honeyeater**
Bolemoreus frenatus ◆ TL 20-22 cm

Common in highland rainforest, gardens. Endemic to FNQ

Bridled=くつわ，手綱のついた，模様から。

北部クイーンズランド固有種。顔が黒く，嘴基部の黄色が目立つ。眼の後ろと耳の後ろに白斑があり，嘴〜眼の後ろまで白い線がつながって見える。ウグイスの谷渡りを数倍早くしたような調子で，大きく響く声で鳴く。単独かつがいでいることが多い。

生息環境： 標高の高い地域の雨林，疎林，湿地周辺の樹林など。うっそうとした林内にも生息。花が咲いていれば隣接した庭や公園などにも飛来する。非繁殖期には低地に移動する個体もある。

類似種： キホオコバシミツスイ →○小さい。○顔の黄色い線が太い。

①**Adult.** exes similar. Black face, small white patch behind eye, bill base yellow, white gape, thin stripe under eye, iris blue. Oct.

②**Adult.** Sep.

①成鳥　雌雄同色　10月
②成鳥　9月
③成鳥　9月
④成鳥　12月

③**Adult.** Sep.

④**Adult.** Face pattern. Dec.

キホオコバシミツスイ

◇ **Yellow-faced Honeyeater**
Caligavis chrysops　◆ TL 16-18 cm

①**Adult.** Sexes similar. Yellow gape connects yellow stripe bordered black, small yellow spots behind eye. Oct.

②**Adult.** Fawn breast. Mar.

Moderately common in open forest, parks, gardens. Race *barroni*.

Yellow-faced＝黄色い顔の。

亜種 *barroni*。ほかの亜種より
やや色が淡く，鳴き声が異なる。
顔に黄色の線があり，その上下
に黒い線がある。林冠から中層
で活発。単独でいることが多く，
好む花が咲いていれば地表近く
にも降りる。

生息環境：主に乾燥した環境の
疎林，ユーカリ林。特に湿地周
辺の疎林，川沿いの疎林など。
花が咲いている場所に移動し，
庭や公園などにも。

類似種：キスジミツスイ→○や
や大きい。○顔の黄色の線が細
い。○嘴基部が黄色。

①成鳥　雌雄同色　10 月
②成鳥　3 月
③成鳥　10 月
④成鳥　9 月

③**Adult.** Oct.

④**Adult.** Face pattern. Sep.

221

クロガオミツスイ

①**Adult.** Sexes similar. White forehead, black eye-ring, yellow bare skin behind eye, scaly breast/back, yellow wing patch. Jun.

②**Juvenile.** Similar to adult. Duller, less marked body. Oct.

③**Adult.** Grey rump. Feb

Moderately common in southern part of Tablelands. Open forests, urban parks, gardens. Race *melanocephala*, race *titaniota*.

Noisy＝騒々しい。Miner は顔の模様が似ることから Myna（Common Myna, インドハッカ）からとったと言われる。

亜種*melanocephala*と亜種*titaniota*が分布。黒く細いアイリングがあり，眼が大きく見える。さらにその周りの皮膚が黄色く裸出する。前額から顔を囲むように黒い線がある。数羽の群れでいることが多い。強い調子で「ニーニーニー」と鳴く。

生息環境：あまり下草のない樹林。乾燥した環境の疎林，林縁部など。道路沿いや公園などでもよく見られる。人をあまり恐れず，食べかすを狙ったり，ゴミ箱を漁ることもある。

類似種：コシジロミツスイ→○全体に淡く，顔の黄色味が強い。○足は黄色。○腰と上尾筒が白く見える。

①成鳥　雌雄同色　6月
②幼鳥　成鳥に似るが模様が不明瞭　10月
③成鳥　腰が灰色　2月

コシジロミツスイ

Yellow-throated Miner　　　　*M. flavigula*

Rare visitor. Jun.
内陸部から稀に飛来する　6月

クチシロミツスイ

①**Adult.** Sexes similar. Prominent white gape, iris grey, grey-brown body. Aug.

②**Adult.** Nov.

Uncommon and very local in riverside vegetation.

White-gaped=白い口角の。

全身褐色味を帯びた灰色で口角の部分が白い。成幼雌雄で羽衣にあまり違いがない。枝先でちょこちょこと動き回り，樹冠で活発。非常にノリのいい感じで長くさえずる。単独かつがいでいることが多い。食物の豊富な場所では10数羽が集まり，キミミミツスイやコゲチャミツスイなどと混群をつくることもある。

生息環境： 水辺に近いさまざまな植生。雨林，マングローブ林，河川沿いの林，庭や公園，畑など。下草の茂った環境を好む。極めて局所的に分布する。

類似種： なし。

①**成鳥** 雌雄同色 ８月
②**成鳥** 11月
③**幼鳥** 口角の白は小さく黄色味がある。
　　　　虹彩は暗色 12月
④**成鳥** 11月

③**Juvenile.** Small yellow gape, iris brown. Dec.

④**Adult.** Nov.

キイロミツスイ

○ Yellow Honeyeater
Stomiopera flava ◆ TL 16-18 cm

①**Adult.** Sexes similar. Yellow body, darker face. Mar.

②**Juvenile.** Paler, greyer. Dec.

Common in rainforests, open forests, mangroves, parks, gardens. Race *flava*, race *addenda*.

Yellow＝黄色い。

亜種 *flava* と亜種 *addenda* が分布。名前の通り全身黄色のミツスイ。やや暗い色の過眼線のほかに目立った模様はなく、成幼雌雄でほとんど羽衣が変わらない。「フィーユ，フィーユ」と大きな声で鳴く。単独かつがいでいることが多い。枝先や幹を活発に動き回る。

生息環境：うっそうとした林内を除くさまざまな植生。雨林林縁，マングローブ林，河川沿いの林など。一度に多くの数が見られるわけではないが，観察する機会は多く，街路樹や庭や公園などで普通に見られる。

類似種：なし。

①成鳥　雌雄同色　3 月
②幼鳥　灰色味がある　12 月
③雛　口角が黄色。全体に灰色味がある　2 月
④成鳥　翼に目立つ模様はない　12 月

③**Fledgling.** Yellow gape. Feb.

④**Adult.** No obvious markings on wing. Dec.

タテフミツスイ

①**Adult.** Sexes similar. Pale yellow facial line from gape, streaked breast, olive back. Aug.

②**Immature.** Duller. Yellow gape. Mar.

③**Juvenile.** Plainer breast, belly. Yellow gape. Oct.

④**Fledgling.** Apr.

Locally common in coastal vegetation, mangroves, adjacent parks, gardens. Race *versicolor*.

Varied=変化に富んだ。

亜種 *versicolor*。下面は白く，暗灰色の縦斑がある。胸は黄色。眼の後ろはやや青色味があり，口角から続く黄色の線がある。単独か数羽のゆるやかな群れでいることが多く，よくイチジクの木に集まる。にぎやかな調子のよく響く声で長くさえずる。採食中も数羽で頻繁に鳴きかわす。成幼雌雄であまり違いがない。生息している範囲の中でも局地的に分布する。

生息環境：マングローブ林，海岸近くのさまざまなタイプの樹林，湿地周辺の樹林。隣接した公園など。

類似種：なし。

①成鳥　雌雄同色　8月
②若鳥　口角が黄色　3月
③幼鳥　口角が黄色。胸の模様が淡い　10月
④雛　4月

コバシミツスイ

◇ Fuscous Honeyeater
Ptilotula fusca ◆ TL 15-16 cm

①**Adult breeding.** Black bill. Dec.

②**Juvenile.** Less marked face. Orange bill, yellow gape. Sep.

Locally common in open forests near Wondecla. Race *subgermana*, known yellow-faced population of Fuscus Honeyeater. But classification still uncertain.

Fuscous＝黒っぽい，種小名から。

亜種*subgermana*。全体に灰色で頬に黒と黄色の線がある。風切と尾羽の羽縁が黄色。掲載写真はアサートン高原の個体群で，顔の黄色味が強い独立個体群として知られているが，キイロコバシミツスイの灰色味の強い個体群という見解や，別種との見解もある。鳴き声はニューギニアのキイロコバシミツスイに似ている。

生息環境：やや乾燥した環境のユーカリ林。局地的に分布し，分布域では数多く見られる。

類似種：なし。

①成鳥繁殖羽　雌雄同色。嘴が黒い　12月
②幼鳥　顔の模様は不明瞭。嘴はオレンジ色で口角が黄色　9月
③成鳥非繁殖羽　嘴基部がオレンジ色　11月
④巣に座る成鳥　8月

③**Adult non-breeding.** Pale orange bill base. Nov.

④**Adult on nest.** Aug.

ハシボソキミミミツスイ

◇ Graceful Honeyeater
Meliphaga gracilis ◆ TL 14-16 cm

Common in rainforests, forests, parks, gardens. Race *gracillis*. Sometimes in genus *Microptilotis*.

Graceful＝上品な。

亜種 *gracilis*。*Microptilotis* 属とする分類もある。*Meliphaga* 属はどれもよく似た姿をしているが, 鳴き声が大きく異なる。本種では「チュッ, チュッ」と単音で鳴くことが多い。頭は小さく, 頸が長く見える。

生息環境： 雨林, 隣接した林, 河川沿いの林, 湿地周辺の林など。庭や公園など開けたところでも見られる。

類似種： コキミミミツスイ→○やや大きい。○ずんぐりとした感じ。○嘴はやや短く, よりまっすぐに見える。○鳴き声が異なる。キミミミツスイ→○大きい。○顔の杆が大きい。○鳴き声が異なる。

①**Adult.** Sexes similar. Long slender bill slightly down-curved, iris blue-grey, yellow ear patch. Usually show 'neck' when perch.Sep.

②**Adult.** Paler, plainer belly than Yellow-spotted Honeyeater. Faint pale yellow vertical line on belly. Feb.

①**成鳥** 雌雄同色。虹彩は青灰色。嘴は細長い。止まっているときに頸がはっきり見える傾向がある　9 月
②**成鳥** コキミミミツスイよりも腹に模様がなく平坦。腹の中央に不明瞭な黄色の縦線が見える　2 月
③**成鳥** 口角は黄色。嘴は細長く, 湾曲して見える　9 月
④**成鳥** 翼に目立つ模様はない　10 月

③**Adult.** Face. Long slender bill, yellow gape. Easiest way to ID Meliphagas is by call and size. Often calls in single note. Sep.

④**Adult.** No obvious markings on wing. Oct.

コキミミミツスイ

○ **Yellow-spotted Honeyeater**

Meliphaga notata　◆ TL 16-18 cm

① **Adult.** Sexes similar. Dark iris, yellow ear patch. 'Neck' less distinctive when perch. Apr.

② **Adult.** Greyer, darker mottled belly than Graceful Honeyeater. Apr.

Common in rainforests, forests, parks, gardens. Race *mixta*.

Yellow-spotted= 黄色い斑がある。

亜種*mixta*。耳の辺りが黄色で全身オリーブ色のミツスイ。強い調子で「フィー，フィー，フィフィフィフィフィ」と尻下がりに連続して鳴く。頸が短く，ずんぐりした感じに見える。嘴は短く，ほぼまっすぐ。単独かつがいでいることが多い。

生息環境： 雨林や隣接した林，河川沿いの林，湿地周辺の林。うっそうとした林内，やぶ，庭や公園など。標高の高いところには少ない。

類似種： ハシボソキミミミツスイ○やや小さい。○頸がくびれて見える。○嘴が細く，湾曲が強い。○鳴き声が異なる。キミミミツスイ→○大きい。○顔の斑が大きい。○鳴き声が異なる。

① 成鳥　雌雄同色。虹彩は暗色。頸がなく，ずんぐりして見える傾向がある　4月
② 成鳥　胸は不明瞭なまだら模様に見える　4月
③ 成鳥　口角は黄色。特に下嘴が直線的に見える　1月
④ 成鳥　12月

③ **Adult.** Yellow gape. Relatively short bill. Easiest way to ID Meliphagas is by call and size. Jan.

④ **Adult singing.** Dec.

キミミミツスイ

①**Adult.** Sexes similar. Large pale yellow ear patch, faint streaked breast, iris blue-grey. Oct.

②**Juvenile.** Fed by adult. Jun.

Common in rainforests, forests, parks, gardens. Rare in lowlands. Race *mab*.

Lewinは人名。

亜種 *mab*。オーストラリアの *Meliphaga* 属で最大。かなり早い調子で「キョキョキョキョ」と連続して鳴き，10秒以上続くことも珍しくない。単独でいることが多い。

生息環境：雨林林縁や隣接した林，河川沿いの林，湿地周辺の林など。うっそうとした林内にも見られるが，ハシボソキミミミツスイ，コキミミミツスイより開けた環境にいることが多い。庭や公園などでも普通に見られる。標高の低いところには少ない。

類似種：ハシボソキミミミツスイ・コキミミミツスイ→○小さく，鳴き声が異なる。○下面の縦斑が目立たない。○耳の部分の黄色の斑が小さい。○口角が黄色。

①**成鳥** 雌雄同色　10月
②**幼鳥** 成鳥に似る。虹彩が暗色。口角が黄色　6月
③**成鳥** 口角は白い。嘴は太く短い　1月
④**成鳥** 10月

③**Adult.** Face. Thick strong bill, white gape. Easiest way to ID Meliphagas is by call and size. Loud machine-gun call. Jan.

④**Adult.** Oct.

ホウセキドリ

△ Spotted Pardalote
Pardalotus punctatus ◆ TL 8-10 cm

①**Adult male.** Finely spotted crown, white eyebrow, yellow throat. Female duller, no yellow on throat. Race *militaris*. May.

②**Adult male.** Race *punctatus*. Brisbane, Apr.

③**Adult female.** Race *punctatus*. Brisbane, Apr.

Uncommon in southern part of Tablelands. Open forest, riverside vegetation. Race *militaris*.

Spotted＝斑点のある。Pardalote は属名からで水玉模様の意。

亜種 *militartis*。基亜種よりも上面の白斑が薄い。細かい星模様のあるずんぐりした体形の小鳥。嘴と尾はとても短い。林冠で活発。川岸などの崖に横穴を掘って営巣するが，地表近くのくぼ地の壁面などに営巣することもある。笛のようなよく通る声で「ポ，ピピ。ポ，ピピ」とくり返し鳴く。単独かつがいでいることが多い。

生息環境： 主にユーカリ林。やや乾燥した環境の樹高の高い樹林。

類似種： キボシホウセキドリ→○細かい白斑がない。○眼先がオレンジ色。

①**成鳥♂**　亜種 *militaris*。成鳥♀は模様が不明瞭　5 月

②**成鳥♂**　亜種 *punctatus*。Brisbane にて　4 月

③**成鳥♀**　亜種 *punctatus*。Brisbane にて　4 月

アカマユホウセキドリ

Red-browed Pardalote　*P.rubricatus*

Rare/Uncommon visitor. Spotted black crown. Large yellow wing patch. Sep.

内陸部から稀に飛来する。眼先が赤い　9 月

キボシホウセキドリ

○ **Striated Pardalote**
Pardalotus striatus ◆ TL 9-11 cm

Common in open forests, urban parks, gardens. Three different subspecies.

Striated＝しまのある。

亜種 *substriatus*（上尾筒が淡黄色），亜種 *melanocephalus*（上尾筒が淡褐色），亜種 *substriatus*（頭の黒い模様に白斑があり，上尾筒はオレンジ色）の3亜種が分布。川岸，くぼ地などのちょっとした崖に横穴を掘って営巣する。地表近くに営巣することが多い。巣の近くの樹頂に止まり，「キョッキョキョ，キョッキョキョ」と抑揚なく，くり返し鳴く。

生息環境：主に乾燥した環境の林，繁殖期には公園や市街地などでも見られる。

類似種：ホウセキドリ→○眉斑が白い。○全体に細かい白斑がある。

①**Adult.** Sexes similar. Race *melanocephalus*. Plain black crown/eye-stripe, fawn rump. May.

②**Adult.** Race *uropygialis*. Yellowish rump. Apr.

①成鳥 亜種 *melanocephalus* 5月
②成鳥 亜種 *uropygialis* 4月
③成鳥 亜種 *substriatus* 10月
④成鳥 亜種 *melanocephalus* 5月

③**Adult.** Race *substriatus*. White streaked cap, eye-stripe. Oct.

④**Adult.** Race *melanocephalus*. May.

シダムシクイ

◇ **Fernwren**

Oreoscopus gutturalis ◆ TL 12-14 cm

Moderately common in highland rainforest. Endemic to FNQ.

Fern＝シダ, 生息環境から。

北部クイーンズランド固有種。眼の上下を通る白線と, 黒い喉が目立つ。地表で採食し, メジロハシリチメドリやムナグロシラヒゲドリといった落ち葉をまき散らして採食する鳥について歩くこともある。「ヒー, ビュイー」と尻上がりに鳴く。声はよく通り遠くまで聞こえるが, 居場所はわかりにくい。

生息環境: 標高の高い雨林。下草の茂った林床, 川沿い, 落ち葉の多く堆積した場所を好む。乾季には標高の低い場所に移動する個体もある。

類似種: マミジロヤブムシクイ→○喉が黒くない。○体下面が白い。○虹彩が淡色。

①**Adult.** Sexes similar. Long slender bill, white eyebrow/throat, black 'bib'. Sep.

②**Immature.** Grey back, paler markings. Sep.

①**成鳥** 雌雄同色　9月
②**若鳥**　顔や喉の模様が薄い。背が灰色　9月
③**幼鳥**　顔や喉の模様がほとんどない　11月
④**成鳥**　巣材を運ぶ　12月

③**Juvenile.** Brown overall, faint eyebrow. Nov.

④**Adult.** Carrying nest material. Dec.

メグロヤブムシクイ

①**Adult.** Sexes similar. Dark face/crown, iris red. Aug.

Common but only in highland rainforest. Endemic to FNQ.

Atherton＝アサートン, 地名から。Scrub＝やぶ, 雨林。

北部クイーンズランド固有種。全身茶色く, 特に目立つ模様はない。頬から下が淡色に見える。単独かつがいでいることが多い。樹林の低層, 地面で活発。鳴き声はハシナガヤブムシクイよりも低く, ややゆっくり。和名に反して虹彩は赤色味のある茶色。

生息環境：おおよそ標高600m以上の雨林。下草の茂った林床や, やぶがちな湿った環境を好む。

類似種：ハシナガヤブムシクイ→○主に標高の低い地域に分布。○小群で生活する傾向が強い。○めより地面に降りない。○全体により淡色で特に顔の色が薄く, 眼が目立って見える。

②**Adult.** Carrying nest materials. Aug.

①成鳥　雌雄同色　8月
②成鳥　巣材を運ぶ　8月
③成鳥　顔と喉の色に差がある　5月
④地表のボール状の巣　8月

③**Adult.** Often shows dark 'mask'. Face and crown has same tone, paler cheek/throat. May.

④**Ball shaped nest on ground.** Aug.

233

マミジロヤブムシクイ

◇ **White-browed Scrubwren**
Sericornis frontalis ◆ TL 11-13 cm

①**Adult male.** Black mask, pale yellow iris, white breast/eyebrow/cheek stripe. Sep.

②**Adult female.** Paler mask, browner back/breast. Sep.

Moderately common in undergrowth of forests. Race *laevigaster*.

White-browed=白い眉の。

亜種*laevigaster*。ほかの亜種より眉斑が明瞭で，下面が黄色っぽい。太く黒い過眼線がある。虹彩は淡黄色。白い眉斑と頰線がある。地表近くで活発。つがいか単独で見ることが多い。「ピピピピ，チュウチュウ」とくり返し鳴く。

生息環境：やぶのような環境であればどこでも。雨林の林縁，乾燥した林，疎林，海岸の灌木林，マングローブ林など。適した環境であれば庭や公園などにも。

類似種：シダムシクイ→○喉が黒い。○下面が茶色。キノドヤブムシクイ→○喉が黄色。○虹彩が暗色。

①成鳥♂　９月
②成鳥♀　♂に似るが過眼線が薄い。背や胸に茶色味がある　９月
③成鳥♂　４月
④成鳥♂　９月

③**Adult male singing.** Apr.

④**Adult male.** Sep.

キノドヤブムシクイ

○ Yellow-throated Scrubwren
Sericornis citreogularis ◆ TL 12-15 cm

Moderately common in rainforest floor. Race *cairnsi*.

Yellow-throated＝黄色い喉の。

亜種*cairnsi*。ほかの亜種よりひと回り小さく，色が濃い。黒い過眼線は太く，細い眉斑がある。虹彩は赤い。喉は黄色。胸は褐色で腹は白い。主に地面で活発で，シダムシクイなどほかの地上採食性の鳥と一緒にいることが多い。「ティーチューイー」と鳴く。

生息環境： 雨林などの林床。川沿いの樹林，下草の茂った林の湿った環境のやぶを好む。

類似種： マミジロヤブムシクイ→○虹彩が白い。○喉や眉斑は白い。シダムシクイ→○喉が黒い。○眉斑は白い。

①**Adult male.** Black mask, yellow throat/eyebrow, brown body with whitish belly, iris red. Sep.

②**Adult female.** Iris red, browner, paler mask. Dec.

①成鳥♂　9月
②成鳥♀　♂に似るが過眼線が薄い　12月
③幼鳥　♀に似るが過眼線が薄い。胸〜腹が褐色　9月
④成鳥♂　9月

③**Juvenile.** Similar to female. Paler mask, brown belly. Sep.

④**Adult male, singing.** Sep.

ハシナガヤブムシクイ

○ **Large-billed Scrubwren**
Sericornis magnirostra　◆ TL 11-13 cm

①**Adult.** Sexes similar. Iris red, pale face, dark crown. Dec.

②**Adult.** Dec.

Common in rainforests. Usually in lower altitude than Atherton Scrubwren. Race *viridior*.

Large-billed＝大きな嘴の。

亜種*viridior*。全身淡褐色で，顔と腹はやや明るい色。虹彩は赤い。樹林の中層で活発。木の幹をくるくる回りながら登る。数羽の群れでいることが多い。「チュイユ　チュイユ　チュイユ」と早い調子で鳴く。

生息環境：おおよそ標高900m以下の雨林。雨林や隣接した林。よく茂った庭や公園，川沿いの樹林など。

類似種：メグロヤブムシクイ→
○標高の高い雨林にのみ分布。
○より暗色。○林床にいることが多い。

①**成鳥**　雌雄同色。頭と喉の色はあまり差がない　12月
②**成鳥**　12月
③**幼鳥**　口角が黄色。虹彩は暗色　2月
④**成鳥**　まとまってねぐらをとる　10月

③**Juvenile.** Yellow gape, dark iris. Feb.

④**Adults.** Roost. Oct.

コバシムシクイ

◇ Weebill
Smicrornis brevirostris ◆ TL 8-9 cm

Moderately common in drier open forest. Mostly race *flavescens*.
Wee＝小さい。

主に亜種*flavescens*。基亜種に比べて黄色味が強い。嘴は淡色で太く短い。虹彩はかなり白っぽい。足の色は淡く見えることが多い。林冠で活発。「フィーユウ」と鳴き，ちょうど英名の「ウィービル（Weebill）」という感じに聞こえる。数羽の群れでいることが多い。やや乾燥した環境での混群の主体となる。

生息環境: 主に乾燥した環境の樹林。河川沿いの樹林。市街地の庭や公園などにも。

類似種: ヒメトゲハシムシクイ→○虹彩が暗色。○嘴は黒くて細い。ヤマトゲハシムシクイ→○嘴が細く黒い。○生息環境が異なる。

①成鳥 雌雄同色 9月
②成鳥 10月
③成鳥 8月

①**Adult.** Sexes similar. Short pale bill, pale iris. Jun.

②**Adult.** Oct.

③**Adult.** Aug.

ヒメトゲハシムシクイ

Yellow Thornbill   *Acanthiza nana*

Adult. Uncommon and local. Race *flava* in Atherton Tablelands. Jun.
成鳥　亜種*flava*。内陸部に局地的に分布する　6月

チャイロセンニョムシクイ

○ **Brown Gerygone**
Gerygone mouki ◆ TL 9-11 cm

Common in rainforests, adjacent parks, gardens. Race *mouki*.

Brown＝茶色い。Gerygoneは属名から，「歌の申し子」といった意。

亜種*mouki*。短く白い眉斑がある。上面は茶色味が強い。虹彩は赤で，眼の周りに不明瞭な白いアイリングがある。尾羽下面は尾端のみ白い。細かく早い調子で「ビビ，ビビ，ビビ」とくり返して鳴く。地表近くに降りることもあるが，主に林冠から中層で活発。

生息環境： 主に雨林。うっそうとした林内に生息。非繁殖期には隣接した林などでも見られる。

類似種： ほかのセンニョムシクイ類→○眉斑や体色が異なるが，もっぱら生息環境と鳴き声が異なる。

①**Adult.** Sexes similar. Grey upperparts, white belly, iris red, short faint eyebrow. Feb.

②**Adult.** Sep.

①成鳥　雌雄同色　２月
②成鳥　９月
③成鳥　まとまって眠る　３月
④成鳥　尾羽下面　10月

③**Adults.** Night roost. Mar.

④**Adult undertail.** Oct.

ハシブトセンニョムシクイ

○ Large-billed Gerygone

Gerygone magnirostris ◆ TL 10-12 cm

①**Adult.** Sexes similar. Iris red, incomplete white eye-ring, brown above. Apr.

②**Adult.** Sep.

Common in mangroves, riverside vegetation, adjacent parks, gardens. Race *cairnsensis*.

Large-billed=大きな嘴の。

亜種 *cairnsensis*。基亜種より上面の色が淡く、褐色味が強い。虹彩は赤く、細く白く途切れているが明瞭なアイリングがある。上面は褐色味が強い。尾羽下面は尾端が淡色。水辺に生息し、水面に張り出した枝に吊り巣を作る。よく響く声で「チーチュイ、チーチュイ」とくり返し鳴く。数羽の群れで見られることが多い。

生息環境: マングローブ林。河川沿いの樹林。湿地周辺の樹林など。内陸の乾燥した環境の河川沿いの疎林などにも。

類似種: ほかのセンニョムシクイ類。○生息環境が異なる。

①成鳥 雌雄同色 4月
②成鳥 9月
③枝に下がったゴミのように見える吊り巣を作る 3月
④巣材を運ぶ成鳥 尾端は白い 3月

③**Adult.** Building nest. Mar.

④**Adult carrying nest material.** Black tail band, white tip. Mar.

ノドジロセンニョムシクイ

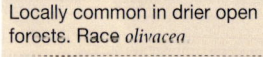

○ **White-throated Gerygone**

Gerygone olivacea ◆ TL 10-11 cm

①**Adult.** Sexes similar. Iris red, white throat, pale yellow breast/belly, grey upperparts. Dec.

②**Adult singing.** Jun.

③**Adult.** Juvenile duller, yellow throat, dark iris. Jun.

④**Adult.** Apr.

Locally common in drier open forests. Race *olivacea*

White-throated＝白い喉の。

亜種*olivacea*。眼先と喉が白い。虹彩は赤。尾羽下面は尾端と付け根が明瞭に白い。上面は灰色味が強く、下面が鮮やかな黄色でよく目立つ。樹頂などに止まり，リズミカルな美しい声で長くさえずる。通年よく鳴く。単独かつがいでいることが多い。

生息環境：主に乾燥した環境の樹林，ユーカリ林など。樹冠にいることが多い。

類似種：ノドグロセンニョムシクイ雄→○喉が黒い。ノドグロセンニョムシクイ雌○下面の黄色味が淡い。○尾羽の模様が異なる。○生息環境が異なる。両種の幼鳥は似るが，本種のほうが黄色味は強い。

①成鳥　雌雄同色　12月
②成鳥　6月
③成鳥　6月
④成鳥　翼に目立つ模様はない　4月

ノドグロセンニョムシクイ

①**Adult male.** Race *flavida*. Iris red, dark head with white 'whisker', yellow belly. Aug.

②**Adult female.** Race *flavida*. Pale yellow underparts. No 'whisker'. Dec.

③**Juvenile.** Race *flavida*. Paler overall, dark iris, pale bill. Apr.

④**Adult male.** Race *personata*. Black face with prominent 'whisker'. Sep.

Common in rainforests, mangroves, adjacent forests. Race *personata*, race *flavida*.

Fairy=妖精, 優美な。

北部に亜種*personata*, 南部に亜種*flavida*が分布し, 特に雄の模様が異なる。眼先と頬が白い。顔は黒っぽく, 特に亜種*personata*で顕著。虹彩は赤。亜種*flavida*は眼の周りに不明瞭な白いアイリングがある。尾羽下面は一様に黒い。かなり早い調子で「チュルリ, チュルリ」とくり返し鳴く。数羽の群れでいることが多い。

生息環境： 主に雨林の林縁部, 川沿いの樹林などうっそうとしてやや湿った環境を好む。

類似種： ノドジロセンニョムシクイ→◯喉が白い。◯下面の黄色が鮮やか。◯生息環境が異なる。

①成鳥♂ 亜種*flavida* 8月
②成鳥♀ 亜種*flavida*。眼先と頬の白斑がない 12月
③幼鳥 亜種*flavida*。♀に似るが全体に淡色。虹彩は暗色 4月
④成鳥♂ 亜種*personata*。顔が黒く, 眼先と頬の白斑が目立つ 9月

ヤマトゲハシムシクイ

◇ Mountain Thornbill
Acanthiza katherina ◆ TL 10 cm

①**Adult.** Sexes similar. Iris light grey, thin short bill. Sep.

②**Adult.** Mar.

Uncommon in highland rainforest. Endemic to FNQ.

Mountain=山。Thorn＝トゲ。

嘴は黒く細い。顔には細かい斑があり，虹彩は白っぽい。上尾筒はやや赤色味がある。下面は灰色で黄色味の強い個体もいる。尾羽下面は尾端が白く，暗色の帯がある。林冠から中層で活発。リズミカルな美しい声で長くさえずる。単独か，ゆるやかな少数の群れでいることが多い。木の上のほうからヒラヒラと落ちてくるような動きをくり返す。チャイロセンニョムシクイやメグロヤブムシクイ，キバラモズヒタキなどと混群をつくることもある。

生息環境： 標高の高い場所の雨林。隣接した林など。

類似種： なし。北部クイーンズランドのセンニョムシクイに虹彩が白いものはない。鳴き声が特徴的。

①**成鳥** 雌雄同色 9月
②**成鳥** 3月
③**幼鳥** 顔や胸の模様がない。虹彩が暗色 10月
④**草むらに作られたボール状の巣** 11月

③**Juvenile.** Duller, dark iris. Oct.

④**Ball shaped nest in tall grass.** Nov.

オーストラリアマルハシ

△ **Grey-crowned Babbler**
Pomatostomus temporalis ◆ TL 23-27 cm

Moderately common in drier open forests, adjacent grasslands. Race *temporalis*.

Grey-crowned=灰色の頭頂の。
Babbler=おしゃべり。

主に基亜種*temporalis*。他亜種と比べて喉～胸の白色部が大きく、体下面の赤色味が少ない。太い灰色の過眼線があり、虹彩は白く、眉斑と喉～胸は白い。腹は茶褐色。地面に降りて落ち葉をかきわけたり、浅い穴を掘って採食する。ほぼ常に十数羽の群れで動いている。「ギュイギュイ」「ピューピュー」などにぎやかに鳴き交わしながら移動する。

生息環境：乾燥した疎林。落ち葉が積もっていたり、下草が茂った環境を好む。

類似種：なし。

①成鳥　雌雄同色　11月
②幼鳥　虹彩が黒い　9月
③家族群　7月
④成鳥　翼に大きな茶褐色斑がある　7月

①**Adult.** Sexes similar. Iris pale yellow, long down curved bill, broad grey eye-stripe, pale chestnut belly. Nov.

②**Juveniles.** Duller, iris dark. Sep.

③**Usually in small groups.** Jul.

④**Adult.** Large brown wing patch. Jul.

243

メジロハシリチメドリ

◇ **Chowchilla**

Orthonyx spaldingii ◆ TL 24-29 cm

①**Adult male.** White throat/breast/belly, blue-grey eye-ring, sooty black body. Dec.

②**Adult female.** Orange throat/breast, white belly, blue-grey eye-ring. Sep.

Uncommon and local in rainforests. Endemic to FNQ. Race *spaldingii*, race *melasmenus*.

Chowchillaは当地のアボリジニ語由来。

北部クイーンズランド固有種で,亜種*spaldingii*と亜種*melasmenus*が分布し,鳴き声がやや異なる。雌雄とも薄青色のアイリングがあるが,胸の色は異なる。ほぼ常に数羽の家族群で動き,林床を歩いて移動し,滅多に飛ばない。とてもにぎやかな調子の大きな声で長く鳴く。尾羽に寄りかかるようにして体を支え,足で落ち葉などを左右にかき分けて採食する。採食の際はガサガサと大きな音をたてる。

生息環境: 標高の高い場所の雨林。落ち葉の積もったうっそうとした林床を好む。

類似種: なし。

①**成鳥♂** 喉～腹が白い　12月
②**成鳥♀** 喉～胸がオレンジ色。腹は白い　9月
③**若鳥♀** 頭～胸が茶褐色。オレンジ色の成鳥羽が混じる　12月
④**幼鳥** 頭～背,胸が赤褐色で細かい斑がある　9月

③**Immature female.** Dec.

④**Juvenile.** Mottled brown overall. Sep.

ムナグロシラヒゲドリ

Common in rainforests, adjacent forests. Race *lateralis*.

Eastern＝東の。Whip＝ムチ，ムチを鳴らすような声から。

主に亜種*lateralis*。雨林の中に響く鳴き声が特徴的。雄が「ヒヒヒヒー，チョン」と鳴き，雌が「チウイー」と返し，2声がひとつながりに聞こえる。ほぼ常につがいで動く。あまり飛ばず，ほとんど歩いて移動する。嘴で落ち葉などをどかして採食し，地表採食が多いが，幹を駆けあがるように登り，樹上の着生植物で採食することもある。

生息環境：主に雨林。隣接した林。下草が茂り落ち葉の積もったうっそうとした林床を好む。

類似種：なし。

①**Adult.** Sexes similar. Black head, short crest, white cheek, olive back. Apr.

②**Adult.** Apr.

①**成鳥** 雌雄同色。頬が白く目立つ。短い冠羽がある　4月
②**成鳥** 4月
③**若鳥** 頬の白い模様がない。幼鳥は全体に赤褐色　12月
④**成鳥** 4月

③**Immature.** No or faint white cheek. Juvenile reddish brown overall. Dec.

④**Adult.** Apr.

スズメ目 PASSERIFORMES

ウズラチメドリ科 Psophodidae

245

キムネハシビロビタキ

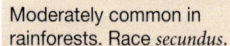

①**Adult male.** Sexes similar. Broad black bill/eye stripe, bright yellow eyebrow/ underparts, white throat. Female paler. Nov.

②**Adults.** Changing on nest. Male (left), female (right). Oct.

Moderately common in rainforests. Race *secundus*.

Yellow-breasted＝黄色い胸の。Boatbillは舟形の嘴の意。上嘴中央のすじが船の竜骨のように見えることから。

亜種*secundus*。嘴の幅が広く，先端がかぎ状。頭は黒く，黄色の眉斑と白い喉が目立つ。体下面は黄色。上面は黒く，翼の白い翼帯が目立つ。尾羽を上げた姿勢で「チッ，ビビビーイ」といった調子で鳴く。林冠から中層で活発。単独でいることが多いが，チャイロセンニョムシクイやオウギビタキなどと混群をつくることもある。

生息環境： 主に雨林。うっそうとした林内に生息。特に雌は林縁にほとんど出ない。

類似種： なし。

①成鳥♂　雌雄ほぼ同色　11月
②抱卵を交代する成鳥♂（左）と成鳥♀（右）　10月
③成鳥♀　黒色部の色が淡い　8月
④若鳥　胸が白く，うろこ模様がある　1月

③**Adult female.** Duller. Olive washed back. Aug.

④**Immature.** Similar to female. Paler. Faint scaled breast. Jan.

モリツバメ

◎ **White-breasted Woodswallow**

Artamus leucorynchus ◆ TL 16-18 cm

① **Adult.** Sexes similar. Blue-grey bill, slate-grey head/upperparts, white belly/rump. Mar.

② **Juveniles on nest, adult left.** Dec.

Common in grasslands, farmlands, urban parks, coastal vegetation. Race *leucopygialis*.

White-breasted= 白い胸の。
Woodswallow=モリツバメ。

亜種 *leucopygialis*。嘴は太く短い。尾は短い角尾で下面が黒い。腹と腰が白い。主に止まり木から獲物を見つけて飛んでいくフライキャッチのスタイルで採食する。鼻にかかった声で「ニーニー」と鳴く。モリツバメの仲間はいずれも飛翔時は三角形の特徴的な形で、羽ばたきを交えて滑翔する。

生息環境： うっそうとした林内を除くさまざまな環境に生息。まばらに木の生えた草原などを好む。牧草地や畑、庭や公園、市街心の街路樹などでも普通に見られ、数も多い。

類似種： なし。

① 成鳥　雌雄同色　3月
② 幼鳥（右）に給餌する成鳥（左）　ほかの鳥の古巣を利用して繁殖することも多い　12月
③ 成鳥　特徴的な飛翔形　9月
④ 成鳥　腰が白く目立つ　9月

③ **Adult.** Sep.

④ **Adult.** White rump, square tail. Sep.

カオグロモリツバメ

△ **Black-faced Woodswallow**

Artamus cinereuss   ◆ TL 17-20 cm

①**Adult.** Sexes similar. Race *normani*. White undertail coverts. Forehead yellow with pollen. Jun.

②**Adult.** Race *normani*. Jun.

Uncommon in drier open forests, adjacent grasslands. Mostly race *normani*.

Black-faced=黒い顔の。

主に下尾筒の白い亜種*normani*が分布するが，下尾筒が黒い亜種*melanops*やそれらの交雑個体も見られる。嘴の付け根から眼の周りが黒い。嘴はやや太く，先端は下に曲がる。尾羽下面は先端が白く，付け根は黒い。外側尾羽の外弁と中央尾羽のみ先端まで黒い。モリツバメに似るがやや高い声で鳴く。主に乾季に不規則に飛来し，数羽で見られることが多い。

生息環境：乾燥した環境の木がまばらな草原，牧草地など。シロアリの塚やフェンスなどに止まっていることが多い。

類似種：なし。

①**成鳥** 亜種 *normani*。雌雄同色。額は花粉で黄色になっている　6月
②**成鳥** 亜種 *normani*　6月

ホオグロモリツバメ

Masked Woodswallow   *A. personatus*

Adult male (left), adult female (right). Rare visitor. Nov.
成鳥♂（左）と成鳥♀（右）　内陸部から稀に飛来する　11月

マミジロモリツバメ

White-browed Woodswallow   *A. superciliosus*

Adult male (right), adult female (left). Rare visitor. Nov.
成鳥♀（左）と成鳥♂（右）　内陸部から稀に飛来する　11月

ウスズミモリツバメ

△ **Dusky Woodswallow**
Artamus cyanopteruss ◆ TL 17-18 cm

Uncommon and local in drier open forests. Race *cyanopterus*.

Dusky=黒っぽい。

亜種*cyanopterus*。全身が一様に濃褐色。嘴はやや太く，先端は下に曲がる。初列風切外側2〜4枚の外弁が白く目立つ。尾羽下面は先端が白く，付け根は黒い。外側尾羽の外弁と中央尾羽のみ先端まで黒い。翼下面は明るい灰色。主に飛びながら昆虫を捕る。単独かつがいでいることが多い。声はモリツバメに似るがやや高い。モリツバメの仲間はいずれも他種の鳥の声などを真似することがある。
生息環境： 主に乾燥した地域の疎林，灌木の生えた草原，牧草地など。
類似種： ヒメモリツバメ→○小さい。○全体に赤色味がある。○翼に目立つ白色部はない。

①成鳥　雌雄同色　4月
②成鳥　翼下面は明るい灰色　4月
③樹洞に作られた巣で抱卵する成鳥　10月

①**Adult.** Sexes similar. Blue-grey bill, dusky-brown body, prominent white edge on outer wing. Apr.

②**Adults.** Pale grey underwing. Apr.

③**Nest inside tree hollow.** Oct.

ヒメモリツバメ

Little Woodswallow *A.minor*

Adult. Rare visitor. Small, reddish brown, no white on outer wing. Aug.
成鳥　内陸部から稀に飛来　8月

クロモズガラス

○ Black Butcherbird
Melloria quoyi　◆ TL 42-44 cm

①**Adult.** Sexes similar, male larger. Rich black overall. Black tipped bill. Oct.

②**Immature dark morph.** Dull black overall. Pale bill. Apr.

Common in rainforests, mangroves, adjacent forests, parks. Race *rufesens*. Some taxonomy treat Bucherbirds in family Cracticidae.

Black=黒い。Butcher＝肉屋，獲物を裂く習性などから。

フエガラス科Cracticidaeとする分類もある。亜種*rufesens*。基亜種より小さく，幼鳥や若鳥に赤色型が出るのが特徴。モズガラスの仲間はいずれも体の割にがっしりとした嘴が特徴。体形はどれも似ているが，羽衣と生息環境が異なる。さえずりは朗らかで笛のようだが，ほかのモズガラスよりやや単調。

生息環境：雨林。湿った環境のうっそうとした樹林を好み，隣接した草原などにも。木の茂った公園や庭にも飛来する。

類似種：ミナミガラス→○大きい。○生息環境が異なる。

①**成鳥**　雌雄同色。♂はやや大きい。全身光沢のある黒。嘴基部が灰色　10月
②**若鳥黒色型**　光沢がない。嘴の色が淡く，先端のかぎが未発達　4月
③**若鳥赤色型**　全体に赤褐色。一腹に両方の型が混じることもある　5月
④**巣に座る雛**　11月

③**Immature rufous morph.** Rufous brown overall. Pale bill. Sometimes both morph in same brood. May.

④**Chick on nest.** Nov.

カササギフエガラス

①**Adult male.** Female tend to have greyer nape. Iris red-brown. Apr.

Uncommon in open forest, farmlands. Race *terraereginae*.

Australian=オーストラリアの。Magpie=カササギ，白黒の鳥によく使われる名称。

亜種*terraereginae*。基亜種とほぼ同じ模様だが，やや小柄。国内に8亜種あり，羽衣や人きさが異なる。フルートのような美しい声で鳴くが，繁殖期に巣の近くを通りがかる人間を攻撃することでも知られる。人を恐れず，食べこぼしを狙って近づいてくることもある。

生息環境： 主に乾燥した草原，畑，牧草地，隣接した林など。公園や畑，市街地にも。

類似種： フエガラス→○ほぼ全身黒い。○虹彩は黄色。

②**Immature.** Same pattern as adult, paler, mottled. Iris dark. Bill, legs paler. Feb.

①成鳥♂　成鳥♀は特に後頸の白色部に灰色味がある　4月
②若鳥　成鳥と同じ配色だが薄い　2月
③幼鳥　各羽縁が淡色。褐色の眉斑がある。喉は褐色　4月
④巣と成鳥　10月

③**Juvenile.** Scaly markings on back/belly, iris dark, bill/legs paler. Apr.

④**Adult on nest.** Oct.

ハイイロモズガラス

△ Grey Butcherbird

Cracticus torquatus ◆ TL 28-30 cm

①**Adult male.** Sexes similar. Black head/wing/tail, grey back, white underparts. Sep.

②**Adult female.** Larger white loral patch extend below eye. Apr.

Uncommon and local in southern part of the Tablelands. Open forests, gardens, urban areas. Race *leucopterus*.

Grey=灰色の。

亜種 *leucopterus*。背が灰色のモズガラスだが, 灰色部はほかの亜種より白っぽい。さえずりはノドグロモズガラスに似るが, 早くてやや単調。ほかの鳥の声を真似することもある。樹頂や電柱など目立つところに止まって長い時間鳴き続ける。単独かつがいでいることが多い。

生息環境: 主に乾燥した草原, 畑, 牧草地, それらに隣接した林など。公園や畑, 市街地にも。あまり人を恐れず, 人のそばで食べかすなどを狙うことも多い。

類似種: ノドグロモズガラス→○背が黒い。○喉から胸にかけて黒い。

①**成鳥♂** 雌雄ほぼ同色。頭は黒く, 眼先と喉が白い 9月
②**成鳥♀** 眼先の白色部が大きく眼の下までのびる。背はやや茶色味がある 4月
③**若鳥** 背が茶色がかり, 体下面は灰色 4月
④**成鳥** 嘴先端のかぎが発達している 9月

③**Immature.** Browner mottled head/back, pale grey mottled underparts. Apr.

④**Adult.** W ell developed hook on bill. Sep.

ノドグロモズガラス

○ **Pied Butcherbird**
Cracticus nigrogularis ◆ TL 28-32 cm

①**Adult male.** Black head, back, tail. Black 'bib'. Dec.

②**Adult female.** 'Bib', nape greyer. Apr.

Common in open forests, farmlands, parks. Race *nigrogularis*.

Pied＝白黒の。

亜種 *nigrogularis*。モズガラスの中で最も広範によく見る種類。頭〜胸が一様に黒く，胸の前掛け状の模様が目立つ。さえずりはゆっくりと朗らかな笛のような声で，モズガラスの中では最も複雑。ほかの鳥の鳴き声を真似することもある。

生息環境： 乾燥した疎林や隣接した草原，畑，牧場など。適当な木の生えていない開けた草原などは好まない。公園や畑，市街地にも。人を恐れず，人のそばで食べかすなどを狙うことも多い。

類似種： ハイイロモズガラス→⃝喉〜胸が白い。⃝背は灰色。

①成鳥♂　12月
②成鳥♀　成鳥♂に似るが喉や頭の黒色部が淡く，境界が不明瞭　4月
③若鳥　頭と胸の黒色部が褐色。嘴の色が淡い　5月
④成鳥♀　♂も同様の配色　3月

③**Immature.** Brown head, 'bib'. May.

④**Adult female.** Mar.

フエガラス

Moderately common in southern part of the Tablelands. Rainforests, open forests, parks. Race *robinsoni*.

Pied= 白黒の。Currawong は クイーンズランド南東部のアボリジニ語で鳴き声に由来するとされる。

亜種 *robinsoni*。ほかの亜種より小さく、尾や嘴が短い、白色部はより大きく目立つ。虹彩は金色。頭頂部～嘴の先端が直線的な形をしているのが特徴。大きな響く声で「カロン、カロン、カロン」と鳴く。

生息環境: さまざまなタイプの樹林、公園、市街地など。やや乾燥した環境のユーカリ林などを好むが、雨林の中で見ることもある。

類似種: カササギフエガラス→○白い部分が多い。○虹彩は茶色。

① **成鳥** 雌雄同色　5 月
② **成鳥**　5 月
③ **幼鳥**　全体に色が淡い。口角が黄色　11 月
④ **成鳥**　翼の白斑と上下尾端の白が目立つ　11 月

① **Adult.** Sexes similar. Large straight bill, iris gold, white wing patch/rump/vent. May.

② **Adult.** May.

③ **Juvenile.** Washed brown, iris dark, yellow gape. Nov.

④ **Adult.** Distinctive black and white patterns. Nov.

オーストラリアオニサンショウクイ

○ **Black-faced Cuckooshrike**
Coracina novaehollandiae ◆ TL 32-35 cm

Common in rainforests, forests, urban parks. Resident and migrant. Race *melanops*.

Black-faced＝黒い顔の。
Cuckooshrike＝オニサンショウクイ。

亜種*melanops*。あまり羽ばたかずに滑空し，止まったときに翼をたたみ直す動作をする。鼻にかかった感じの声で「キュルル，キュルル」と鳴く。数羽でいることが多い。南部から移動してくる個体群もおり，乾季に数が多い。

生息環境：さまざまなタイプの樹林，疎林，公園など。パプアオオサンショウクイよりも乾燥した環境で見ることが多い。

類似種：パプアオオサンショウクイ→○ひと回り小さい。○嘴の付け根から眼までが黒い。○喉と胸は白い。

①成鳥　雌雄同色。嘴は太い。全身灰色で顔〜胸が黒い　4月
②成鳥　乾燥した地域では顔だけ黒い個体が見られる　10月
③若鳥　顔だけ黒い。喉〜胸には細かいしまがある　4月
④成鳥　4月

①**Adult.** Sexes similar. Stout bill, black face/breast, grey above. Apr.

②**Adult.** Pale breast individual in arid area. Oct.

③**Immature.** Black mask, finely barred underparts. Apr.

④**Adult.** Apr.

ヨコジマカッコウサンショウクイ

◇ Barred Cuckooshrike
Coracina lineata ◆ TL 24-26 cm

①**Adult.** Sexes similar. Iris pale yellow, grey body, strongly barred breast/belly/ under tail coverts. Oct.

Uncommon in rainforests, adjacent forests. Race *lineata*.

Barred＝横しまの。

亜種*lineata*。暗灰色の体に白い虹彩が目立つ。眼先は黒い。腹〜下尾筒に細かい横斑がある。イチジクを好んで食べ，ほかの果実食の鳥と一緒にいることも多い。枝から枝，木から木へと頻繁に移動する。樹頂に止まり，よく通る笛のような声で鳴く。採食している間は群れで「ギュイギュイ」とうるさく鳴き交わす。

生息環境： 主に雨林，川沿いの樹林。イチジクのある公園。街路樹など。

類似種： セミサンショウクイ→○虹彩が黒い。○腹も一様に黒い。幼鳥はパプアオオサンショウクイに似るが→○顔に模様がない。

②**Adult.** Black stripe between bill and eye. Jun.

①成鳥　雌雄同色　10月
②成鳥　6月
③若鳥　7月
④巣に座る成鳥　12月

③**Immature.** Iris grey. Paler overall with finely barred underparts. Jul.

④**Adult on nest.** Dec.

パプアオオサンショウクイ

◎ **White-bellied Cuckooshrike**

Coracina papuensis ◆ TL 26-28 cm

①**Adult.** Sexes similar. Iris black, strong black line between bill and eye, grey upperparts, white underparts. Oct.

②**Immature.** Faintly barred breast, paler lores. Jul.

③**Immature.** Post juvenile moult. Retain brown juvenile wing coverts, mottled breast. Oct.

④**Adult.** Jun.

Common in forest, urban parks, gardens. Resident and migrant. Race *oriomo*.

White-bellied＝白い腹の。

亜種*oriomo*。全身灰色で眼のところだけ黒い。市街地でもよく見る種で、街路樹に巣をかけていることも多い。あまり羽ばたかずに滑空し、止まったときに翼をたたみ直す動作をする。鳴き声はムクドリのような雰囲気で「キュルキュル」と鳴いたり、「ウィユ!」と鳴く。

生息環境： さまざまなタイプの樹林、疎林、公園など。

類似種： オーストラリアオニサンショウクイ→○ひと回り大きい。○成鳥では顔〜喉、胸が黒い。○幼鳥は黒色部が眼の後ろまで伸びる。

①成鳥　雌雄同色。白いアイリングがある　10月
②若鳥　眼先の模様が薄い。胸に細かい横斑がある　7月
③若鳥　幼羽から換羽中。雨覆に褐色の幼羽が残る　10月
④成鳥　6月

セミサンショウクイ

◇ **Common Cicadabird**
Coracina tenuirostris ◆ TL 24-26 cm

①**Adult male.** Dark grey body, darker face, black wing. Apr.

②**Adult female.** Grey head, brown body, scaly marked breast/flank, buff belly. Oct.

③**Immature male moult to adult.** Immature similar to adult female. Feb.

④**Adult male.** Dec.

Moderately common in rainforests, forests, mangroves. Race *tenuirostris*, race *melvillensis*. Sometimes in genus Edolisoma.

Common＝普通。Cicada＝セミ, 鳴き声から。

*Edolisoma*属とする分類もある。亜種*tenuirostris*と亜種*melvillensis*が分布。ニューギニアなどから渡ってくる個体群もおり雨季に多い。全体に濃い灰色で, 顔と風切, 尾羽は黒い。林冠にいることが多く, 逆光下ではほぼ真っ黒に見える。単独かつがいでいることが多い。やや濁った高い声で「ヒーウ, ヒーウ」と鳴くほか, 「ビビビビビ」とセミのような声で鳴く。

生息環境: 雨林, ユーカリ林。大きな木のある公園などでも見られる。

類似種: オーストラリアオニサンショウクイ→○腹から下尾筒は白い。

①**成鳥♂** 4 月
②**成鳥♀** 体に淡褐色。頭は灰色。下面には細かい横斑がある。上面は褐色 10 月
③**若鳥♂** ♀に似るがまだらに成鳥羽が生える 2 月
④**成鳥♂** 12 月

ミイロサンショウクイ

△ **White-winged Triller**
Lalage tricolor ◆ TL 15-18 cm

①**Adult male breeding.** Black upperparts, large white wing patch, white underparts. Non-breeding similar to adult female, wing and tail retain black with white fringe. Nov.

②**Adult female.** Brown head/back, wing and tail dark brown with buff fringe. Immature similar to adult female, browner. Jun.

③**Juvenile.** Similar to adult female. Scalloped upperparts, streaked belly. Apr.

④**Adult male breeding.** Oct.

Uncommon in open forest. Mostly winter visitor.

White-winged＝白い翼の。Triller は鳴き声からで「震える声で鳴くもの」の意。

雄繁殖羽の上面の黒には鈍い光沢がある。翼下面は風切部分が黒く、ほかは白いため飛翔時に目立つ。尾羽は黒い。高い声で「チョチョチョチョチョ」と早くくり返して鳴く。南部の個体は雨季に北部に移動するものがおり、さらに季節によって不規則に移動する。

生息環境：乾燥した環境の疎林。まばらに裸地の混じる草原。うっそうとした林内などでは見られない。

類似種：マミジロナキサンショウクイ。○眉斑が明瞭。○下尾筒がオレンジ色。

①**成鳥♂繁殖羽**　非繁殖羽では成鳥♀に似るが、翼や尾は黒く羽縁が白い　11月
②**成鳥♀**　上面は褐色。不明瞭な過眼線がある。翼や尾は濃茶で羽縁は淡褐色。腰はやや灰色味がある。若鳥は成鳥♀に似るが腰が茶色く、全体に褐色味が強い　6月
③**幼鳥**　成鳥♀に似るが、上面にはうろこ模様、下面は縦斑がある　4月
④**成鳥♂繁殖羽**　10月

マミジロナキサンショウクイ

○ **Varied Triller**

Lalage leucomela ◆ TL 17-19 cm

①**Adult male.** Black upperparts, white eyebrow/underparts, faint barred breast, cinnamon vent. May.

②**Adult female.** Browner back, finely barred underparts, pale cinnamon vent. Oct.

③**Juvenile.** Similar to adult female. Scalloped upperparts, throat to vent pale cinnamon. Oct.

④**Adult male.** Oct.

Common in rainforests, open forests, urban parks, gardens. Race *yorki*.

Varied=変化に富んだ。

亜種 *yorki*。本亜種の雄は胸にしまがない。羽衣は通年変わらない。雌雄とも下尾筒がオレンジ色。震える感じの声で「ビーユ, ビーユ」と盛んに鳴く。林冠から中層で活発。つがいでいることが多い。

生息環境：雨林をはじめ, さまざまな樹林, マングローブ林, 疎林, 河川沿いの樹林など。うっそうとした林内にも生息。庭や公園, 街路樹など市街地でも普通に見られる。

類似種：ミイロサンショウクイ→○眉斑がない。○下尾筒が白い。○翼の白斑が大きい。○雌雄とも下尾筒は白い。

①**成鳥♂**　上面は黒く, 眉斑と雨覆や風切羽の羽縁が白い。下尾筒はオレンジ色　5月
②**成鳥♀**　♂と配色は同じだが黒色部が淡い。下面には細かい横斑があり, 腹～下尾筒は薄いオレンジ色　10月
③**幼鳥**　成鳥♀に似るが上面はうろこ模様, 下面はオレンジ色の範囲が広い　10月
④**成鳥♂**　10月

オーストラリアゴジュウカラ

△ Varied Sittella
Daphoenositta chrysoptera ◆ TL 10-12 cm

Uncommon, erratic in open forest. Race *striata*.

Varied＝変化に富んだ。Sittella はゴジュウカラ科の英名。

主に亜種*striata*。ほかの亜種と比べて下面の縦斑が目立つ。色彩の異なる多くの亜種が存在する。木の幹や太い枝をちょこちょこと走り回る小さな鳥。日本のエナガを強くしたような声で，うるさく鳴きながらどんどん移動していく。鳴き声で気づくことが多い。数羽の群れで主に樹冠部で活発。行動は日本のゴジュウカラに似る。

生息環境： さまざまな樹林, 疎林, 公園など。主にやや乾燥した環境の背の高い樹林。

類似種： なし。

①**成鳥♂** 黄色のアイリングがある。虹彩と嘴，足は黄色。頭は黒い。背と下面に太く明瞭な縦斑がある 10月
②**成鳥♀** ♂に似るが頭頂のみ黒い。縦斑は♂より細い 1月
③**幼鳥** 嘴は黒く，虹彩は暗色。頭は黒くない。頭から背は細い縦斑がある。体下面は白い 11月
④**成鳥♂** 白い翼帯が目立つ 10月

①**Adult male.** Black head, yellow bill/iris/eyering/legs, streaked body, short tail. Oct.

②**Adult female.** Black crown, yellow bill/iris/eyering/legs, streaked body. Jan.

③**Juvenile.** Black bill, streaked body. Nov.

④**Adult male.** White wing bars/rump. Oct.

ハシブトモズヒタキ

◇ **Crested Shriketit**

Falcunculus frontatus ◆ TL 16-19 cm

①**Adult male.** Black throat/bill/eye-stripe, stout bill, olive back, yellow belly. Oct.

②**Adult male.** Oct.

Uncommon and local in open forest. Race *frontatus* in FNQ, sometimes treated as a separate species Eastern Shriketit in own family Falcunculidae.

Crested＝冠羽のある。Shrike＝モズ。Tit＝カラ類。

亜種*frontatus*。オーストラリアには3亜種いて，それぞれ別種として独立した科とする分類もある。太い嘴で樹皮をはがして採食する。声質は日本のゴジュウカラに似て「フィーフフィー」といった調子で鳴く。単独かつがいでいることが多い。
生息環境：乾燥した疎林。川沿いの樹林など。
類似種：キバラモズヒタキ→○頭が黒い。○喉は白い。○生息環境が異なる。

①**成鳥♂**　頭は黒く，眼先と眉斑，頬が白い。上面はオリーブ色。体下面は黄色　10月
②**成鳥♂**　10月
③**成鳥♀**　♂に似るが，顔の黒色部が薄く，特に喉の色が薄い　9月
④**成鳥♂**　翼に目立つ模様はない　9月

③**Adult female.** Similar to male. Olive-green throat. Sep.

④**Adult male.** Sep.

チャイロモズヒタキ

①**Adult.** Sexes similar. Faint eyebrow, grey head, paler throat, olive back, pale yellow belly. Dec.

②**Immature.** Browner. Yellow washed underparts. Rufous edged wing feathers. Sep.

Common in rainforests, forests. Race *peninsulae*, sometimes treated as a subspecies of Brown Whistler *P. griseiceps*.

Grey＝灰色の。Whistle＝口笛、鳴き声から。

亜種*peninsulae*。基亜種と比べ、喉に細かい縦斑があり、上面はよりオリーブ色。チャイロモズヒタキを2種に分け、Brown Whistler（*P. griseiceps*）の亜種とする分類もある。主に樹林の中層で活発。単独でいることが多い。ゆっくりとした調子で「ホッ、ヒーホー、ホイホイ」という調子で鳴く。

生息環境: 雨林、林縁部や隣接した林。

類似種: キバラモズヒタキ雌→○眉斑がない。○下尾筒のみ黄色。レモンオリーブヒタキ→○嘴が細い。○上面も黄色味がある。

① **成鳥** 雌雄同色。頭は灰色で不明瞭な眉斑がある。背は褐色、体下面は黄色っぽく、喉は白い。個体差が大きい。静止時に翼角の辺りが白っぽく目立つ　12月
② **若鳥** 全体に茶色味がある。体下面はより黄色。風切の羽縁が赤褐色　9月
③ **幼鳥** 全体に茶色味があり模様が不明瞭。嘴基部が淡色　3月
④ **成鳥** 10月

③**Juvenile.** Brown overall, obscure markings, rufous edged wing coverts/feathers. Mar.

④**Adult.** Oct.

キバラモズヒタキ

○ Australian Golden Whistler

Pachycephala pectoralis　◆ TL 16-19 cm

Common in rainforests, adjacent parks, gardens. Race *pectoralis*.

Australian＝オーストラリアの。Golden＝金色の。

亜種*pectoralis*。雄は頭が黒く，喉が白い。胸に黒帯がある。後頭〜体下面は鮮やかな黄色。林冠から中層で採食し，地表近くまで降りてくることもある。よく通る大きな声で「ヒッヒヒ，ヒーチョーホイ」と鳴く。単独でいることが多い。

生息環境：雨林，隣接した樹林。うっそうとした環境。

類似種：チャイロモズヒタキ→○眉斑がある。○翼角の辺りが白く見える。

①**Adult male.** Black head, white throat, golden nape/belly. Oct.

②**Adult female.** Dusky grey overall, pale yellow vent. 2nd year immature male similar to adult female, often retain juvenile feathers. Oct.

①成鳥♂　10月
②成鳥♀　全体に褐色だが，下尾筒の付近だけ黄色味がある。2年目の若鳥♂は成鳥♀に似るが，雨覆などに褐色の幼羽が残ることが多い　10月
③若鳥　♀に似るが，嘴は淡色。雨覆や風切羽の羽縁が茶色　2月
④成鳥♂　11月

③**Immature.** Similar to female. Bill pink base, rufous edges on wing/tail. Feb.

④**Adult male singing.** Nov.

アカハラモズヒタキ

○ **Rufous Whistler**
Pachycephala rufiventris ◆ TL 16-18 cm

Common in dry open forests, parks, gardens. Race *rufiventris*, race *pallida*.

Rufous＝赤褐色の。

亜種 *rufiventris* と内陸部に亜種 *pallida* が分布。名前の通り腹が赤っぽいが, 亜種 *pallida* は全体の模様が薄い。雄は喉が白く, それを囲むように黒い帯がある。雌雄とも虹彩は赤く, 嘴は黒い。頭から上面は灰色。「イー, チョン」「フィフィフィフィ」などと鳴く。樹冠から中層で活発。地面に降りて採食することもある。特に雌は地表近くにいることが多い。

生息環境： やや乾燥した環境の樹林, 疎林。幅広い環境で普通に見られる。マングローブ林にいることもある。季節によって移動する個体もいるがよくわかっていない。

類似種： ハイイロモズツグミ→○大きい。○嘴が長い。○下面に赤色味はない。

①**成鳥♂** 亜種 *pallida* 12月
②**成鳥♀** 顔と胸の黒帯はない。喉〜腹に細かい縦斑がある 8月
③**幼鳥** ♀に似るが嘴が淡色。下面の縦斑は太く明瞭 8月
④**若鳥♂** 全体に模様が不明瞭 9月

①**Adult male.** Race *pallida*. Dec.

②**Adult female.** Iris reddish brown. Aug.

③**Juvenile.** Similar to female stronger streak on breast, pale bill. Aug.

④**Immature male.** Paler. Streaked breast. Sep.

ムナフモズツグミ

◇ Bower's Shrikethrush
Colluricincla boweri ◆ TL 16-18 cm

Uncommon and local in upland rainforests. Endemic to FNQ.

Bower は人名。Shrike＝モズ。Thrush＝ツグミ。

北部クイーンズランド固有種。嘴は黒くがっしりしている。虹彩は赤茶色。顔〜背が灰色。体下面は顎〜胸に細い縦斑がある。「チッ，チョー，ホイホイ」「キョキョキョキョ，ホイ」などと鳴く。林冠から中層で活発。単独でいることが多い。地表に降りることはあまりない。チャイロモズツグミと同じ場所にいることもある。

生息環境： 標高の高い雨林。うっそうとした林内に生息。

類似種： チャイロモズツグミ→○嘴が黒くない。○顔は淡色。○体下面の縦斑は薄い。○上面は褐色。

①**Adult male.** Grey above, rufous belly, faint streaked breast. Jul.

②**Adult female.** Similar to male. Paler. Face/lores/eyebrow/eyering rufous, streaked breast. Nov.

①**成鳥♂** 下面の縦斑は薄い　7月
②**成鳥♀** ♂に似るが顔が淡色。縦斑がより明瞭　11月
③**幼鳥** ♀に似るが顔〜喉により赤色味がある。背は褐色。嘴が淡色　12月
④**巣に座る成鳥♀**　11月

③**Juvenile.** Similar to adult female, paler bill, streaked rufous throat/breast, browner back. Dec.

④**Adult female on nest.** Nov.

チャイロモズツグミ

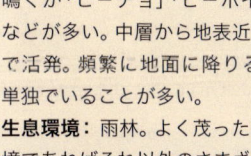

Common in rainforests, open forests, parks, gardens. Mostly race *rufogaster*.

Little=小さい。

主に亜種 *rufogaster*。ほかの亜種より体下面の赤色味が強い。嘴は淡色でがっしりとしている。虹彩は茶褐色。顔は淡色で頭～背が灰色。胸に不明瞭な細い縦斑がある。さまざまな鳴き声で鳴くが「ヒーチョ」「ヒーホイ」などが多い。中層から地表近くで活発。頻繁に地面に降りる。単独でいることが多い。

生息環境：雨林。よく茂った環境であればそれ以外のさまざまな樹林にも。雨林の中で最もよく見る種類の1つ。

類似種：ムナフモズツグミ→○嘴が黒い。○上面が暗灰色。○喉～胸の縦斑がより明瞭。

①**Adult,** Sexes similar. Pale bill, rufous underparts, olive-grey back, brown wing. May.

②**Adult.** May.

①成鳥　雌雄同色　5月
②成鳥　5月
③若鳥　成鳥に似るが，翼がより赤褐色で背とのコントラストが強い。不明瞭な赤褐色の眉斑や耳羽があることが多い　4月
④幼鳥　上面は赤褐色。嘴の色が薄い　9月

③**Immature.** Similar to adult. Retain reddish brown juvenile wing feathers. Often with rufous markings on face. Apr.

④**Juvenile.** Rufous brown upperparts. Pale bill. Sep.

267

ハイイロモズツグミ

◇ Grey Shrikethrush

Colluricincla harmonica ◆ IL 22-25 cm

①**Adult male.** Black bill, white lore. Grey upperparts, paler underparts. Sep.

②**Adult female.** Grey bill. grey lore. Faint streaks on throat/chest. Sep.

③**Immature.** Pale bill. Streaked throat/chest/belly. Brown washed underparts. Dec.

④**Adult female.** No obvious markings on wings. Dec.

Moderately common in forests, parks, gardens. Race *harmonica* and *superciliosa*. Population in the Atherton tablelands generally has less brown back.

Grey=灰色の。

亜種*harmonica*と亜種*superciliosa*。アサートン高原の個体群は一般に背の褐色味が薄い。全体に灰色で，嘴ががっしりして見える。虹彩は茶色。オーストラリア全土に分布し，一般になじみの深い鳥だが，ケアンズ近辺では個体数は多くない。さまざまな鳴き声で鳴くが「ホホホーヒヨホイ」などと鳴くことが多い。単独かつがいでいることが多く，樹林の中層から地表近くで活発。地上で採食することも多い。

生息環境: さまざまなタイプの樹林，畑，公園や庭などにも。乾燥した環境を好み，うっそうとした林では見られない。

類似種: アカハラモズヒタキ雌→○小さい。○嘴が短い。○下面は赤色味がある。

①**成鳥♂** 嘴が黒い。全体に平坦な灰色。眼先と下面は白い 9月
②**成鳥♀** 嘴は灰色。眼先は灰色で不明瞭な白いアイリングがある。喉～胸に細い縦斑がある 9月
③**若鳥** 嘴は灰色。喉～腹に細かい縦斑がある。上面は褐色味が強い 12月
④**成鳥♀** 翼に目立つ模様はない 12月

メガネコウライウグイス

Sphecotheres vieilloti ◆ TL 27-29 cm

①**Adult male.** Black head, red skin around eye, bright yellow underparts, olive-green back, black tail. Jul.

Common in various habitat. Rainforests, open forests, mangroves, aparks, gardens. Race *flaviventris*.

Australasian＝オーストラリア区の。Fig＝イチジク。

亜種*flaviventris*。休下面が鮮やかな黄色。南部には体下面が灰色の亜種*vieilloti*が分布し，交雑個体も広く見られる。雄は顔の裸部が赤く目立ち，繁殖期にはより赤くなる。数羽～数十羽程度の群れで行動し，口笛のようなよく通る声で鳴きながら，木から木へと果実を求めて移動する。

生息環境： 食物となる果実のある場所であれば，極端に乾燥した環境を除いてどこでも見られる。公園や庭などにも飛来する。

類似種： 雌はシロハラコウライウグイスに似るが，→○嘴が赤い。○上面は緑がかる。

①成鳥♂ 頭が黒く眼の周りが赤い。喉～腹が鮮やかな黄色 7月
②成鳥♀ 全体に緑褐色。眼の周りは青い。喉から腹は白く，太い縦斑がある 10月
③若鳥♂ 全体の色が淡い。胸に縦斑がある。幼鳥は成鳥♀に似るが，下面の縦斑が粗く，顔なども淡色 6月
④成鳥♂ 翼に目立つ模様はない。尾羽の外側は白い 7月

②**Adult female.** Black bill, blue-grey eye-ring, olive above, streaked underparts. Oct.

③**Immature male.** Juvenile similar to adult female, pinkish bill. Jun.

④**Adult male.** No obvious markings on wing. White outer tail. Jul.

シロハラコウライウグイス

◇ **Olive-backed Oriole**

Oriolus sagittatus　◆ TL 25-28 cm

①**Adult male.** Iris red, pink bill, plain olive green back, streaked breast/belly. Oct.

②**Adult female.** Similar to male. Duller, greyer green, streaked back, bill paler. Oct.

Fairly common in open forest. Prefers drier habitat than Green Oriole. Race *grisescens*.

Olive-backed＝オリーブ色の背中の。Oriole＝コウライウグイス，ラテン語の「金色」から。

亜種*grisescens*。ほかの亜種よりやや小さく，灰色味が強い。全体に黄緑色。下面は太い縦斑がある。単独でいることが多い。「キョキョヒュー」といった調子で鳴く。

生息環境：やや乾燥した環境の樹林，公園など。キミドリコウライウグイスよりも乾燥した環境で見られる。

類似種：メガネコウライウグイス雌→○嘴が太い。○背は褐色味が強い。キミドリコウライウグイス→○体下面が緑色。○生息環境が異なる。

①**成鳥♂**　虹彩が赤く，嘴はピンク色。上面はのっぺりとした緑色。下面は縦斑がある　10月
②**成鳥♀**　成鳥♂に似るが，上面は色が薄く，細かい縦斑がある　10月
③**若鳥**　雨覆などの羽縁が褐色。嘴が黒い。上面も褐色味が強い。不明瞭な眉斑がある　7月
④**幼鳥**　虹彩と嘴が黒い。雨覆など褐色。白い眉斑がある　10月

③**Immature.** Darker bill/iris, paler above, brown fringed wing coverts. Jul.

④**Juvenile.** Black bill/iris, white eyebrow, brown fringed wing coverts. Oct.

キミドリコウライウグイス

○ Green Oriole

Oriolus flavocinctus ◆ TL 25-30cm

Common in coastal rainforest and adjacent forests, parks, gardens. Race *flavotinctus* and race *kingi*.

Green＝緑色の。

亜種 *flavotinctus* と亜種 *kingi* が分布。いずれも基亜種より大きく、体色が明るい。全体に黄緑色。虹彩は赤く、嘴はピンク色。林冠から中層で活発。よく響く大きな声で「キョン、キョキョン」と盛んに鳴く。声を聞くことは多いが、姿を見るのは難しい。単独かつがいで見ることが多い。コウライウグイスの仲間はいずれも主に果実食だが、昆虫やほかの鳥の雛などを捕ることとも知られている。

生息環境: 雨林、川沿いのうっそうとした樹林や公園など。木の茂った河川沿いに内陸部にも生息する。

類似種: シロハラコウライウグイス→○体下面が白い。

①成鳥♂　雨覆の羽縁と尾端が白い　9月
②成鳥♀　♂に似るが胸～腹に不規則な縦斑がある　7月
③若鳥　不明瞭な眉斑がある。全体に褐色味がある　11月
④成鳥♂　翼に白い翼帯がある。尾端が白い　9月

①**Adult male.** Pink bill, iris red, rich yellow-olive body, pale fringed wing. Sep.

②**Adult female.** Similar to male. Uneven streaky breast. Jul.

③**Immature** Paler, greyer. Dull pink bill, dark iris. Nov.

④**Adult male.** Sep.

271

テリオウチュウ

①**Adult.** Sexes similar. Iris red, strong bill, glossy black body, metallic blue speckles on head/breast, long notched tail. Aug.

Common in various habitat. Rainforests, open forests, mangroves, urban parks. Race *atrabectus*.

Spangled ＝ 輝く。Drongo は マダガスカル島の言語由来。

亜種 *atrabectus*。ほかの亜種より小さい。先の開いた尾羽が特徴。全体に光沢が強い。「シャー，シャー」という金属的な声のほか，他種の鳥の真似も含めてさまざまな声で鳴く。ハイタカ属のような「ケッ，ケッ」という甲高い声を出すことも多い。

生息環境： うっそうとした雨林から乾燥した疎林まで幅広い環境に生息。庭や公園などでも見られる。

類似種： オナガテリカラスモドキ→○小さい。○尾がとがる。オーストラリアオニカッコウ→○光沢が弱い。○尾は円尾。

②**Adult female (left), male (right).** Male larger. Erects small crest for display. Apr.

①**成鳥**　雌雄同色。虹彩は赤い。光線によっては喉，胸，肩が青く見える　8月
②**成鳥♀（左）と成鳥♂（右）**　♂はやや大きい。雌雄とも頭の両側に短い冠羽がある　4月
③**幼鳥**　虹彩は黒い。特に体羽の光沢がない　1月
④**成鳥**　6月

③**Juvenile.** Iris dark, tail short, dull black overall. Jan.

④**Adult.** Jun.

ヨコフリオウギビタキ

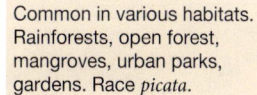

①**Adult.** Sexes similar. White eyebrow, black upperparts, white underparts, long tail. Sep.

②**Immature.** Some juvenile feathers on wing, back. Dec.

Common in various habitats. Rainforests, open forest, mangroves, urban parks, gardens. Race *picata*.

Willieは人名。Wag＝振る。tail＝尾。

亜種*picata*。ほかの亜種よりやや小さい。長い尾を上げて左右に振る。人なつっこい感じで人の周りをちょろちょろし，食べかすを食べるのをよく見る。繁殖期には巣に近づくものにモビングし，ほかの鳥に限らず，散歩中の犬や人間にも攻撃する。日中は「ギチギチギチギチ」という感じで鳴くことが多いが，深夜や早朝の静かな時間には美しくさえずる。

生息環境：幅広い環境に生息。あまりうっそうとした環境は好まず，やや開けた環境に生息。庭や公園，市街地でも普通に見られる。

類似種：なし。

①**成鳥**　雌雄同色。眉斑がほとんど見えない個体もいる　9月
②**若鳥**　ほぼ成鳥羽だが雨覆や体羽に幼羽が残る。眉斑は長い　12月
③**幼鳥**　雨覆などの羽縁が淡色。眉斑が長い。尾は短い　12月
④**成鳥**　翼に目立つ模様はない　8月

③**Juvenile.** Browner. Longer eyebrow, buff fringed wing coverts, short tail. Dec.

④**Adult.** Aug.

ムナフオウギビタキ

◇ Northern Fantail

Rhipidura rufiventris ◆ TL 16-18.5cm

Uncommon in open forests, riverside vegetatlon. Race *Isura*.

Northern=北の。Fan=扇。tail=尾。

亜種*isura*。ほかの亜種に比べて全体に色が淡い。左右に尾を振る動作はほかのオウギビタキよりも少ない。枝に止まりフライキャッチをくり返す。地面に降りることは滅多にない。林冠から中層で活発。「ヂョッ、ヂョッ」と鳴くほか、ヨコフリオウギビタキに似た感じでさえずる。

生息環境：やや乾燥した環境の樹林，川沿いの樹林，公園など。マングローブ林などで見ることもある。

類似種：ハイイロオウギビタキ→○小さい。○頻繁に尾を広げ，忙しく動く。ヨコフリオウギビタキ→○上面などは明瞭に黒い。

①**成鳥** 雌雄同色。全体に灰色で喉が白い。細い眉斑がある。胸には白い斑が入る。腹は汚白色。風切の羽縁が白い　9月
②**若鳥** 雨覆や上面が褐色　7月
③**幼鳥** 胸に白斑がない。上面は褐色　6月
④**成鳥** 10月

①**Adult.** Sexes similar. Sooty-grey head/upperparts, short white eyebrow, grey breast with white freckles, white fringed wing feathers. Sep.

②**Immature.** Browner. Buff fringed wing coverts. Jul.

③**Juvenile.** No white freckle on breast, buff fringed wing coverts. Jun.

④**Adult.** Oct.

ハイイロオウギビタキ

Rhipidura albiscapa ◆ TL 15-17cm

①**Adult.** Sexes similar. Small bill. Race *keasti* in highland rainforest. Sooty black above, short white eyebrow, small ear patch. Nov.

②**Adult.** Race *alisteri* in lowland area. Pale grey above. Apr.

Common in rainforests, open forests, riverside vegetation. Race *keasti*, race *alisteri*.

Grey=灰色の。

標高の高い地域に暗色の亜種 *keasti* が，低地に淡色の亜種 *alisteri* が分布。嘴が短い。ほとんどじっとせずに飛び回り，枝などに止まっているときは尾羽を広げ，体ごと左右に振る。さまざまなタイプの樹林に生息し，樹林の中層から地表近くで活発。ハシナガヤブムシクイなどの群れについていることが多い。

生息環境：さまざまなタイプの樹林。亜種 *alisteri* では乾季に南に移動する個体もいる。

類似種：ムナフオウギビタキ→○大きい。○嘴が長い。○あまり小刻みに動かない。

①**成鳥** 亜種 *keasti*。雌雄同色。上面がはっきりと黒く，胸の黒帯が太い 11月
②**成鳥** 亜種 *alisteri*。上面は灰色 4月
③**成鳥** 亜種 *alisteri*。頻繁に尾を広げる 4月
④**成鳥** 亜種 *alisteri* 8月

③**Adult.** Race *alisteri*. Apr.

④**Adult.** Faint wing bars. Race *alisteri*. Aug.

オウギビタキ

①**Adult.** Sexes similar. Rufous frons/rump, reddish brown above, black scalloped breast. May.

②**Adult.** Pale grey tail tip. Jun.

Moderately common in rainforests, forests, occasionally in mangroves. Race *rufifrons*, race *intermedia*.

Rufous=赤褐色の。

クイーンズランドに分布する亜種 *intermedia* は非繁殖期に低地に移動する。オーストラリア南部に分布する亜種 *rufifrons* は非繁殖期には北部クイーンズランド，ニューギニアまで渡ることが知られている。ほとんどじっとすることなく，幹にまとわりつくように飛び回る。止まっているときは尾を広げ，体ごと左右に振る。林冠から中層で活発。昆虫などを追って地表近くに降りてくることもある。

生息環境：雨林，隣接した林。うっそうと茂った環境を好む。渡りの時期にはマングローブ林や庭や公園などで見られることもある。

類似種：なし。

①**成鳥**　雌雄同色。細いアイリングがある。額と背，腰がオレンジ色。喉は白い。胸は黒く不明瞭な縦斑がある　5月
②**成鳥**　尾羽は尾端が明るい灰色で，頻繁に広げる　6月
③**成鳥**　8月
④**成鳥**　8月

③**Adult.** Aug.

④**Adult.** Roosting. Aug.

メンガタカササギビタキ

○ Spectacled Monarch

Symposiachrus trivirgatus ◆ TL 14-16 cm

Common in rainforests, adjacent forests, parks, gardens. Mostly race *melanorrhous*.

Spectacled＝眼鏡模様の。
Monarch＝カササギビタキ。

亜種*melanorrhous*。額～顔，喉が黒く，胸はオレンジ色。上面は青灰色。樹林の中～下層で活発。単独かつがいで見ることが多いが，ヤブムシクイやセンニョムシクイなどと混群をつくることもある。「ジャ，ジャ」という警戒音のほか「ビュイー，ビュイー」とくり返し鳴く。

生息環境：雨林や隣接した林。うっそうと茂った環境を好む。適した環境であれば庭や公園などでも見られ，数は多い。

類似種：カオグロカササギビタキ→○額～顎が黒く，眼の周りは黒くない。○胸は灰色。○尾端は白くない。

① 成鳥　雌雄同色。額～眼，喉が黒い。喉と胸はオレンジ色。上面は青灰色。外側尾羽の尾端が白い　6月
② 幼鳥　顔の模様が小さく薄い　5月
③ 巣に座る成鳥　11月
④ 成鳥　5月

① **Adult.** Sexes similar. Black face, orange cheek/breast, blue-grey back, large white tail patch. Jun.

② **Juvenile.** Duller. Smaller, paler facial mask. May.

③ **Adult on nest.** Nov.

④ **Adult.** May.

カオグロカササギビタキ

○ Black-faced Monarch
Monarcha melanopsis　◆ TL 16-19 cm

Fairly common summer visitor.
Rainforests, adjacent forests.

Black-faced＝黒い顔の。

眼の周りは黒く，眼が大きく見える。林冠から中層で活発。単独でいることが多い。「ジ，ジ」という警戒音のほか，「ホイヒヨ，ホイヒヨ」とくり返し鳴く。繁殖期の始めには頻繁に鳴く。

生息環境： ニューギニアから繁殖のために渡ってくる。雨林。河川沿いのうっそうとした樹林。渡りの時期にはさまざまな環境で見られる。

類似種： メンガタカササギビタキ→○眼の周りも黒い。○胸がオレンジ色。○尾端が白い。ハグロカササギビタキ→○翼が黒い。○体色は白っぽい。

①**Adult.** Sexes similar. Black lore/throat, black eyering, grey back, orange belly, no white tail tip. Dec.

②**Adult.** Can look very pale in light condition. Nov.

③**Adult.** Uniformly dark grey wing. Oct.

①**成鳥**　雌雄同色。黒いアイリングがあり，眼が大きく見える。額〜喉が黒い。上面〜胸は灰色。腹はオレンジ色　12月
②**成鳥**　光線によって灰色部は白っぽく見えることもある　11月
③**成鳥**　翼に目立つ模様はない　10月

ハグロカササギビタキ

Black-winged Monarch　　*M. frater*

Adult. Rare/uncommon visitor. Black wing/tail. Dec.
成鳥　少数が不規則に飛来する　12月

ミミジロカササギビタキ

△ **White-eared Monarch**
Carterornis leucotis ◆ TL 13-15 cm

Uncommon in rainforest.

White-eared＝白い耳の。

虹彩は黒く，顔には白黒の明瞭で複雑な模様がある。体下面は白く，胸はぼんやりと黒い。喉は白いが，羽の付け根が黒いため，逆立てているときなどは黒く見える。腰は白い。尾羽は黒く，両脇に三角形の白斑が入る。林冠で活発。中層より下に降りてくることは滅多にない。単独でいることが多い。「チュイーユー，チュイーユー」「ジジジジ，ジジジジ」などとくり返し鳴く。

生息環境： 雨林。隣接した林。特に川沿いの樹林。やや乾燥した環境で見られることもある。

類似種： ムナオビエリマキヒタキ→○顔の模様が異なる。○胸が黒い。

①**Adult.** Sexes similar. Black and white markings on face/back. Sep.

②**Adult singing.** Oct.

①成鳥　雌雄同色　9月
②成鳥　10月
③巣と成鳥　9月
④成鳥　8月

③**Adult.** Flying back to nest. Sep.

④**Adult.** Aug.

ムナオビエリマキヒタキ

①**Adult male.** White collar around neck, blue eye-ring. Nov.

②**Adult female.** Similar to male. White collar incomplete. face/nape dull white. Sep.

Uncommon in rainforests. Endemic to FNQ. Race *kaupi*.

Pied=白黒の。

北部クイーンズランド固有種。亜種*kaupi*。虹彩は黒く、眼の周りの皮膚が鮮やかな水色。頸は白く、胸に太い黒帯がある。雨覆の白帯が目立つ。腰は白く、尾羽は黒い。樹林の中層で活発。単独でいることが多い。幹に止まり、下のほうから羽ばたきを交えてクルクルと幹を回るように登る。「ギュイ，ギュイ」という声のほか、強い調子で「フィフィフィフィ」とくり返し鳴く。
生息環境：雨林，林縁。特に林内の河川沿い。河川沿いの樹林。うっそうとした環境に生息。
類似種：ミミジロカササギビタキ→○顔の模様が異なる。○胸は黒くない。

①**成鳥♂**　後頸～喉まで明瞭に白い　11月
②**成鳥♀**　成鳥♂に似るが、後頸と喉の白色部はつながらない。胸の黒帯は太い。白色部の白が鈍い　9月
③**若鳥**　全体に淡色で褐色味が強い。白色部は不明瞭　6月
④**成鳥♂**　11月

③**Immature.** Paler, browner overall with obscure white patches. Jun.

④**Adult male.** Nov.

ツチスドリ

①**Adult male.** Black horizontal eye-stripe, pale bill/iris, Aug.

②**Adult female.** Black vertical eye-stripe, pale bill/iris. Sep.

③**Juvenile on nest.** Dark bill/iris, yellow gape. Nov.

④**Adult female.** Male has same wing pattern. Jul.

Common in various habitat. Open forests, farmlands, paddocks, urban parks, gardens. Race *cyanoleuca*.

Magpie=カササギ, 白黒の鳥によく使われる。Lark=ヒバリ。

亜種*cyanoleuca*。ひびの入った笛のような声で「キーキッ, キーキッ」とくり返し鳴く。雌雄で鳴き交わすことが多い。地上に降りて, ウロウロと歩きながら採食する。市街地でも普通に見られ, 数も多い。和名の通り, 土でできたお椀状の巣を作る。つがいでいることが多いが, 乾季には大きな群れが見られる。

生息環境： うっそうとした樹林内を除く, おおよそあらゆる環境に生息。

類似種： ノドグロモズガラス→○頭が大きく, がっしりした体形。カササギフエガラス→○大きく, 体下面が黒い。

①成鳥♂　過眼線がある　8月
②成鳥♀　過眼線が縦に入る　9月
③巣に座る幼鳥　過眼線が縦横に入る　11月
④成鳥♀　翼の配色は♂も同様　7月

ナマリイロヒラハシ

◊ Leaden Flycatcher
Myiagra rubecula ◆ TL 14–16 cm

Common in open forests, riverside vegetation, parks, gardens.

Leaden=鉛色の。Flycatcher=ヒタキ。

乾燥した環境の樹林でよく見かける。主にユーカリ林などで「チュイチーーチュイチー」とよく通る声で鳴くが，「ジュイージュイー」と濁った声を出すこともある。樹林の中層で活発。地面に降りることはない。頻繁にフライキャッチを行う。単独かつがいでいることが多い。

生息環境： さまざまなタイプの樹林，公園など。うっそうとした環境には生息しない。

類似種： ビロードヒラハシ→○胸の白色部の境界が下がる。○体色はより暗色で濃紺。○尾の下面が黒い。フタイロヒタキ→○ひと回り以上大きい。○喉〜胸が白い。

①**成鳥♂** 頭〜胸，体上面が光沢と青色味のある灰色。腹は白い。胸と腹の境界はまっすぐか上向き　8月
②**成鳥♀** 喉がオレンジ色。体上面は色が淡い　5月

①**Adult male.** Leaden blue-grey above. Breast/belly border slightly convex, undertail grey. Aug.

②**Adult female.** Rufous throat, paler above. May.

ビロードヒラハシ

Satin Flycatcher　　　　　*M. cyanoleuca*

Adult male. Uncommon visitor. Glossy blue overall. Dark undertail. Border concave. Oct.
成鳥♂　渡りの時期に少数が通過する　10月

フタイロヒタキ

Restless Flycatcher　　　　*M. inquieta*

Adult male. Uncommon. Mostly in dry area. May.
成鳥♂　主に乾燥した環境に生息　5月

テリヒラハシ

◇ Shining Flycatcher
Myiagra alecto ◆ TL 17-19 cm

Locally common in mangroves, dense riverside vegetation. Race *wardelli*.

Shining=輝いている。

亜種 *wardelli*。ほかの亜種より雌の上面の赤色味が強い。雌雄で大きく羽衣が異なるが、雌雄とも口内が鮮やかなオレンジ色。「ニ゛ーエッ」という特徴的な声のほか、「フイフイフイフイ」とくり返し鳴く。特に繁殖期には雌雄とも活発に鳴く。樹林の下層や水面近くで活発。

生息環境：海岸近くの低地のマングローブ林。川沿いのうっそうとした樹林、市街地の水路など。水辺に留まり、水面に張り出した枝などに止まる。

類似種：なし。

①**Adult male.** Glossy blue-black body, orange inside mouth. Jan.

②**Adult female.** Glossy blue-black head, orange inside mouth, brown back, white underparts. Nov.

①成鳥♂ 全身光沢のある濃紺 1月
②成鳥♀ 頭は濃紺、体上面、翼、尾は赤茶色。体下面は白い 11月
③若鳥♂ ♀に似るが、成鳥羽が混ざる 11月
④成鳥♂ 薄暗い場所ではほぼ真っ黒に見える 3月

③**Immature male.** Shows some adult plumage. Nov.

④**Adult male in dim light.** Mar.

ミナミガラス

Fairly common in open forests, farmlands, paddocks. Race *cecilae*.

Torresian＝トレス海峡周辺を指す生物地理区分から。Crow＝カラス，鳴き声に由来。

亜種*cecilae*。ハシブトガラスを鼻声にしたような声で「アァ，アァ」と鳴く。羽の光沢がとても強く，強い光の下ではかなり白く見える。人間の周辺で残飯やゴミを漁ることも多く，屍肉にも集まる。数羽でいることが多いが，食物のある場所では多く集まる。市街地では少ない。北部クイーンズランドで最もよく見られるカラスで，ほかの種類は滅多に見られない。

生息環境：海岸部から樹林，草原，市街地などさまざまな環境に生息。極端に乾燥した地域では見られない。

類似種：なし。

①**Adult.** Sexes similar. Strong gloss overall, looks almost white under the sun light. Sep.

②**Immature.** Less glossy. Iris dark. Jul.

① 成鳥　雌雄同色　9月
② 若鳥　虹彩は暗色　7月
③ 幼鳥　口角，口内がピンク色　8月
④ 成鳥　7月

③**Juvenile.** Dull black overall. Fleshy gape. Aug.

④**Adult.** Jul.

ハイイロツチスドリ

①**Adult male.** Sexes similar. Grey body, brown wing, stout bill, long tail. Sep.

②**Adults on nest.** Usually in small flock of 6-12. Jun.

Uncommon in dry open forests, adjacent grasslands, parks, gardens. Irregular winter visitor. Race *dalyi*.

Apostle=使徒，12羽ほどの群れでいることが多いことから。

亜種*dalyi*。翼以外は全身青灰色で，嘴が太短く，尾が長い。鳴き声はオナガをやや甲高くした感じ。もっぱら地上で採食する。放浪しながら生活しており，乾季の間に内陸部から飛来する。繁殖期は不定で，家族群で繁殖する。ツチスドリ同様，土でできたお椀型の巣を作る。繁殖するつがいに対して10数羽のヘルパーがつき，抱卵や給餌などを手伝うため巣立ち率は高い。

生息環境：主に乾燥した地域の水場から遠くない草原，樹林，市街地の公園や庭など。

類似種：なし。

①**成鳥** 雌雄同色 9月
②**巣に集まった群れ** 6月
③**幼鳥** 全体にやや淡色，尾が短い 4月
④**成鳥** 8月

③**Juvenile.** Paler. Short tail. Apr.

④**Adults.** Aug.

コウロコフウチョウ

♡ Victorla's Riflebird
Ptiloris victoriae ◆ TL 23-25 cm

①**Adult male.** Glossy blue crown/throat/tail, black body, grey belly, yellow inside mouth. May.

②**Adult female.** Brown overall. White eyebrow. Juvenile similar to female. Apr.

Fairly common in rainforests, adjacent parks, gardens. Endemic to FNQ.

- - - - - - - - - - - - - -

Victoria は人名。Riflebird は雄の配色が19世紀イギリスのライフル兵の軍服と似ていたためといわれる。

北部クイーンズランド固有種。全身ほぼ黒く，複雑な光沢がある。特に頭頂，喉，尾羽は鮮やかな水色に光る。腹は灰色。嘴は長く，下に曲がる。翼を広げてダンスを踊るようなディスプレイが有名。カケスに似た声で「ジャーッ」と長めに鳴く。繁殖期には折れた木や太い枝，電柱などをソングポストにして盛んに鳴く。林冠から中層で活発。採食中はガサガサとうるさい。

生息環境：雨林。

類似種：なし。

- - - - - - - - - - - - - -

①成鳥♂　光が当たっていないと全体に黒く見える　5月
②成鳥♀　上面は褐色。太い眉斑がある。体下面は淡褐色で細かい斑がある　4月
③若鳥♂　完全な成鳥羽になるには4，5年かかる　12月
④成鳥♂のディスプレイ　口内は鮮やかな黄色　10月

③**Immature male.** Take 4-5 years to obtain full adult plumage. Dec.

④**Displaying adult male.** Bright yellow inside mouth. Oct.

ハイガシラヤブヒタキ

○ **Grey-headed Robin**

Heteromyias cinereifrons ◆ TL 18-20 cm

①**Adult.** Sexes similar. Grey head, white line under eye, pale brown cheek, brownish upperparts, grey belly. Feb.

②**Adult.** Typical posture on ground. Jul.

Common in rainforests, adjacent parks, gardens. Endemic to FNQ.

Grey-headed＝灰色の頭の, Robin＝ヨーロッパコマドリ。転じてさまざまな小鳥に使われる。

北部クイーンズランド固有種。ずんぐりとした特徴的な体形で姿勢によって印象が異なる。ほとんど抑揚のない通る声で「ヒッヒッヒッヒッヒッ」と鳴き続ける。地面や地表近くの枝に止まっていることが多い。主に地上で落ち葉をかき分け採食する。単独で見ることが多い。生息に適した環境では数多く見られる。**生息環境：**雨林や隣接した林。うっそうとした林内に生息。

類似種：マミジロビタキ→○眉斑がある。○生息環境が異なる。

①**成鳥** 雌雄同色 2月
②**成鳥** 特徴的な体形 7月
③**成鳥** 白い翼帯がある 10月
④**巣に座る成鳥** 10月

③**Adult.** White wing bars. Oct.

④**Adult on nest.** Oct.

287

マミジロヒタキ

①**Adult.** Sexes similar. Broad white eyebrow, white cheek stripes/wing bars. Oct.

②**Adult.** Jul.

Uncommon in open forest. Prefers well vegetated dry creek beds.

White-browed＝白い眉の。

太い眉斑と顎線がある。頭頂〜体上面は茶褐色。喉〜腹は白い。尾羽を上げた姿勢でいることが多く、尾端両脇に白斑がある。飛翔時は翼に太い白帯が見える。干上がった小川に張り出した枝や倒木に止まっていることが多い。単独かつがいでいるところをよく見る。「ヒッヒッ」という声のほか、「チチョッ，チチョッ」と鳴く。

生息環境: 雨林の林縁，隣接する林など。特に乾燥した環境を流れる小川沿いの林で，小川の水が干上がっている場所でよく見られる。

類似種: なし。

①**成鳥**　雌雄同色　10月
②**成鳥**　7月
③**つがい**　♀（左），♂（右）　♂はやや顔の黒色部が広く濃い　10月
④**成鳥**　白い翼帯がある　6月

③**Pair.** Female (left), male (right). Male tend to have larger, darker facial markings. Oct.

④**Adult.** White wing bars. Jun.

マングローブヒタキ

①**Adult.** Sexes similar. Sep.

②**Pair on nest.** Oct.

Locally common in mangroves. Race *leucura*.

Mangrove=マングローブ。

亜種*leucura*。ほかの亜種に比べて頭と襟の色が淡く，背との差がない。白黒のシックな小鳥で黒色部には光沢がない。頭〜体上面は灰色で，眼先，翼，尾は黒い。成幼雌雄の差があまりない。地表近くから樹林の中層で活発。潮の引いたマングローブ林の低い位置の枝や幹に止まり，地面に降りて採食する。単独かつがい，数羽のゆるやかな群れで見られる。口笛に似た声で「ホー，ヒー」と尻上がりになく。

生息環境：海岸沿いのマングローブ林。隣接する林，草原など。

類似種・なし。

①**成鳥** 雌雄同色 ９月
②**巣に座るつがい** 10月
③**若鳥** 雨覆の羽縁が淡色 10月
④**成鳥** 尾の両脇に大きな白斑がある 10月

③**Immature.** Buff fringed wing coverts. Oct.

④**Adult.** Shows white tail patches. Oct.

キアシヒタキ

○ Pale Yellow Robin

Tregellasia capito ◆ TL 12-14 cm

Common in rainforests. Race
nana.

Pale=白っぽい。Yellow=黄色
い。

亜種*nana*。基亜種より眼先が
赤い。頭は灰色で喉は白く, 不
明瞭なアイリングがある。胸と
背は鈍い黄色。足は黄色。樹林
の中～下層で活発。低い位置の
枝や幹に止まり, 地面に降りて
採食する。単独で見ることが多
いが, ハシナガヤブムシクイな
どの群れに混じることもある。
鳴き声は「チュチュチュ」とく
り返し, 警戒しているときは
「ヂッ, ヂッ」と鳴く。

生息環境: 雨林, 特につるの茂っ
たうっそうとした環境。

類似種: ヒガシキバラヒタキ→
○頭がより暗色。○尾が長く見
える。

①**Adult.** Sexes similar. Orange around eye, white throat, dull yelllow belly/back. Dec.

②**Adult.** Typical perch. Often perch on tree trunk. Dec.

①成鳥　雌雄同色　12月
②成鳥　幹に止まる。しばしば垂直の幹
　や枝に止まる　12月
③幼鳥　全体に茶褐色。アイリング, 雨覆
　の羽縁が褐色　12月
④成鳥　翼に白い翼帯がある　12月

③**Juvenile.** Pale bill, brown overall, brown tipped wing coverts. Dec.

④**Adult.** Shows white wing bars. Dec.

ヒガシキバラヒタキ

①**Adult.** Sexes similar. Bright yellow rump. Aug.

②**Pair on typical perch.** Often perch on tree trunk. Aug.

Common in open forest. Race *chrysorrhos*.

Eastern= 東 の。Yellow= 黄 色 い。

亜種 *chrysorrhos*。基亜種よりも腰，上尾筒の色が鮮やか。樹林の中〜下層で活発。低い位置の枝や幹に止まり，地面に降りて採食する。単独かつがいで見ることが多い。鳴き声は「ヒゥ，ヒゥ」「ヒッヒッ」など。

生息環境： やや乾燥した樹林，雨林の林縁部など。まばらに下草の生えた環境。

類似種： キアシヒタキ→○小さくずんぐりしている。○顔が白い。○背は黄色味がある。○足はオレンジ色。レモンオリーブヒタキ→○全体に色が淡い。○喉が白い。○腰は黄色くない。

①成鳥　雌雄同色。喉〜体下面，腰，上下尾筒が鮮やかな黄色　8月
②つがい　性差はあまり見られない。しばしば垂直の幹に止まる　8月
③巣に戻る成鳥　白い翼帯がある　8月
④成鳥　10月

③**Adult.** Flying back to the nest. Shows white wing bar. Aug.

④**Adult.** Oct.

スズメ目 PASSERIFORMES

オーストラリアヒタキ科 Petroicidae

レモンオリーブヒタキ

◇ **Lemon-bellied Flyrobin**
Microeca flavigaster ◆ TL 12-14 cm

Moderately common in open forest, riverside vegetation. Race *flavissima*, race *laetissima*.

Lemon-bellied=レモン色の腹の。

亜種*flavissima*と亜種*laetissima*が分布。いずれもほかの亜種より体色が明るく，黄色味が強い。全体にぼんやりした黄色で，嘴と足は黒い。林冠～中層で活発。頻繁にフライキャッチを行う。樹頂に止まり，ホオジロにやや似た調子と声で鳴く。単独で見ることが多い。

生息環境：やや乾燥した環境の樹林，疎林。特に川沿いの林に多い。

類似種：ヒガシキバラヒタキ→○下面ははっきりと黄色。○腰が黄色。チャイロモズヒタキ→○嘴が太い。○上面は灰褐色。○下面の黄色が薄い。オジロオリーブヒタキ→○体下面は白い。○尾の両脇が白い。

① 成鳥　雌雄同色　4月
② 成鳥　8月
③ 若鳥　全体に淡色，雨覆の羽縁が淡色　7月
④ 巣に座る雛　巣は非常に小さい　10月

①**Adult.** Sexes similar. Apr.

②**Adult.** Aug.

③**Immature.** Duller, paler. Buff edged wing coverts. Jul.

④**Chick on nest.** Oct.

オジロオリーブヒタキ

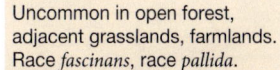

①**Adult.** Sexes similar. Grey brown back, darker wing/tail. Apr.

②**Adult.** White underparts/outer tail. Aug.

③**Adult.** May.

④**Adult.** No obvious markings on wing. Apr.

Uncommon in open forest, adjacent grasslands, farmlands. Race *fascinans*, race *pallida*.

Jackyは人名。Winterは鳴き声からといわれるが不明。

亜種 *fascinans* と亜種 *pallida* が分布。嘴が細く、かなり小さく見える。外側尾羽が白く、飛翔時に目立つ。樹林のさまざまな位置で活発で、頻繁にフライキャッチを行う。地面に降りて採食することも多い。単独かつがいでよく見る。高く、澄んだ「ピタピタピタ」といった感じの声でくり返し鳴き、英語では「Peter, Peter」と聞きなされる。
生息環境：主に乾燥した環境の林。木のまばらに生えた草原、牧草地など。
類似種：レモンオリーブヒタキ→○下面が黄色。○尾羽は一様に暗色。

①成鳥 雌雄同色。頭〜体上面は灰褐色。風切や尾は黒い。体下面は汚白色 4月
②成鳥 雌雄同色。外側尾羽が白い 8月
③成鳥 5月
④成鳥 翼に目立つ模様はない 4月

スズメ目 PASSERIFORMES

オーストラリアヒタキ科 Petroicidae

293

ヤブヒバリ

◇ **Horsfield's Bush Lark**
Mirafra javanica ◆ TL 13-15 cm

Moderately common in grasslands, paddocks, farmlands. Race *horsfieldii*, race *athertonensis*.

Horsfieldは人名。Bush=やぶ。

主に亜種 *horsfieldii* と、アサートン高原のみに分布し、赤色味が強い亜種 *athertonensis*。嘴が太短く、尾羽も短い。単独か数羽のゆるやかな群れでいることが多い。日本のヒバリのように飛びながらさえずる。鳴き声は似るが、やや抑揚がない。フェンスポストやフェンスに止まって鳴いていることも多い。

生息環境：草原、牧場、畑など。草のまばらな場所でも見られる。
類似種：オーストラリアマミジロタヒバリ→○尾が長い。○嘴が細い。

①**Adult.** Race *horsfieldii*. Sexes similar. Stout bill, short tail. Pale brown back, white belly. Mar.

②**Adult.** Race *athertonensis*. Reddish brown overall. Dec.

①**成鳥** 亜種 *horsfieldii*。雌雄同色。上面は淡褐色、雨覆などの羽縁が淡色でうろこ模様に見える。体下面は白い 3月
②**成鳥** 亜種 *athertonensis*。全身赤褐色 12月
③**成鳥** 亜種 *athertonensis*。赤色味の薄い個体 12月
④**成鳥** 亜種 *horsfieldii* 12月

③**Adult.** Race *athertonensis*. Paler individual, still browner than race horsfieldii. Dec.

④**Adult.** Race *horsfieldii*. Dec.

ツバメ

✕ **Barn Swallow**
Hirundo rustica ◆ TL 18 cm

Adult male. Female has shorter tail. Black breast band. Jan.
成鳥♂　♀は尾が短い　1月

Uncommon/rare summer visitor. Usually mix with other swallows, martins. Race *gutturalis*.

Barn＝納屋。

日本と同じ亜種*gutturalis*。コシアカツバメと一緒に，キビタイツバメやズアカガケツバメの群れに混じっていることが多い。稀な渡り鳥として，雨季の間に数羽が見られるだけだが，西オーストラリアなどでは100羽以上の群れが記録されたこともある。

生息環境：畑，牧草地，湿地周辺など。

類似種：オーストラリアツバメ→○胸が赤く，境界は不明瞭。

コシアカツバメ

✕ **Red-rumped Swallow**
Cecropis daurica ◆ TL 6-17 cm

Adult. Sexes similar. Rufous rump. Streaked underparts. Apr.
成鳥　雌雄同色。腰が赤い。体下面は細かい縦斑がある　4月

Uncommon/rare summer visitor. Usually mix with other swallows, martins. Race *japonica*.

Red-rumped＝赤い腰の。

日本と同じ亜種*japonica*。ツバメと一緒に，キビタイツバメやズアカガケツバメの群れに混じっていることが多い。稀な渡り鳥として，かつては雨季の間に数羽が見られていたが，近年は観察数，個体数ともに増加傾向にある。

生息環境：畑，牧草地，湿地周辺など。

類似種：なし。

オーストラリアツバメ

◎ **Welcome Swallow**

Hirundo neoxena ◆ TL 13-17 cm

Common in various habitats near water. Race *neoxena*.

Welcomeは春の訪れを告げるといった意味。Swallow＝ツバメ。

亜種 *neoxena*。日本のリュウキュウツバメによく似るが，尾が長い。上面は光沢のある濃紺。鳴き声はツバメに似る。一年中観察されるが，非繁殖期に移動する個体もいる。飛翔時，尾羽には白い横帯がある。翼下面は灰色。巣の形状や習性などは日本のツバメに似る。

生息環境：海岸，草原，公園，河川沿い，市街地の水路沿いなど，水辺にいることが多い。市街地の建物でも繁殖する。

類似種：ツバメ→○オーストラリアでは稀。○胸に黒い帯があり，境界が明瞭。

①**成鳥♂** 尾が長い。額，頬，喉は朱色 11月
②**成鳥♀** ♂に似るが尾が短い 8月
③**幼鳥** 口角が黄色。上面は鈍い。翼の羽縁が淡色。尾は短い 10月
④**成鳥♀** 体下面は灰色 9月

①**Adult male.** Long outer tail well exceed wing tips, ginger face, glossy dark blue-grey head/back, black around eye. Nov.

②**Adult female.** Similar to male. Shorter tail. Aug.

③**Juvenile.** Duller. Yellow gape. Short tail. Oct.

④**Adult female.** Off white underparts. Sep.

ズアカガケツバメ

Locally common near water in grasslands, farmlands.

Fairy＝妖精，優美な。Martin＝ツバメ。フランス語の人名に由来。

頭全体が淡褐色。光の加減ではかなり白っぽく見える。体下面と腰は白い。尾は浅い燕尾。高い声で「ジュリ，ジュリ」「チーチー」などと鳴く。数十羽の群れでいることが多い。通年見られるが，非繁殖期などに移動する個体もある。キビタイツバメと混群をつくることも多い。吊り橋の下や建物の外壁にとっくり型の巣を作る。

生息環境： 草原，畑，牧草地など開けた環境。川沿いや湿地周辺に多い。

類似種： キビタイツバメ→〇大きく頭が黒い。〇腰の白色部はやや鈍い。〇体下面はズアカガケツバメほど白くない。

①**Adult.** Collecting mud to build nest. Sexes similar. Ginger head, glossy black back, off white underparts. Sep.

②**Juvenile.** Paler head, yellow gape, buff edged wing feathers. Sep.

①**成鳥**　巣材を集める　9月
②**幼鳥**　全体に色が淡い。口角が黄色。雨覆や風切の羽縁が淡色　9月
③**成鳥**　腰が白い　9月
④**成鳥**　腹が白い　9月

③**Adult.** Rump looks whiter than Tree Martin. Sep.

④**Adult.** Underparts looks whiter than Tree Martin. Sep.

キビタイツバメ

◇ Tree Martin

Petrochelidon nigricans ◆ TL 13 cm

①**Adult.** Sexes similar. Glossy back upperparts, rufous frons, black cheek, faint streaked underparts. Oct.

②**Juvenile.** Duller, browner. No sheen on back. Apr.

③**Immature.** Greyer rump than Fairy Martin. Jun.

④**Adult.** Jun.

Moderately common in open forest near water, adjacent farmlands. Race *neglecta*.

Tree=木。

亜種 *neglecta*。頭は青色味のある黒。額は淡褐色。体下面は褐色味が強い。尾は浅い燕尾。「キュル，キュル」「ジュリリ」といった感じで鳴く。数十羽の群れでいることが多いが，非繁殖期などに移動する個体も多く，数百羽の群れで見られることもある。ねぐらでは1本の木を覆うように集団で止まる。ズアカガケツバメと混群をつくることも多い。樹洞などに営巣する。
生息環境： 開けた樹林。畑，牧草地，市街地など。川沿いや湿地周辺を好む。
類似種： ズアカガケツバメ→○小さく，頭全体が淡褐色。○腰ははっきりと白い。○体下面はより白い。

①**成鳥**　雌雄同色　10月
②**幼鳥**　全体に褐色で光沢がない。顔などの模様が薄い。雨覆や風切の羽縁が淡色　4月
③**若鳥**　腰はズアカガケツバメより灰色味があるように見える　6月
④**成鳥**　腰はズアカガケツバメより灰色味があるように見える　6月

オーストラリアヨシキリ

◇ **Australian Reed Warbler**
Acrocephalus australis ◆ TL 16-17 cm

Moderately common, mostly summer visitor in waterside vegetation, adjacent, grasslands, farmlands. Race *australis*.

Australian=オーストラリアの。reed=ヨシ。warbler=ウグイスなど。

亜種*australis*。通年見られるが，雨季に飛来し繁殖する個体が多い。繁殖期には目立つ場所で盛んに鳴く。日本のオオヨシキリに似るが，声はやや高く，口内はオオヨシキリほど赤くない。非繁殖期にはほとんど鳴かず，草むらや地表の枯れ草の下などにいて見つけにくい。

生息環境： 湿地，河川周辺のヨシ原。水辺に近く草丈の高い草原。ただし水辺から離れた草原，牧場などで見ることもある。

類似種： ズアカイオセッカ→◯眉斑が明瞭。◯上面は縦斑がある。

①**Adult.** Sexes similar. Faint eyebrow, dark eye-stripe. Feb.

②**Adult.** Feb

①**成鳥** 雌雄同色。不明瞭な眉斑と過眼線がある　2月
②**成鳥** 2月
③**成鳥** 2月
④**成鳥** 口内はオレンジ〜黄色　9月

③**Adult.** Feb.

④**Adult.** Singing. Mouth pale red to yellow. Sep.

299

コシアカヒバリモドキ

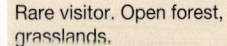
✕ **Rufous Songlark**

Megalurus mathewsi　◆ TL 16-21 cm

Rare visitor. Open forest, grasslands.

Rufous＝赤褐色の。Song＝歌。lark＝ヒバリ。

主に乾季に稀に飛来する。足の長い特徴的な体形。地面に降りて採食することも多い。声は日本のヒバリに似た感じだが，ゆっくりとしている。雄の繁殖羽では日本のセッカのように口内が黒くなる。非繁殖羽は雌に似るが，下面が白っぽい。雌雄とも腰は赤茶色。

生息環境：乾燥した環境の灌木がまばらに生えた草原など。シロアリ塚や灌木の上などでさえずる。飛びながらさえずることはない。

類似種：オーストラリアマミジロタヒバリ→○下面に縦斑がある。○腰は赤くない。○尾羽の両端が白い。

①成鳥♂非繁殖羽　繁殖羽では嘴や口内が黒い　5月
②成鳥♀　♂に似るが小さく，褐色味が強い　6月
③若鳥　4月
④幼鳥　嘴と口角がピンク色。淡色で模様が不明瞭　2月

①**Adult male non-breeding.** Bill black in breeding. White eyebrow, dark eye-stripe, rufous rump, proportionately long legs. May.

②**Adult female.** Smaller, duller. Pale bill. Jun.

③**Immature.** Worn individual. Apr.

④**Juvenile.** Duller, plainer. Pink bill. Feb.

ズアカオオセッカ

①**Adult.** Sexes similar. Tawny crown, borad streaked back, scruffy long tail. Sep.

②**Adult.** Nov.

Moderately common in grasslands, farmlands. Race *alisteri*.

Tawny=黄褐色の。Grass=草, 生息環境から。

亜種*alisteri*。ほかの亜種に比べて小さく, 頭頂の赤色味が弱い。頭頂はやや赤色味を帯び, 不明瞭な眉斑がある。上面は太い縦斑がある。尾は長く, 先端がすり切れていることが多い。声は日本のオオセッカに似るが, やや高い。目立つところで鳴いていることが多いが, 警戒心が強く, すぐやぶなどに隠れる。

生息環境: 海岸部。河川敷のよく茂った草原, 湿地周辺の草丈の高い草地, 畑。水辺からやや離れた草原や牧草地などにも。

類似種: オーストラリアヨシキリ→◯上面に模様がなく一様。

①成鳥　雌雄同色　9月
②成鳥　11月
③成鳥　1月
④成鳥　4月

③**Adult.** Jan.

④**Adult.** Apr.

タイワンセッカ

○ **Golden-headed Cisticola**

Cisticola exilis ◆ TL 9-11 cm

①**Adult male breeding.** Golden-yellow head, buff belly, broad streaked back, pink legs. Non-breeding similar to female. Jan.

②**Adult female breeding.** Streaked head. Longer tail in non-breeding plumage. Dec.

Common in grasslands, farmlands, paddocks. Often on fence, post. Race *diminutus*.

Golden-headed=金色の頭の。Cisticolaは属名から、カゴに住むものの意。

亜種 *diminutus*。ほかの亜種よりやや小さい。生態は日本のセッカに似るが、セッカのような山なりの波状ディスプレイフライトは行わず、急上昇と旋回、急降下をくり返す。繁殖期には目立つところに止まり、盛んに「チージュイ、チチージュイ」とくり返し鳴く。地表近くでも採食するが、地面に降りることはない。

生息環境： 湿地周辺のよく茂った草原。水辺に限らず畑、牧草地、大きな公園などにも。

類似種： なし。

①**成鳥♂繁殖羽** 頭は山吹色で模様がない。尾は短い。足はピンク色。非繁殖羽は成鳥♀に似る　1月
②**成鳥♀繁殖羽** 頭に黒い縦斑がある。非繁殖羽では尾が長い　12月
③**成鳥♀（左）と幼鳥（右）** ♀は♂の非繁殖羽に似るが、雨覆などの羽縁は褐色。幼鳥は模様が淡く淡色　3月
④**成鳥♂繁殖羽**　3月

③**Adult female (left), juvenile (right).** Females similar to non-breeding male, browner fringe on wing coverts. Mar.

④**Adult male breeding.** Mar.

ハイムネメジロ

①**Adult.** Sexes similar. Prominent white eye-ring, yellow throat, olive-yellow body, pale grey back/breast, white belly. Dec.

②**Adult.** Nov.

Common in various habitats. Rainforests, open forests, riverside vegetation, parks, gardens. Race *vegetus*.

Silver=銀。eye=眼。

亜種*vegetus*。基亜種よりも小さく、脇腹に赤色味がない。頭はレモン色、眼の周りが白い。背〜腰、下尾筒などが明るい黄緑色。背と胸は灰色で腹は白い。頭の色は光線や個体によって鈍く見えることがある。数羽の群れで見ることが多い。林冠〜中層で活発で、あまり下層には降りてこない。声は日本のメジロに似る。

生息環境: 沿岸部の樹林、マングローブ林、雨林などさまざま。林縁部に多いが、林内で見ることもある。沿岸に近い島にも分布。市街地にも生息する。

類似種: なし。

①成鳥　雌雄同色　12月
②成鳥　11月
③成鳥　12月
④巣に座る成鳥　11月

③**Adult.** Dec.

④**Adult on nest.** Nov.

スズメ目　PASSERIFORMES

メジロ科　Zosteropidae

オナガテリカラスモドキ

○ Metallic Starling

Aplonis metallica ◆ TL 21-25 cm

Common especially in summer when migratory population joins. Rainforests, parks. Race *metallica*.

Metallic=金属的な。Starling=ムクドリ。

亜種*metallica*。虹彩が赤く，全身黒い。複雑な光沢をもつ黒い羽は，光を受けると美しい。10数羽の群れでいることが多い。早い羽ばたきで直線的に飛ぶ。通年見られるが，雨季の間，ニューギニアから繁殖のために渡ってくる個体が多い。市街地の街路樹にねぐらをとったり，繁殖する個体もいる。

生息環境： 雨林，海岸沿いの樹林，マングローブ林など。うっそうとした林内でも見られる。市街地にもいる。

類似種： テリオウチュウ→○大きい。○尾が先端の広い凹尾。

①**成鳥** 雌雄同色。球状の吊り巣を作り集団繁殖する 10月
②**若鳥** 2年目の個体。上面は成鳥同様で，下面が白い 1月
③**幼鳥** 上面は褐色。下面は太い縦斑がある。虹彩の色が薄い 3月
④**雛** 口角が黄色で虹彩は黒い。上面は黒い 12月

①**Adult.** Sexes similar. Bright red iris, glossy black body, purple/green sheen, long pointy tail. Oct.

②**Immature.** Probable 2nd year. Streaked white belly, glossy back. Jan.

③**Juvenile.** Paler iris. No sheen, brown back, heavily streaked breast. Mar.

④**Fledgling.** Yellow gape, dark iris. Dec.

インドハッカ

◎ Common Myna
Acridotheres tristis ◆ TL 10-12 cm

Introduced. Common in urban areas, farmlands.

Common= 普通の。Myna=九官鳥、ヒンズー語由来。

外来鳥で原産地インドを中心にアジア地域に分布。オーストラリアには1800年代中ごろ〜1900年代中ごろにかけて移入されたといわれる。現在は市街地を中心に数多く見られる。嘴と眼の周り、足の黄色が目立つ。頭と尾羽は黒い。体は茶褐色。翼には大きな白斑がある。ムクドリに似た声だが、やや高く澄んだ声で鳴く。あまり人を恐れず、市街地ではゴミを漁る。つがいでいることが多い。夜間は大きな群れでねぐらをとる。

生息環境：もっぱら市街地に生息し、人里離れた地域ではほとんど見られない。

類似種：なし。

① 成鳥　雌雄同色　9月
② 若鳥　3月
③ 幼鳥　全体に色が淡い。足の色が鈍い　12月
④ 成鳥　翼の白斑が目立つ　7月

① **Adult.** Sexes similar. Yellow bill/skin around eye, black head, brown body. Sep.

② **Immature.** Mar.

③ **Juvenile.** Paler. Dec.

④ **Adult.** Large white wing patch. Jul.

オーストラリアトラツグミ

△ **Bassian Thrush**

Zoothera lunulata ◆ TL 27-29 cm

Uncommon in dense rainforests. Race *cuneata* in Atherton Tablelands.

Bassianは分布域に関連した生物地理学用語。Thrush＝ツグミ。

亜種*cuneata*。ほかの亜種より大きく、嘴が太く長い。尾は短く、外側尾羽の白斑が大きい。体色はより茶色味がある。主に地上で採食する。甲高い声で「フイーユ」と鳴く。単独で見ることが多い。林内にいて開けたところに出ることはほとんどないが、薄暗い条件では林縁部に出てくることもある。

生息環境： 雨林の林床など、うっそうとして湿った環境を好む。適当な環境であれば隣接する公園などにも。

類似種： アカオトラツグミ→○雨覆の白色部が大きい。○腰のうろこ模様が細い。○鳴き声が異なる。

①成鳥　雌雄同色　9月
②成鳥　10月
③成鳥　12月

①**Adult.** Sexes similar. Scalloped black and yellow body. Stout bill. Sep.

②**Adult.** Oct.

③**Adult.** Dec.

アカオトラツグミ

Russet-tailed Thrush *Z. heinei*

Adult. Larger white tips on wing coverts. Brisbane, Apr.
成鳥　ブリズベンにて　4月

ヤドリギハナドリ

①**Adult male.** Glossy blue-black upperparts, scarlet throat/breast/vent, black line on belly. Nov.

②**Adult female.** Plain dark grey back, white belly, scarlet vent. Nov.

Common in parks, gardens, wherever mistletoe grows. Race *hirundinaceum*.

Mistletoe＝ヤドリギ。

亜種*hirundinaceum*。赤と黒の派手な小鳥。雄は上面が光沢のある濃紺で雌は茶色味のある灰色。繁殖期には目立つところに止まり，「ツピー，ツピー」と日本のカラ類のような調子の甲高い声で鳴く。名前の通り，ヤドリギの果実を好む。林冠で活発で，あまりジッとせず次々に移動していく。繁殖期以外は薄暗い林内にいることが多い。
生息環境：雨林から乾燥した樹林，マングローブ林，庭や公園など，ヤドリギが生えていればほぼどんな環境でも見られる。
類似種：なし。

①**成鳥♂**　喉〜胸，下尾筒が赤い。腹に黒い縦線がある。嘴は黒い　11月
②**成鳥♀**　喉〜胸は白い。下尾筒は朱色。嘴は黒い　11月
③**幼鳥**　♀に似るが嘴が赤い。下尾筒が薄いオレンジ色　1月
④**成鳥♀と巣に座る雛**　底の丸い吊り巣を作る　11月

③**Juvenile.** Similar to female. Paler back, red bill, pale orange vent. Jan.

④**Adult female and chick on nest.** Nov.

キバラタイヨウチョウ

◎ **Olive-backed Sunbird**
Cinnyris jugularis　◆ TL 10-11 cm

①**Adult male.** Long down curved bill, glossy blue-black throat, faint yellow eyebrow, bright yellow belly. Dec.

②**Adult female.** Yellow throat. Nov.

Common in rainforests, mangroves, urban parks. Race *frenatus* in Australia.

Olive-backed=オリーブ色の背の。Sunbird=タイヨウチョウ。

オーストラリアに分布するのは亜種 *frenatus*。細長く、下に曲がった嘴が特徴の鮮やかな黄色の小鳥。ホバリングして花の蜜を吸うことなどから、ハチドリと勘違いされることもあるが、ハチドリはオーストラリアには分布していない。小形のミツスイの群れに混じっていることもある。

生息環境： さまざまなタイプの樹林、公園、市街地など。雨林などのうっそうとした林内にも生息する。さまざまな花を訪れるため、庭などで見ることが多い。よく人家周辺に営巣する。

類似種： なし。

①**成鳥♂**　喉が光沢のある濃紺。光線によっては黒く見える　12月
②**成鳥♀**　♂に似るが下面は一様に黄色　11月
③**幼鳥**　♀に似るが、嘴は短く、口角が黄色　1月
④**巣に座る成鳥♀**　底に飾りのついた吊り巣を作る　12月

③**Juvenile.** Similar to adult female, short tail, yellow gape. Jan.

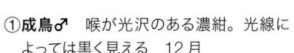

④**Female on nest.** Dec.

イエスズメ

Introduced. Common in urban areas, uncommon in natural area.

House=家。Sparrow=スズメ。

外来鳥で1800年代中ごろに持ち込まれたもの。現在は市街地で数多く見られる。襟や背は日本のスズメよりも赤色味の強い明るめの色。雄は頭の上が灰色で喉が黒い。雌は全体に淡色で不明瞭な眉斑がある。繁殖羽では黒い部分が胸まで広がる。主に地上で採食し、人間の食べ残しなどにも集まる。鳴き声や生態はスズメに似る。

生息環境： 市街地。ほとんどの自然環境では見られず、建物、民家周辺、市街地の公園などに限定される。ホテルなどが建つ本土に近い島などでも見られる。

類似種： なし。

①**Adult male.** Grey crown, black around eye, chestnut back. Jul.

②**Adult female.** Pale brown head/buck, bold buff eyebrow. Jul.

①成鳥♂　7月
②成鳥♀　7月
③若鳥♂　11月
④幼鳥　3月

③**Immature male, moult to adult.** Nov.

④**Juvenile.** Similar to female, buffy, mottled, less marked. Mar.

フヨウチョウ

◇ **Red-browed Finch**
Neochmia temporalis　◆ TL 11 cm

①**Adult male.** Broad scarlet eyebrow. Bright olive yellow nape, grey belly, dark undertail coverts. Oct.

②**Adult female.** Eyebrow paler, narrower. Belly browner, undertail coverts lighter. Nov.

Common in rainforest, rainforest edge, adjacent garden. Mostly race *temporalis*, but has paler face and darker undertail coverts (male) than southern population. Race *minor*, pale face and with black undertail coverts (male) also occur.

Red-browed＝赤い眉の。
Finch＝フィンチ。

主に亜種*temporalis*。北部には体色が明るく, 雄の下尾筒が黒い亜種*minor*が分布するが, 中間的な個体も多く見られる。眉斑と上尾筒が赤く目立つ。数羽〜数十羽の群れでいることが多い。高く細い声で「チチ, チチ」と鳴く。

生息環境：さまざまなタイプの樹林。雨林林縁部の草むら。下草の茂った環境。適当な環境であれば, 庭や公園などにも。水辺近くの湿った環境を好む。

類似種：なし。幼鳥はほかのフィンチに似るが, 本種は上面が黄緑で上尾筒が赤い。

①**成鳥♂**　嘴は赤いが上下縁は黒い。眉斑が赤く, 後頸〜背は明るい黄緑色で腰〜上尾筒が赤い。体下面は暗灰色, 腹は灰色　10月
②**成鳥♀**　成鳥♂に似るが, 眉斑は朱色味があり, 後端で細くなる。腹は茶色味がある　11月
③**幼鳥**　嘴が黒く, 眉斑がない　5月
④**成鳥**　翼に目立つ模様はない　11月

③**Juvenile.** Black bill. No or less eyebrow. May

④**Adult.** Nov.

アサヒスズメ

◎ **Crimson Finch**
Neochmia phaeton ◆ TL 13 cm

①**Adult male.** Red bill/face/breast/back, grey crown/belly, long pointy tail. Mar.

②**Adult female.** Red bill/face, grey crown/breast, pale grey belly, reddish brown wing. Jul.

Uncommon in grasslands near water. riverside vegetation. Race *phaeton* and race *evangelinae* (only in northern part of Cape York peninsula) in FNQ. Some taxonomy treat them as a separate species.

Crimson=クリムゾン, 深紅の。

亜種 *phaeton*。ヨーク半島北部に雄の腹が白い亜種 *evangelinae* が分布し、2種に分ける分類もある。数羽～数十羽の群れでいることが多い。やや低い声で「ビッ, ビッ」と鳴く。

生息環境： 水辺に近いよく茂ったやぶ。笹やぶ。ヨシ原。畑の用水沿いの草原など。

類似種： なし。

① **成鳥♂**　ほぼ全身赤い。頭頂～腰は灰色。腹は黒灰色　3月
② **成鳥♀**　顔と嘴以外は灰色。翼は薄茶色やや赤色味がある。腹は明灰色　7月
③ **幼鳥**　嘴が黒く、口角が黄色。全身薄茶色で、翼は赤色味がある　1月
④ **成鳥♂**　赤い尾は長い。翼に目立つ模様はない　11月

③**Juveniles.** Black bill, brown overall, reddish brown wing. Jan.

④**Adult male.**　Nov.

キンセイチョウ

△ **Black-throated Finch**
Poephila cincta　◆ TL 11 cm

Uncommon in drier open forests, adjacent grasslands. Race *atropygialis*.

Black-throated＝黒い喉の。

亜種 *atropygialis*。上尾筒が黒い。頭は灰色で嘴，喉，眼先が黒い。胸は薄茶色で，かなりピンク色味のある個体もいる。腹に黒帯があり，下尾筒は白い。尾は黒い。樹上で休み，地面に降りて採食する。水場から遠くない範囲で見ることが多く，頻繁に水を飲みにあらわれる。かなり鼻にかかった感じの声で「ピー，ピー」と鳴く。少数の群れでいることが多い。

生息環境： 主にやや乾燥した環境の疎林。

類似種： なし。幼鳥はほかのフィンチに似るが，本種は下尾筒が白い。

①**Adult female (front), male (back).** Silvery grey head, black bill/throat/short eye-stripe, black rump. Jul.

②**Adult male.** Large black bib, pinkish buff belly. Jul.

①成鳥♀（手前）と成鳥♂（後）　7月
②成鳥♂　喉の黒色部が大きい　7月
③成鳥（左）と幼鳥（右）　幼鳥は全体に色が淡く，喉の模様が小さい　10月
④成鳥♂　翼に目立つ模様はない　8月

③**Adult(left), juvenile (right).** Juvenile paler, small black bib. Oct.

④**Adult male.** Aug.

カノコスズメ

①**Adult.** Sexes similar. Black fringed white face, pale brown head/back, spotted black wing, white upper tail coverts. Jan.

②**Pair.** Female(left), male(right). Jun.

Moderately common in open forest, waterside vegetation. Race *bichenovii*.

Double-barred=二重の帯の。

尾筒が白い亜種 *bichenovii*。顔を囲むような黒線と，胸の黒線が特徴的な白黒の小鳥。翼は鹿の子模様。頭〜上面は褐色で下面は白い。下尾筒と尾は黒い。数羽〜数十羽の群れでいることが多い。地面や地面近くの草で採食する。鼻にかかった感じの声で「ぺ一，ぺ一」と鳴く。

生息環境：やや乾燥した環境の疎林，灌木の生えた草原，畑，草むらのある公園，庭など広く分布。市街地の小さな植え込みなどでも見かける。適した環境では数も多い。

類似種：なし。

①成鳥　雌雄同色　1月
②成鳥つがい。♀（左），♂（右）　6月
③幼鳥　胸が灰色で帯が不明瞭　6月
④成鳥　3月

③**Juvenile.** Duller. Grey breast with indistinct band. Jun.

④**Adult.** Prominent 'Double-bars'. Mar.

スズメ目 PASSERIFORMES

カエデチョウ科　Estrildidae

ナンヨウセイコウチョウ

△ **Blue-faced Parrotfinch**

Erythrura trichroa ◆ TL 12 cm

①**Adult male.** Blue face, green boby, red rump/tail. Jan.

②**Adult male.** Juvenile has no facial markings. Jan.

Uncommon in rainforest edges. Highland in summer, lower altitude in winter. Race *macgillivrayi*.

Blue-faced＝青い顔の。

オーストラリアに分布するのは亜種*macgillivrayi*。全体に鮮やかな緑色。顔が青く，上尾筒と尾は赤い。主に草本の種子を食べる。地上に降りて採食することも多い。樹上で休息する。数羽の群れでいることが多く，フヨウチョウと混群になることもある。

生息環境：雨季の間は標高の高い雨林で過ごし，乾季には広く低地に移動する。雨林林縁の草むらにいることが多い。渡りの時期には道路脇の小さな草むらなどで見られることもある。

類似種：なし。

① 成鳥♂　1月
② 成鳥♂　幼鳥では顔が緑色　1月
③ 成鳥♀（左）と成鳥♂（右）　♀は顔の
　　模様が薄い　1月
④ 成鳥♂　翼に目立つ模様はない　1月

③**Adult female (left), male (right).** Female paler, less blue on face. Jan.

④**Adult male.** Jan.

シマキンパラ

◎ Scaly-breasted Munia
Lonchura punctulata ◆ TL 12 cm

Introduced. Common in urban areas, grasslands, parks, gardens.

Scaly-breasted=うろこ模様の胸の。Muniaは主にアジア圏でのフィンチの呼び名でヒンズー語由来と考えられる。

飼い鳥として持ち込まれた外来鳥。胸にうろこ模様がある茶色の小鳥。幼鳥には模様がない。原産は中国南部〜東南アジア，インドにかけてで，1900年代中ごろに野生化したといわれる。

生息環境：もっぱら市街地の草原。草丈の高い草地であればどこにでも飛来し，庭や公園，道路際などでも見られる。

類似種：なし。幼鳥はほかのフィンチに似るが，本種に目立つ模様はない。

①**Adult.** Sexes similar. Brown body, dark brown face, bluish bill/legs/eyering, fine scaly marked breast, white belly. Apr.

②**Adult feeding juvenile.** Apr.

① **成鳥** 雌雄同色。頭〜体上面は茶褐色。顔は色が濃い。胸〜脇がうろこ模様。腹は白い。細い青灰色のアイリングがある。嘴と足は青灰色 4月
② **幼鳥に給餌する成鳥** 4月
③ **幼鳥** 体にのっぺりとした薄茶色。嘴が黒く，口角が黄色 4月
④ **成鳥** 翼に目立つ模様はない 12月

③**Juvenile.** Paler, plain underparts. Black bill, pale yellow gape. Apr.

④**Adult.** No obvious markings on wing. Dec.

シマコキン

○ **Chestnut-breasted Munia**
Lonchura castaneothorax　◆TL 11 cm

Common in farmlands, gardens.
Race *castaneothorax*.

- -

Chestnut-breasted= 栗色の
胸の。

亜種 *castaneothorax*。頭は灰色
で顔が黒い。胸はオレンジ色で
そこを囲むように黒帯がある。
腹は白い。上面は褐色。「ティン,
ティン」とやわらかい鈴のよう
な声で鳴く。数羽〜数十羽の群
れでいることが多く, 乾季には
数百羽の群れになることもある。
カノコスズメやシマキンパラと
混群になることもある。

生息環境： さまざまな環境の草
原。ある程度の広さがあり, 草
丈の高い草地を好む。牧草地や
畑など。水辺に近い環境に多い。
適した環境であれば庭や公園な
どにも飛来する。

類似種： なし。幼鳥はほかの
フィンチに似るが, 本種はかな
り淡色。

①**Adult.** Sexes similar. Male has broader breast band, grey crown, black face, black fringed chestnut breast, white belly. Oct.

②**Juvenile.** Plainer. Pale brown underparts, faint breast markings. Apr.

①**成鳥**　雌雄ほぼ同色。成鳥♂は胸の黒帯が太い　10月
②**幼鳥**　全体に淡色で模様が薄い　4月
③**若鳥の群れ**　さまざまな換羽段階の個体　9月
④**成鳥**　翼に目立つ模様はない　10月

③**Immatures.** Various moult stages. Sep.

④**Adult.** No obvious markings on wing. Oct.

オーストラリアマミジロタヒバリ

○ Australian Pipit

Anthus australis ◆ TL 17-18 cm

①**Adult.** Sexes similar. Aug.

Common in open fields, farmlands, paddocks. Often on fence post. Race *australis*. Sometimes treated as a subspecies of *A. novaeseelandiae*.

Australian＝オーストラリアの。Pipit＝セキレイなど。

亜種*australis*。*A. novaeseelandiae* の亜種とする分類もある。鳴き声はマミジロタヒバリに似る。地面を歩きながら昆虫などを捕る。数羽のゆるやかな群れで見られることが多い。

生息環境： 主に乾燥した地域で，止まり木になるものがある草原，畑，牧場など。まばらに裸地が出ている環境を好む。フェンスなどに止まることが多い。

類似種： ヤブヒバリ→○嘴と尾が短い。コシアカヒバリモドキ→○腰が赤い。○下面に縦斑はない。

①**成鳥** 雌雄同色　8月
②**給餌される幼鳥** 口角が黄色　11月
③**成鳥** 尾羽の両端が白い　1月

②**Juvenile (right). Fed by adult (left).** Nov.

③**Adult.** White edged outer tail. Jan.

ツメナガセキレイ

Eastern Yellow Wagtail *Motacilla tschutschensis*

Uncommon and local summer visitor. Jan.
雨季に少数が飛来するが不規則　1月

317

デインツリー川

デインツリーリバークルーズ
Daintree River Cruise

ポートダグラス
Port Douglas

キングフィッシャー・パーク・バードウォッチャーズ・ロッジ
Kingfisher Park Birdwatchers Lodge

ミコマスケイ
Mchaelmas Cay

44

マウント・モロイ
Mount Molloy

パーム・コーブ
Palm Cove

グリーン島
Green Island

ブラック・マウンテン・ロード
Black Mountain Rd

バロン川

ヨーキーズ・ノブ
Yorkeys Knob

クウェイッズ・ダム
Quaids Dam

レデン・アイランド
Redden Island

キャターナ・ウェットランズ
Cattana Wetlands

ケアンズ植物園
Cairns Botanic Gardens

マリーバ・ウエットランド
Mareeba Tropical Savanna and Wetland Reserve

マリーバ
Mareeba

マウント・ウィットフィールド保護公園
Mount Whitfield Conservation Park

グラニット・ゴージ自然公園
Granite Gorge Nature Park

ゴードンベール
Gordonvale

ティナルー・フォールズ・ダム
Tinaroo Falls Dam

ウォーカミン
Walkamin

A1

バリーン湖（クレーター・レイクス国立公園）
Lake Barrine（Crater Lakes National Park）

アサートン
Atherton

カーテン・フィグ国立公園
Curtain Fig National Park

ハスティーズ・スワンプ国立公園
Hasties Swamp National Park

マランダ
Malanda

ハーバートン
Herberton

マウント・ハイピパミー国立公園
Mount Hypipamee National Park

N

0   5km

ケアンズ周辺の探鳥地ガイド

Birdwatching location in Cairns

探鳥の際の注意点

●私有地・畑に入らない

　年間を通して温暖で湿度の高いケアンズは植物も育ちやすく，ガーデニングも盛んです。色とりどりの花や果実には多くの鳥が集まりますが，庭に立ち入ったり，敷地にカメラ・双眼鏡などを向けるのは避けましょう。郊外の家では敷地の境界がはっきりしないことも多いので注意が必要です。特に畑は防疫の関係もあり，部外者の侵入には神経質です。

●道路をあけて駐車する

　路肩に車を止める場合は，ロードトレインと呼ばれる大型のトラックや道幅よりも大きな車が通ることも珍しくないため，端に寄せるだけではなく，完全に道路から出るようにしないとたいへん危険です。特にハイウエイと名が付いている道路は注意してください。また，路肩が狭く段差が大きいことも多く，思わぬところでスタックすることがあります。無理せず安全に止められるところを探しましょう。

駐停車時は車を完全に道路から出す

ロードトレイン。長さ50mを超える場合があり，時速100kmで走行することもある

●夜の運転

　夜間の運転は動物の飛び出しに注意してください。レンタカーでは夜間の事故には保険が適用されない，あるいは制限される場合があります。

●車中泊

　オーストラリアでは指定された場所以外での宿泊は罰則対象なので，車中泊にも注意が必要です。「レストエリア」と呼ばれる無料の休憩スペースを利用するか，各町に何カ所かあるキャラバンパーク（日本のオートキャンプ場のようなもの，1泊2,000円程度）などを利用します。

レストエリア

オオアジサシ

ハシブトゴイのねぐら

アカチャアオバズク

観察デッキ

観察デッキ

ローカルバーダーの
集まるベンチ

フローレンス・ストリート

観察デッキ

エスプラネード

ヨットクラブ

●アクセス
ほとんどのホテルからは歩いて行くことができる。タクシーを使うのであれば，マクドナルドの前がタクシー乗り場になっている

●周辺施設
南側はレストランやカフェも多く，コンビニエンスストアなどもある。トイレはラグーン寄りにある。毎日16時ごろに地元のバーダーグループが戦没者慰霊碑の近くのベンチに座っているので，双眼鏡やスコープを持っている人がいたら遠慮なく話しかけてみよう

マクドナルド

アボット・ストリート

P

ショッピングセンター

N

0   100m

テーブルと椅子がある休憩スペース

ケアンズ周辺の探鳥地ガイド

ケアンズエスプラネード・南（ラグーン側）

Cairns Esplanade

　ケアンズの中心部，海岸沿いにのびるエスプラネードは200種以上の野鳥が記録されている探鳥地だ。エスプラネードの南側はラグーンプールなどが整備され，観光客でにぎわう。たくさんのヨットが係留されたマリーナではオオアジサシやカンムリミサゴなどが見られる。ラグーンプールの周りの街路樹はチョウショウバトやモリツバメが多く，夕方はゴシキセイガイインコ，コセイガイインコ，オナガテリカラスモドキのねぐらになっている。マクドナルドから道を挟んで向かい側の自転車置き場にかぶる木はハシブトゴイのねぐらになっている。大きなマンゴーの木にはアカチャアオバズクが休んでいることもある。

　ラグーンから先は木道が整備され，干潟では数多くのシギ・チドリ類が翼を休める。ほとんどは日本でも観察される種類だが，アカエリシロチドリやカタアカチドリ，オーストラリアミヤコドリなども見られる。シギ・チドリ類の数が多いのは9〜4月ごろだが，それ以外の時期でも渡りをしない個体が残っているので通年楽しめる。探鳥は光が干潟に向かって差し込む午後のほうがよく，潮の高さによるが，満潮の2〜3時間前，潮高1.6m辺りを狙っていくといいだろう。徐々に満ちてくる潮が鳥を海岸寄りに集めてくれる。観察デッキが数か所あり，その辺りが満潮時に最後まで干潟が残る探鳥ポイント。コシグロペリカンやハシブトアジサシ，オニアジサシ，ギンカモメなどが休むのもこのあたりだ。

干潟に張り出した木道からは驚くほど鳥が近いが，
人が歩くと振動してしまうのが難点

マングローブ林の
境を歩いてマングローブの
鳥を探す

シギ・チドリ類が
集まる

鳥が集まる
大きなイチジク

●アクセス
ほとんどのホテルからは歩いて行く
ことができる
●周辺情報
エスプラネードの中央にカフェが
ある以外は，北側には商店などは
ない。給水施設が数か所ある。ト
イレは駐車場近くにある

N

0　50m

🏕 テーブルと椅子がある休憩スペース

ケアンズエスプラネード・北
Cairns Esplanade

エスプラネードの北側はマングローブ林が広がり，観光客の数は少ない。北端近くに子供向け遊具が置かれた公園があり，その周囲に大きなイチジクの木が茂る。この木には鳥がよく集まり，ベニビタイヒメアオバト，イチジクインコ，タテフミツスイ，メガネコウライウグイス，パプアオオサンショウクイ，雨季であればパプアソデグロバト，オーストラリアオニカッコウ，オオオニカッコウなどが期待できる。

海岸の干潟では南側同様，数多くのシギ・チドリ類が見られるが，小形のチドリ類やハシブトオオイシチドリなどは北側で見られることが多い。干潟ではヒジリショウビンが採食し，トレスショウビンも見られる。また北側は人が歩くと振動してしまう木道ではなく，舗装された遊歩道なので，スコープや三脚を使った撮影にはこちら側のほうが向いているだろう。

マングローブ林に面した芝生広場では，雨季の間，オオソリハシシギやオバシギが採食してい

ることもある。マングローブ林の縁で「ヒー，ヒー」と口笛のような声がしたらマングローブヒタキだ。マングローブ林の林縁や，林縁に近い芝生の上で採食することが多いので，少し離れて待ってみよう。マングローブ林ではハシブトセンニョムシクイやテリヒラハシなども期待できる。ただしこの辺りは蚊やヌカカが多いのでしっかりと虫除け対策をしておこう。

干潟とマングローブ林。林縁に鳥が多い

321

マウント・ウィットフィールドへ

キャプテンクック・ハイウェイ

コリンズ・アベニュー

フレッカーガーデン

ビジターセンター

ケープヨークオーストラリアムシクイ

ヒメミツユビカワセミ

コリンズ・アベニュー

●アクセス
市内中心部から車で約10分。グリーンスロープス・ストリート沿いに駐車できる。コリンズ・アベニュー沿いにも駐車スペースがある。市内中心部からバスが出ている（路線番号130, 131）
●周辺施設
フレッカー公園内にカフェとトイレ、ビジターセンター横にもカフェがある。トイレは Flesh Water Lake とフレッカー公園、ビジターセンターにある

Fresh Water Lake

Salt Water Lake

レイクス・リゾートホテル

グリーンスロープス・ストリート

N

0　　100m

⊞ テーブルと椅子がある休憩スペース

ケアンズ周辺の探鳥地ガイド

ケアンズ植物園
Cairns Botanic Gardens

　市内中心部からほど近くにあり、さまざまな環境とそこに暮らす鳥が期待できる。広大な敷地はいくつかのセクションに分かれているが、主な探鳥はセンテナリーレイク側の2つの池と水路沿いとなる。

　水路沿いのマングローブ林ではトレスショウビンやシロガシラツクシガモ、ケープヨークオーストラリアムシクイなどが期待できる。水際の暗がりにスマトラサギがいることもある。林側にはミツスイ類が多い。草地にはオーストラリアクロトキやズグロトサカゲリが採食し、林縁でオーストラリアイシチドリが休む。ヤブツカツクリ、オーストラリアツカツクリ、ワライカワセミなどもよく見られる。

　2つの池のうち、Salt Water Lakeは汽水で、ウ類やサギ類、オーストラリアヘラサギなどが見られる。雨季の間は水際の木々にウロコミツスイが数多く営巣する。Fresh Water Lakeは淡水で、特に乾季はカモ類を中心に水鳥が多い。ヒメミツユビカワセミが見られ、早朝や夕方にはタカサゴクロサギが姿を見せることもある。水面にはマミジロカルガモ、カササギガンなどが泳ぐ。池の周囲ではハチクイやキバラタイヨウチョウ、ミツスイ類、ゴシキセイガイインコなどが見られる。パプアガマグチヨタカがねぐらをとるのを見られるかもしれない。

　また、フレッカー公園に続く木道ではノドグロヤイロチョウやミナミオオクイナなどが見られることもある。

Fresh Water Lake。市民の憩いの場としてもにぎわう

●アクセス
市内中心部から車で約10分。コリンズ・アベニューの墓地入口の左手に駐車スペースがある。市内中心部からバスも出ている（路線番号123）。ケアンズ植物園と隣接しているのでここと組み合わせることもできるだろう

●周辺情報
アンダーソンストリートを挟んで、いくつかの商店がある。軽食などはここで買える。トイレはないのでケアンズ植物園を利用する

グリーンスロープス・ストリート

鉄塔の上にミサゴの巣

バス停　アンダーソン・ストリート

ジェームズ・ストリート

ケアンズ周辺の探鳥地ガイド

ケアンズ墓地
Cairns Cemetery

　敷地内にはさまざまな木々が植えられ，意外なほど鳥が多い。開けた環境は鳥の姿も見つけやすい。もちろん現在も墓地として使用されているので，歩き回る際には細心の注意を払いたい。日本からのケアンズ便は夜明け前に到着することが多いのだが，まだ暗く，植物園などが探鳥に向かない時間でも，開けた墓地は明るくなるのも早い。ケアンズ周辺の普通種が多く見られるので，ここで肩慣らしをするのもよいだろう。

　オーストラリアイシチドリが数多く見られることで有名。墓石の周りなどに座って休んでいるのが見られるだろう。ズグロトサカゲリやオーストラリアクロトキ，ムギワラトキ，ツチスドリ，オーストラリアチョウショウバトなども多い。木々にはキバタン，ゴシキセイガイインコ，イチジクインコ，ノドジロハチマキミツスイやキイロミツスイ，サメイロミツスイ，ケープヨークハゲミツスイ，ヤドリギハナドリなどが見られる。墓地の北側ではハチクイが多い。ここで繁殖もしているので，地面の巣穴

に気をつけよう。

　墓地と平行している大きな樹林は，林内に遊歩道が整備されている。樹林の中は墓地とは異なる鳥が期待できる。テリオウチュウやナマリイロヒラハシなどが多く，ハイガシラヒメカッコウ，ウチワヒメカッコウ，ツツドリなどが見られる。カンムリカッコウハヤブサが営巣していることもあり，林内で時折姿を見かける。アカエリツミやオーストラリアカワリオオタカなどを見ることもある。

広々とした開放的な墓地

N

0 200m

ヨーキーズ・ノブ・
マリーナ

レイフォース・
パーク

ハーフ・ムーン・ベイ・ゴルフコース
Halfmoon Bay Golf Course

池の周囲が探鳥地

柔道場

P

キャディー
保護区

ワトルストリート

ショッピング
センター

バーリー・ストリート

ダン・ロード

ケープヨーク
オーストラリアムシクイ

カッタナ湿地
Cattana Wetlands

P

バードハイド

水鳥が多い

マミジロクイナ，
セグロヨシゴイ（稀）

キャプテン・クック・ハイウェイ

ヨーキーズ・ノブ・ロード

●アクセス
市内中心部から車で北に約20分。レンタカーが便
利。ケアンズ市内中心部からバスも出ている（路線
番号113）
●周辺施設
湿地の入口にトイレがある。ヨーキーズ・ノブ・ロー
ドに売店を併設したガソリンスタンド，ヨーキーズ・
ノブのショッピングセンターにカフェや売店，トイレ
などがある

ヨーキーズ・ノブ／キャターナ・ウェットランズ
Yorkeys Knob ／ Cattana Wetlands

園内は広く，あまり日陰はないので，日やけ，雨対策を欠かさずに

ケアンズの北，約10kmにある町。主な探鳥地はキャターナ・ウェットランズとヨーキーズ・ノブのハーフ・ムーン・ベイ・ゴルフ・クラブの池となる。ケアンズから北に向かい，ラウンドアバウトを右折してヨーキーズ・ノブ・ロードに入る。道の両側は雨の後は湿地になり，オーストラリアセイタカシギやオーストラリアヘラサギなどが見られるが，路肩に止める際は交通の妨げにならないよう十分注意すること。

さらに進みダン・ロードを左折するとキャターナ・ウェットランズ（開園5:30〜19:00）に着く。ここでは約150種の野鳥が記録されている。駐車場周辺ではアサヒズズメが見られることが多い。入口には園内の案内地図があり，入って最初の分岐を左に曲がってKingfisher Poolに向かう。歩道左手の薮ではケープヨークオーストラリアムシクイが見られることが多い。Kingfisher Poolではマミジロクイナ，トサカレンカク，アオマメガンなどが見られる。

Jabiru Lakeの対岸のバードハイドでは，夕方にマミジロクイナがハイドのすぐ前を歩いていることもある。中の島にはオーストラリアヘビウやミナミクロヒメウなどが休む。セグロヨシゴイやシラボシリュウキュウガモも記録されている。Jabiru Lakeと駐車場の間は林内を通る木道が整備され

ており，メンガタカササギビタキ，テリヒラハシ，ヒメミツユビカワセミなどが見られている。Jabiru Lakeの更に奥のJacana Poolにも水鳥が多いので足を伸ばしてみるといいだろう。

園内ではセイタカコウもよく姿を見せる。上空をシロハラウミワシ，シロガシラトビなどが舞っていることもある。周辺の樹林ではウロコミツスイ，テリオウチュウ，ナマリイロヒラハシ，キバラタイヨウチョウなどが多い。

ヨーキーズ・ノブに向かい，小さなショッピングセンターを過ぎたところでワットル・ストリートを左折，そのまま進むと右手にハーフ・ムーン・ベイ・ゴルフ・クラブの入口がある。入口を通り過ぎて道なりに進むと大きく右にカーブし，「柔道」と書かれた体育館の駐車場に着く。ここに車を止め，ゴルフ場の池で探鳥する。この池の周辺だけで約110種の野鳥が記録されている。池の中の島にはオーストラリアヘビウやカワウが繁殖し，雨季であればウロコミツスイの巣も多い。水面にはマミジロカルガモ，アオマメガンなどが見られる。トサカレンカクやマミジロクイナなどが姿を見せることもある。モリショウビンやヒジリショウビン，ヒメミツユビカワセミなども見られている。池の水位は変動が激しく，ほとんど鳥がいないこともある。駐車場地の周囲の草原にはアサヒズズメやシマコキンなどが見られる。駐車場からゴルフ場入口寄りのところにうっそうとした小さな公園（キャディー保護区）があり，ここではワライカワセミ，ベニビタイヒメアオバトが見られる。

入り口の案内板。園内数か所に地図が設置されている。

レデン・アイランド
Redden Island

　約170種の野鳥が記録されており，シギ・チドリ類やアジサシ類が期待できる。海岸沿いの林はモザイク状にさまざまな環境があり，ミツスイ類などの陸鳥も多い。ケアンズから北に向かい，バロン川を渡り，最初のラウンドアバウトを右折してマッカンズ・ビーチ・スロードに入る。マーシャル・ストリートを右折して橋を渡り，レデン・アイランドに入ると，右手にフェンスに囲まれた樹林が続き，まもなく案内表示と樹林への入口がある。ここに車を止めて樹林内を散策してみよう。明るく開けた林内ではベニビタイヒメアオバトやケープヨークオーストラリアムシクイ，ノドグロセンニョムシクイなどがよく見られている。ケープヨークオーストラリアムシクイは灌木の中を移動していくので「チリリリ」と細い声がしたらしばらく待ってみるといい。ここでは個体数も多い。樹林内は細かい道が縦横に走っているので，迷わないように注意。ハイガシラヒメカッコウ，シロハラコウライウグイス，ハチマキミツスイといった，やや乾燥した環境を好む鳥たちが見られるのもここの特徴だ。

　車に戻ってさらに進むと，左に曲がった樹林の先に海が見える。曲がり角の右側にはトイレがあり，ここから道が未舗装の砂地になる。通常は問題なく通れるが，心配であればトイレのところに止め，海岸に歩いて行こう。

　さらに数百ｍ進むと行き止まりで，駐車スペースがある。ここで砂浜に下りて，川沿いに海へ向かう。川の対岸はケアンズ空港で管制塔などが見え，対岸の干潟にはハシブトオオイシチドリが見られることが多い。河口の干潟には時期にもよるが，多くのシギ・チドリ類やアジサシ類が見られる。ケアンズエスプラネードより砂質の干潟なので，ミユビシギやムナグロ，アカエリシロチドリなどはこちらのほうが多い。沖の砂州にはオニアジサシ，オオアジサシが休み，ムナジロウがいることもある。ただし，朝夕は犬の散歩で干潟に犬を放している人が多いので，シギ・チドリ類を見るなら平日の昼過ぎなど，人の少ない時間帯がいいだろう。

　マーシャル・ストリートで右折せずに直進すると石積の海岸に出る。環境的にあまり鳥はいないが，ここでメリケンキアシシギが記録されている。またレデン・アイランドの河口でハシブトオオイシチドリが見つからなかった場合，マーシャル・ストリートを北に向かった突き当たりから川の対岸の干潟を探してみるのもいいだろう。こちら側にいることも多い。

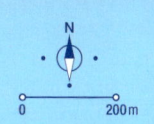

N
0 ——— 200m

マッカンズ・ストリート

マーシャル・ストリート

ベニビタイヒメアオバト，
ケープヨークオーストラリアムシクイ など

干潮時にシギ・チドリ類が採食

駐車スペース

バロン川

迷わないよう注意

干潟

駐車スペース

駐車スペース

バロン川

ハシブトオオイシチドリ など

ケアンズ国際空港

●アクセス
市内中心部から車で約20分。マーシャル・ストリート
の角まではバスで来ることもできる（路線番号120）)
●周辺施設
マッカンズ・ビーチの海岸にカフェやトイレがある。レ
デン・アイランドにもトイレがある

潮が満ちるにつれて浅瀬に鳥が集まる

地図中ラベル:
Mt. Lumley Hill
沢とぶつかる場所に
シラオラケットカワセミ
雨林に入った辺りが
ノドグロヤイロチョウの
ポイント
Mt. Whitfield
ヒメオアバト など
ブルーアロートレイル
一周 4.5km
見晴台
見晴台
レッドアロートレイル
一周 1.5km
フレッカーガーデン
ウッドワード・ストリート
コリンズ・アベニュー
エアグレン・ドライブ
キャプテンクック・ハイウェイ
0 200m

●アクセス
市内中心部から車で約10分。
コリンズ・アベニュー沿いに駐
車スペースがあるが，空きがな
いときにはフレッカー公園横の
駐車スペースへ。市内中心部
からバスも出ている（路線番号
131）
●周辺施設
登山道入口に水道がある。カ
フェとトイレはフレッカー公園
内やビジターセンター横にある

マウント・ウィットフィールド保護公園
Mount Whitfield Conservation Park

　植物園の後方に広がる山。しっかり登山道の整備された山ではうっそうとした雨林での探鳥が楽しめる。短いレッドアロー・トレイルとその奥にブルーアロー・トレイル，グリーンアロー・トレイルがある。登山道ははっきりしているが，道を外れないように注意したい。また夕方以降は入山しないように。

　登山口ではヤブツカツクリ，オーストラリアツカツクリが見られるが，朝の早いうちに最初の見晴台に着いておきたい。この辺りではハチクイやパプアオオサンショウクイ，ミツスイ類などが見られる。レッドアロー・トレイルを抜けて，ブルーアロー・トレイルに入り，右回りに進むと，開けた林から尾根をまく感じで一気に雨林に入っていく。この辺りはノドグロヤイロチョウのポイント。ガサガサと音がしないか耳をそばだててゆっくりと進もう。鳥の数はあまり多くはないように感じられるが，ノドグロヤイロチョウがほぼ通年見られるポイントとして貴重だ。その先の沢にはほとんど水がないが，この辺りでは雨季の間，シラオラケットカワセミが繁殖している。うっそうとした林内ではクロモズガラスやベニビタイヒメアオバト，チャイロモズツグミなども見られる。

　登山道入口に水道があるが，水は多めに持っていくこと。高低差は300m以上あり，ケアンズの湿度に慣れていない人には見た目よりもハードに感じるだろう。ひと回りするだけなら2時間ほどだが，午前中を使ってゆっくりまわるのがおすすめ。

登り口。地図が設置されている

カソワリハウス
Cassowary House

ブラック・マウンテン・ロード

ジェラトンへ

ポートダグラス

N

0   500m

車数台の駐車スペース

橋の周りに鳥が多い。
橋の横にも駐車スペース
がある

カソワリハウス周辺

バロン川

キュランダ

ケネディ・ハイウェイ

スミスフィールド

キャプテン・クック・ハイウェイ

ケアンズ

● **アクセス**
ケアンズから車で30分。バスはTrans North Bus
& Coach社が1日に数便，ケアンズから出ている。
カソワリハウスに滞在する場合は，スカイレールや
キュランダ列車を利用してキュランダに行き，キュ
ランダ駅まで迎えに来てもらうことも可能。
● **周辺情報**
キュランダにさまざまな商店やトイレがある

ケアンズ周辺の探鳥地ガイド

ブラック・マウンテン・ロード
Black Mountain Rd

　世界遺産にも登録されている雨林でさまざまな
鳥が期待できる。ケアンズからポートダグラス方
面に向かい，スミスフィールドのラウンドアバウト
を左にケネディ・ハイウェイを登る。バロン川の手
前で右折してブラック・マウンテン・ロードに入ると，
小さな川を渡ったところで未舗装路になる。大き
く左カーブを曲がるところにカソワリハウスの看
板があり，そのまま進むと左手に車を数台止めら
れるスペースがある。ここに車を止めて，橋に戻
る感じで探鳥しよう。早朝は開けた橋のほうで探
鳥し，明るくなってから雨林で探鳥するのがいい
だろう。平日はトラックも通行するので注意する。
橋の両脇の草むらではフヨウチョウやミツスイ類
が多い。電線にはよくモリショウビンが止まって
いる。橋の下の草むらからメジロハシリチメドリ
の声がするが，姿を見るのは難しい。雨林では
ノドグロヤイロチョウ，ムナオビエリマキヒタキ，
キムネハシビロヒタキなどが期待でき，道路脇で
ヒクイドリに出会うこともある。雨季にはシラオラ
ケットカワセミも見られている。

　カソワリハウスはバードウォッチャー向けの宿で，
敷地内にヒクイドリが訪れることで有名。餌台に
はコウロコフウチョウなどが訪れる。ここだけで
約120種の野鳥が記録されている。敷地内の立
ち入りは基本的に泊まり客のみとなっているので
注意。ブラック・マウンテン・ロードはキング
フィッシャー・パーク・バードウォッチャーズ・ロッジ
（p.341）のあるジュラトンまで続いているが，四
駆の車が必要。

カソワリハウスにやってきたヒクイドリ

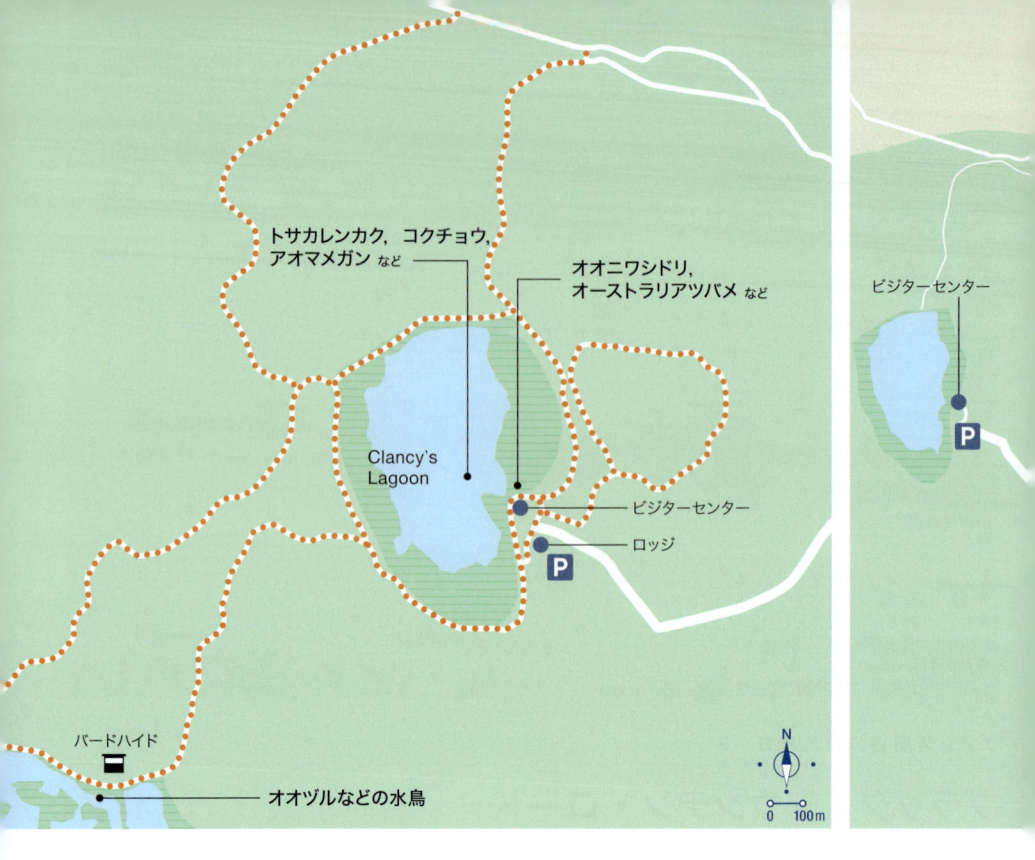

トサカレンカク，コクチョウ，
アオマメガン など

オオニワシドリ，
オーストラリアツバメ など

Clancy's
Lagoon

ビジターセンター

ビジターセンター

ロッジ

バードハイド

オオヅルなどの水鳥

N

0　100m

マリーバ・ウエットランド
Mareeba Tropical Savanna and Wetland Reserve

　乾燥した林と水辺の環境が楽しめる。マリーバの町からマリガン・ハイウェイを北に8kmほど進み，ピックフォード・ロードを左折。曲がり口にはマリーバ・ウエットランドの看板があり，開園状態が表示されているので確認して進もう（雨季の間は閉園している）。ほぼ直線の道が続き，左手のサト

ゲート

畑にオーストラリアオオノガン など

ピックフォード・ロード

ビルケン・ロード

ガソリンスタンド ─

マリワン・ハイウェイ

●アクセス
ケアンズから車で約1.5時間。マリーバから車で30分。ハイウェイの分岐からは未舗装路だが普通車で問題ない。雨が降るとぬかるむので注意

●周辺施設
ビジターセンターにトイレがあり，飲み物や軽食を販売している。マリーバの町には大きなスーパーマーケットやさまざまな店がある

N

0　　250m

ウキビ畑にはオーストラリアオオノガンなどが見られる。電線にはアオバネワライカワセミ，モリショウビン，乾季にはコシアカショウビンが見られることもある。フェンスにはセアカオーストラリアムシクイ，タイワンセッカ，ハゴロモインコなどが止まる。花の咲いた木々にはアオツラミツスイなどのミツスイ類が見られ，道路脇の草地にはキンセイチョウ，カノコスズメなどが採食している。5kmほど進んでゲートを抜けるとビジターセンターの駐車場に着く。

　湖に面したビジターセンター周辺ではオオニワシドリ，オーストラリアツバメなどが見られる。ビジターセンターには望遠鏡が設置されており，湖でトサカレンカク，コクチョウ，アオマメガンなどが見られる。ビジターセンターまでは無料だが，

園内の散策には入園料が必要。水鳥は奥にある別の湖のほうが多く，乾季の間はオオヅルなどのねぐらにもなっている。湖のクルーズや園内をまわるツアーなども催行されている。宿泊施設もあり，夜間はオーストラリアズクヨタカも見られる。

湖を臨むビジターセンター

グリーン島／ミコマスケイ
Green Island ／ Michaelmas Cay

●グリーン島

　島の桟橋付近にはカツオドリ，オオアジサシ，クロサギなどが多い。島内のレストランにはナンヨウクイナやハイムネメジロがよく見られる。うっそうとした林内にはベニビタイヒメアオバトが潜んでいる。本土と近いことから，ミツスイなどの鳥が見られるのもこの島の特徴。干潮時は海岸沿いに島を一周することができる。岩礁でオーストラリアクロミヤコドリなどが見られているので，できれば干潮に合わせて行きたい。

●ミコマスケイ

　南半球最大の海鳥の繁殖地として有名。巨大な砂州には看板と立ち入り防止柵以外の人工物がない。立ち入れる範囲は広くないが，平坦な島なので見渡すのに問題はない。クロアジサシ，セグロアジサシ，ベンガルアジサシなどほとんどの鳥はすぐ見えるところにいるが，エリグロアジサシなどは島の裏側にいることが多い。マミジロアジサシ，ヒメクロアジサシ，アカアシカツオドリは沖のブイなどに止まっていることが多い。

人工物のないミコマスケイは野鳥の楽園だ

●アクセス
どちらもケアンズからのクルーズを利用。グリーン島は船で約1時間。ミコマスケイは船で約2時間。どちらもツアーの催行会社は数社ある

●周辺施設
グリーン島はリゾートアイランドとして島内にさまざまな施設がありレストランも併設しているので昼食をとることもできる

●アクセス
ケアンズから車で約1.5時間
●周辺情報
グラネット渓谷の受付では飲み物、アイスなどを売っている。トイレはキャンプ場に何か所かある。チューコ・ロードを南に進むとバナナ園に囲まれたマウント・アンクル蒸留所がある。ウィスキーやジン、ウォッカ、ラムなどに興味があればぜひ。レストランも併設しているので昼食をとることもできる

ランキン・ストリートへ
ランキン・ストリート
マクドナルド
チューコ・ロード
パグリエッタ・ロードとの分岐へ
ケアティ・ハイウェイ

グラニット・ゴージ
自然公園
グラニット川
パグリエッタ・ロード
牧草地にツルやノガン
貯水池に鳥がいることも

イワワラビーの岩場へ
オオニワシドリのあずまや
受付
ミツスイの集まる木
インコ類
ライチョウバト

N
0　500m

テーブルと椅子がある休憩スペース

グラニット・ゴージ自然公園
Granite Gorge Nature Park

　マリーバイワワラビーの餌づけで人気のスポット。ケアンズからさまざまなツアーがここを訪れている。探鳥地としても乾燥地帯の鳥が手軽に見られる場所として人気がある。マリーバを北に進み、対角にマクドナルドがある大きなラウンドアバウトを左折しランキン・ストリートに入る。直進し、次のラウンドアバウトを左折してチューコ・ロードに入る。道なりに10kmほど進み、丘を登りきった辺りでパグリエッタ・ロードを右折。あとは道なりに看板の指示に従っていけば4kmほどでグラネット渓谷に着く。途中、左手の草地では乾季の間、オオヅルやオーストラリアヅルが見られ、コシアカショウビンがいることもある。受付で入園料を払う際に、オーストラリアガマグチヨタカの寝ている木やオオニワシドリのあずまやの位置を尋ねてみるとよいだろう。

　グラネット渓谷はキャンプ場でもあるので、ワライカワセミやノドグロモズガラスなどは人慣れしている個体も多い。キャンプ場ではライチョウ

岩場に暮らす
マリーバイワワラビー

バトがキャンピングカーの間をぬって歩いている。木の上で休むホオアオサメクサインコやハゴロモインコが見つかるかもしれない。花が咲いている木々にはヒメハゲミツスイ、ズグロハゲミツスイ、キイロミツスイ、アオツラミツスイなどがにぎやかだ。大きな鳥かごにオウムなどが飼われているが、鳥かごを出入りして採食しているカノコスズメは野生だ。岩場に登って遠くを見渡せば、オナガイヌワシなどの猛禽類が見られることも多い。

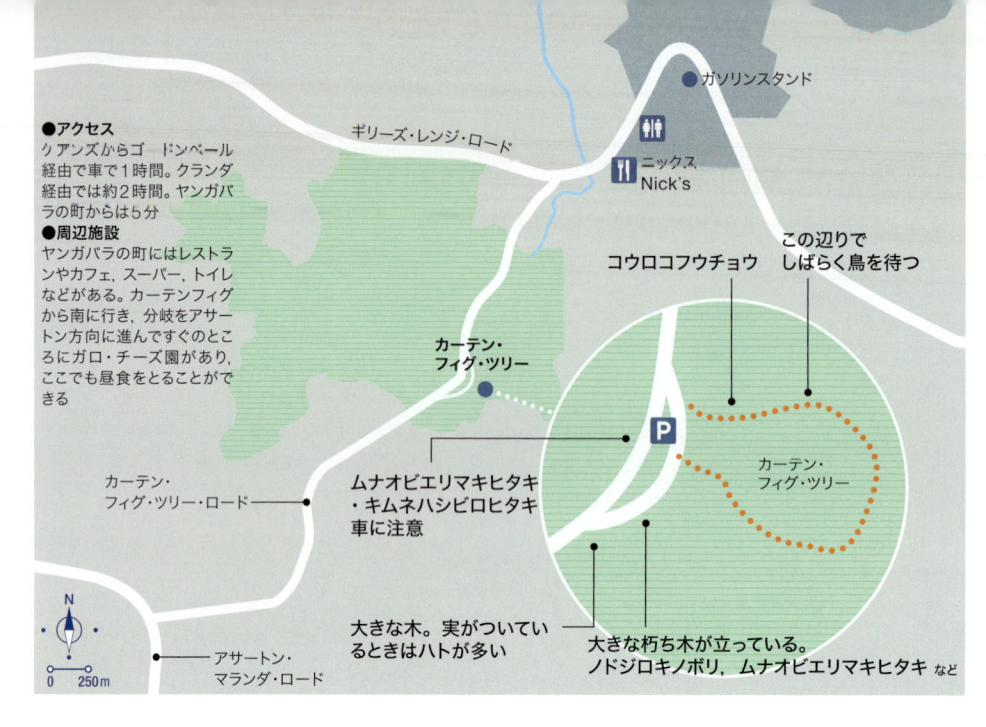

●**アクセス**
ケアンズからゴードンベール経由で車で1時間。クランダ経由では約2時間。ヤンガバラの町からは5分
●**周辺施設**
ヤンガバラの町にはレストランやカフェ、スーパー、トイレなどがある。カーテンフィグから南に行き、分岐をアサートン方向に進んですぐのところにガロ・チーズ園があり、ここでも昼食をとることができる

ギリーズ・レンジ・ロード

ガソリンスタンド

ニックス
Nick's

コウロコフウチョウ

この辺りでしばらく鳥を待つ

カーテン・フィグ・ツリー

カーテン・フィグ・ツリー・ロード

ムナオビエリマキヒタキ・キムネハシビロヒタキ 車に注意

カーテン・フィグ・ツリー

大きな木。実がついているときはハトが多い

大きな朽ち木が立っている。ノドジロキノボリ，ムナオビエリマキヒタキ など

アサートン・マランダ・ロード

0　250m

カーテン・フィグ国立公園
Curtain Fig National Park

　アサートン高原で最も有名な観光地の1つ。探鳥地としても魅力的だが，日中はひっきりなしに観光バスが来るので，できれば早朝に訪ねたい。イチジクの巨木を囲むように木道が整備されている。何か所か幅が広くなっている部分があるので，ここで鳥を待とう。チャイロセンニョムシクイやメンガタカササギビタキが中層で活発に動いていることが多い。「フィフィフィ」と通る声がしたら幹を中心に探してみよう。ノドジロキノボリかムナオビエリマキヒタキが幹を登っているかもしれない。ムナフモズツグミとチャイロモズツグミはどちらも見られるので識別には注意。キムネハシビロヒタキは木道近くの低い位置で見られることが多い。林床にはヤブツカツクリ，ハイガシラヤブヒタキやムナグロシラヒゲドリが歩いている。梢から「ギャー」という声がしたら，コウロコフウチョウだ。鳥の姿を探すよりも，ここに止まってディスプレイしそうだな，と思う場所を見ていくほうが早く発見できる。折れた幹の上などに注意だ。

ワープーアオバトも頻繁に鳴いている。林冠の影になったところを丹念に探していこう。

　駐車場の周りも鳥が多く，林冠にいる鳥は木道よりも駐車場のほうが見やすいこともある。ミミジロカササギビタキなどは林内からでは見つけるのが難しい。夜はススイロメンフクロウ，アカチャアオバズク，オーストラリアアオバズク，オーストラリアズクヨタカなどが期待できる。

樹齢400年以上といわれる巨木は観光客でにぎわう

ガソリンスタンド ●

道路際にクイナなど

公園

ハスティー・ロード

畑にツルがいる

コシアカショウビン

車1台の駐車スペース

ケ ネ デ ィ ・ ハ イ ウ ェ イ

ソ ー ロ ・ バ ー ド ウ ォ ッ チ ャ ー ズ ・ ト レ イ ル

フチ・ロード

バードハイド

アサートン

N

0   200m

●アクセス
ケアンズからクランダ経由でもゴードンベール経由でも
車で1.5時間
●周辺施設
トイレはバードハイドの駐車場の横とケネディ・ハイウェ
イに出たところの公園にある。
ハスティー・ロードを西に出てケネディ・ハイウェイを左
折するとすぐにガソリンスタンドがある。アサートンまで
は10分ほど。大きなショッピングセンターなどもある

ケアンズ周辺の探鳥地ガイド

ハスティーズ・スワンプ国立公園
Hasties Swamp National Park

　水鳥を中心に約230種の野鳥が記録されてい
る，アサートン高原の探鳥では外すことのできな
いスポット。光線的には午前中のほうが見やすい
が，見られる鳥は午後でも変わらない。2階建て
のバードハイドは広々としてベンチもあるので，昼
食を持ち込んでのんびり過ごすのがおすすめ。

　乾季には周辺の畑でオーストラリアヅルやオオ
ヅルが見られ，畑の縁の草むらにはナンヨウクイ
ナやヌマウズラがいることもある。オーストラリア
カタグロトビ，オーストラリアチョウゲンボウ，
チャイロハヤブサなどが電線や電柱に止まってい
ることも多い。コシアカショウビンが見られること
もある。

　開放的なバードハイドは窓が大きく，水面を見
渡すことができる。1階と2階では思いのほか，見
え方が異なるので状況に応じて使い分けよう。ハ
イドのすぐ前でヒジリショウビン，モリショウビン
が採食していたり，水際にワキアカチドリなどが
歩いていることもある。草むらの中に隠れている

水鳥も多いのでしばらく時間を使って探鳥するの
がよいだろう。水面にはノドグロカイツブリ，カサ
サギガン，オオリュウキュウガモ，カザリリュウ
キュウガモなどさまざまな水鳥が浮かぶ。サザナ
ミオオハシガモやニオイガモが訪れることもある。

　ハイド周辺の道沿いではシマコキンや，ハチマ
キミツスイ，ハシブトモズヒタキ，ヒガシキバラ
ヒタキなどが期待できる。道幅が狭いので，バー
ドハイドの駐車場から歩いてまわるほうがいいだ
ろう。

広々とした湿地は季節によって水位が大きく変わる

バリーン湖（クレーター・レイクス国立公園）
Lake Barrine（Crater Lakes National Park）

バリーン湖とイーチャム湖の2つの火口湖を有するクレーター・レイクス国立公園の一部。一般種から固有種までひと通りの雨林の鳥が見られ，約120種の野鳥が記録されている。アサートン高原の探鳥につなげるのにも便利な立地。うっそうとした雨林に囲まれた巨大な火口湖をひとまわりする遊歩道が整備され，湖の畔にはティーハウスが建つ。1時間ほどで湖を一周する遊覧船も出ている。アサートン高原に入って最初の観光スポットという立地もあり，9時をまわるころには多くのツアーバスが訪れる。できれば人の少ない早朝か，午後遅くに訪れたほうがよい。

早朝は十分な明るさになるまで駐車場の林縁で鳥を探そう。駐車場は複数あるが，いちばん入口に近い駐車場が探鳥に向いている。薄暗い時間にはムナグロシラヒゲドリが跳ねていたり，林冠でワープーアオバトが日光浴をしていることも多い。ヨコジマテリカッコウ，ムナオビエリマキヒタキ，キムネハシビロヒタキ，ノドジロキノボリ，ハシナガヤブムシクイ，コウロコフウチョウなども期待できる。湖の畔に建つティーハウスの周辺は多くの園芸植物が植えられていて，キリハシミツスイ，キスジミツスイをはじめとしてミツスイ類が多い。特に夕方にはミミグロネコドリ，ハバシニワシドリなども見られる。

明るくなってきたら雨林内の遊歩道に出発だ。駐車場から車道を少し歩いて戻ると右手に遊歩道の入口がある。遊歩道は細いが，しっかりと整備されている。薄暗い林床ではメジロハシリチメドリやハイガシラヤブヒタキ，ムナグロシラヒゲドリが採食していることも多い。倒木の影などに注意してみよう。10月ごろからはにぎやかなハバシニワシドリの鳴き声が聞こえてくる。毎年ほぼ同じ位置にあずまやがあるので，踏み跡ができてい

コウロコフウチョウ
ハイガシラヤブヒタキ
ハバシニワシドリ
コウロコフウチョウ
ワープーアオバト
坂
ミツスイ類
メジロハシリチメドリ
メジロハシリチメドリ
ティーハウス
バリーン湖
コウロコフウチョウ

N
0　50m

ギリーズ・ハイウェイ
ティーハウス
バリーン湖

N
0　200m

訪れる観光客は少ないが、湖を1周する人はほとんどいない。トレイルはよく整備されており、起伏も少ない。

●アクセス
ケアンズからゴードンベールを経由して車で1時間
●周辺施設
湖畔のティーハウスでは食事を提供している。湖に張り出したデッキは眺めもよく、探鳥後の休憩に最適。トイレはティーハウスか、駐車場近くの大きなあずまやの裏手にある

テーブルと椅子がある休憩スペース

るのも多い。クロオビヒメアオバトをはじめ、さまざまな鳥の鳴き声がするが、林冠は茂っていて姿を見つけるのは容易ではない。遊歩道沿いには何か所かコウロコフウチョウのソングポストもあり、運がよければディスプレイしている場面に出会うかもしれない。

　やがて湖に向かって下るように道が続き、湖に当たると分岐がある。右に進むとクイーンズランドカウリの巨木を経てティーハウスに戻り、左は湖を一周する遊歩道だ。一周は約6kmあるが、高低差は少なく歩きやすい。ここを歩く観光客はほとんどいないので、日中でも静かに探鳥を楽しむことができる。時間と体力に余裕があれば歩いてみたい。湖の水面にはカンムリカイツブリ、カワウ、ミナミクロヒメウ、コシグロペリカン、マミジロカルガモ、オーストラリアメジロガモ、オオバンなどが見られる。カンムリカイツブリやカワウはほかの場所ではあまり見られない。

オウゴンニワシドリ♂
Golden Bowerbird

マウント・ハイピパミー国立公園
Mount Hypipamee National Park

　アサートン高原周辺の固有種のうち，標高の高い雨林にのみ生息するオウゴンニワシドリ，シダムシクイ，メグロヤブムシクイ，ヤマトゲハシムシクイなどが狙える探鳥地。噴火でできた巨大な縦穴 "The Crater" が観光スポットとして有名。片道300mほどの遊歩道が整備されている。駐車場から遊歩道に入るとすぐに小さな橋があり，この橋の周りでシダムシクイ，ハイガシラヤブヒタキ，メグロヤブムシクイが見られている。

　ほとんどの鳥は駐車場のある芝生広場を囲む道沿いにいる。広場の周りの木々にはオウゴンニワシドリ，ハバシニワシドリ，アオアズマヤドリなどが見られるが，林内を大きく移動しながら採食するので，実のついた木があったらしばらく待ってみるといいだろう。こういった森の深い場所での探鳥は，むやみに歩き回るよりも，見える場所に出てくるのを待っていたほうが結果的に多くの種類が見られることも多い。

　駐車場の芝生にはハイイロオウギビタキ，ハイガシラヤブヒタキなどが跳ねている。駐車場内に何本か生えている大きな木にはムナオビエリマキヒタキやノドジロキノボリが飛んでくることもある。ヒクイドリが芝生に姿を見せることもあるが，不用意に近づきすぎないように注意。林内にはオウゴンニワシドリ，ハバシニワシドリ，アオアズマヤドリのあずまやがあり，鳴き声が響いているときもあるが，場所を見つけるのは難しい。

"ザ・クレーター"。火山活動で出来た巨大な縦穴

テーブルとベンチが設置されたピクニックエリア

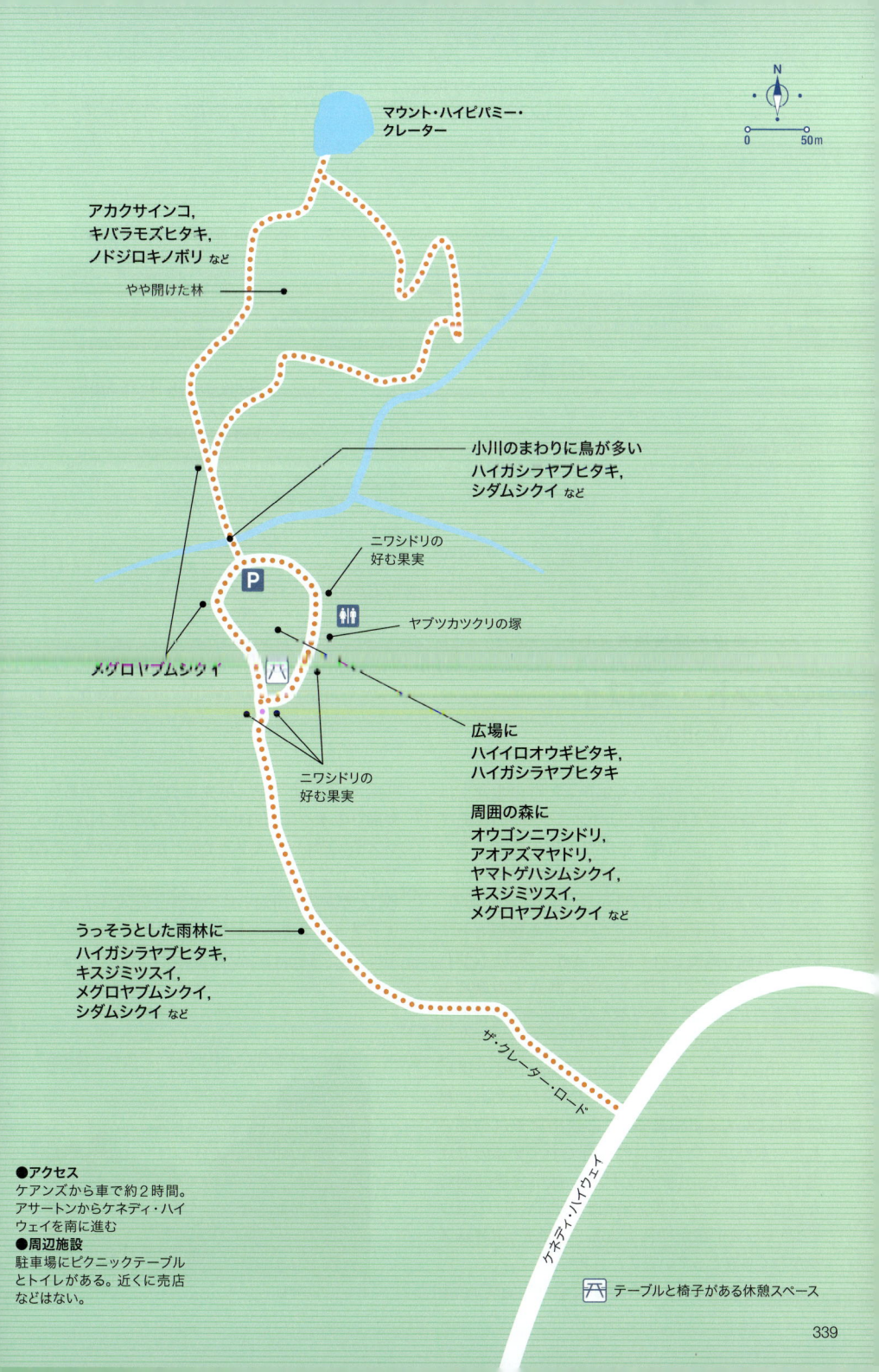

マウント・ハイピパミー・クレーター

アカクサインコ,
キバラモズヒタキ,
ノドジロキノボリ など

やや開けた林

小川のまわりに鳥が多い
ハイガシラヤブヒタキ,
シダムシクイ など

ニワシドリの
好む果実

ヤブツカツクリの塚

メグロヤブムシクイ

広場に
ハイイロオウギビタキ,
ハイガシラヤブヒタキ

ニワシドリの
好む果実

周囲の森に
オウゴンニワシドリ,
アオアズマヤドリ,
ヤマトゲハシムシクイ,
キスジミツスイ,
メグロヤブムシクイ など

うっそうとした雨林に
ハイガシラヤブヒタキ,
キスジミツスイ,
メグロヤブムシクイ,
シダムシクイ など

ザ・クレーター・ロード

ケネディ・ハイウェイ

●アクセス
ケアンズから車で約2時間。
アサートンからケネディ・ハイ
ウェイを南に進む
●周辺施設
駐車場にピクニックテーブル
とトイレがある。近くに売店
などはない。

テーブルと椅子がある休憩スペース

339

Bicentinary Park
ルリミツユビカワセミ,
ミツスイ類 など

林内に
ミツスイ類, キムネハシビロヒタキ,
ケープヨークオーストラリアムシクイ など

植え込みの下に
オオニワシドリのあずまや,
アオツラミツスイ など

Rifle Creek Rest Area
ワライカワセミ, コセイガイインコ,
アオツラミツスイ など

マリガン・ハイウェイ

フレイザ・ロード

Vains Park
Recreation
Reserve

乾燥した林に猛禽類

●アクセス
ケアンズから車で約2時間。海側を行く場合は, ケアンズからキャプテン・クック・ハイウェイを北に, ポートダグラスを過ぎ, モスマンの手前でモスマン・マウント・モロイ・ロードを左折する。キュランダ側から行く場合は, ケアンズからキュランダを通り, マリーバからマリガン・ハイウェイを北上する。
●周辺施設
巨大ハンバーガーで有名なマウントモロイカフェは話の種にぜひ。メキシコ, スイス, オーストラリアの国旗が目印。トイレはレストエリアや町にある。

テーブルと椅子がある休憩スペース

ケアンズ周辺の探鳥地ガイド

マウント・モロイ
Mount Molloy

　オオニワシドリが数多く生息し, 町の木々にはミツスイ類が多く見られる。オオニワシドリのあずまやは何か所もあるが, 郵便局の反対側の公衆トイレに向かう小道沿いや町の小学校などが有名。小学校のあずまやは正門から案内表示があり, バードウォッチャーに向けて募金箱も設置されている。餌台も設置されており, オオニワシドリやハゴロモインコがよく訪れている。個人宅の庭にもあずまやがあるが, 許可なく立ち入ったりのぞき込んだりしないように注意したい。

　Vaines Park Recreation Reserve の奥に広がる樹林ではアカヒメクマタカやシラガトビが営巣していたこともある。ここ数年営巣は確認されていないが, 鳥の姿は時々見られているので注意したい。Bicentenary Park は小さな公園だが池があり, アオバネワライカワセミやモリショウビン, ミツスイ類が期待できる。アカチャアオバズクがねぐらをとっていることもある。

　町を出て北に向かうとすぐに Rifle Creek Rest Area がある。中央に公衆トイレがあり, その周りの木々にはコセイガイインコやクレイナイミツスイ, アオツラミツスイなどが見られる。ここのワライカワセミは人慣れしていて, 近くに寄ってくることがある。川沿いはややうっそうとした感じで, ケープヨークオーストラリアムシクイやムナフオウギビタキ, オーストラリアキンバトなどが見られる。

町の入口の看板

シラオラケットカワセミが見られる場所

N

0 50m

潤れた沢

ノドグロヤイロチョウ

鳥が水浴びに来る
ルリミツユビカワセミ

果樹園

ミナミオオクイナ,
ノドグロヤイロチョウ

ルリミツユビカワセミ

モスマン・マウント・モロイ・ロード

モリショウビン

ミツスイ など

メンフクロウ
ズクヨタカ

マウント・コーヨン・ロード

公園

ミツスイなど集まる
大きな木

オーストラリアイシチドリ
アオバネワライカワセミ

●アクセス
ケアンズから車で約1時間。海側を行く場合は, ケアンズからキャプ
テン・クック・ハイウェイを北に, ポートダグラスを過ぎ, モスマンの
手前でモスマン・マウント・モロイ・ロードを左折する。キュランダ側
から行く場合は, ケアンズからキュランダを通り, マリーバからマリガ
ン・ハイウェイを北上する。送迎や公共交通機関はない。
●周辺施設
トイレは敷地内にある。カフェや売店などはマウント・モロイの町に,
ロッジから約1kmのところにハイランダーというレストランがある。

テーブルと椅子がある休憩スペース

ケアンズ周辺の探鳥地ガイド

キングフィッシャー・パーク・バードウォッチャーズ・ロッジ
Kingfisher Park Birdwatchers Lodge

バードウォッチャーが経営する, バードウォッチャーのための宿。敷地内でシラオラケットカワセミが繁殖することで有名。「パーク」と名が付いているが, 公園ではなく宿の敷地であり, 探鳥に立ち寄る場合は受付で入場料を払う(1人10豪ドル, 2017年12月現在)。受付では敷地内の地図や, 最近の鳥情報などをもらうことができる。ただし, 早朝がバードウォッチングに最適な時間であることを考えるとやはり1泊していきたい。敷地はそんなに広いわけではないが, サトウキビ畑の中にぽっかりと島状に雨林が残っているためか鳥の数は多く, 常時70種ほどが見られている。

目玉はなんといっても雨季の間にニューギニアから渡ってきて繁殖するシラオラケットカワセミ。毎年敷地内で7つがいほどが繁殖する。特に12月後半以降は活発で簡単に見つけられるだろう。

受付前には餌台があり, フヨウチョウや多くのミツスイ類が訪れる。また果樹園と呼ばれるエリアは開けていて鳥が見やすい。ノドグロヤイロ

チョウはこの林縁で見られることが多い。林内にはワープーアオバト, クロオビヒメアオバト, キアシヒタキ, メンガタカササギビタキ, ムナオビエリマキヒタキ, キムネハシビロヒタキなどさまざまな鳥が暮らしている。敷地の外周はやや乾燥した環境になり, また違った鳥相が楽しめる。

夜の探鳥ではメンフクロウ, ヒメススイロメンフクロウ, パプアガマグチヨタカ, オーストラリアズクヨタカなどが期待できる。

敷地はうっそうとした雨林に囲まれている

クルーズでは次の鳥たちをよく見ることができる。
タカサゴクロサギ, スマトラサギ, ヒメミツユビカワセミ, ルリミツユビカワセミ, パプアガマグチヨタカ, テリヒラハシ など

クルーズ乗り場
デインツリー川
デインツリー村
Dan Irby's
Daintree River Cruise Centre
モスマン・デインツリー・ロード

クルーズ乗り場
P
デインツリー村
レッドミルハウス
デインツリー川

給水タンクの周辺
ケープヨークオーストラリアムシクイ

車数台の駐車スペースがある。
その周りにケープヨークオーストラリアムシクイ, シラオラケットカワセミ

カフェ

0 250m
N

●アクセス
ケアンズからキャプテン・クック・ハイウェイを北に。モスマンの北にデインツリー村とデインツリー国立公園との分岐があるので, デインツリー国立公園方向に行かないように注意。送迎や公共交通機関はない

●周辺施設
デインツリー村にはカフェや, レストランがある。船着き場への坂を下りる手前にトイレがある

テーブルと椅子がある休憩スペース

ケアンズ周辺の探鳥地ガイド

デインツリーリバークルーズ
Daintree River Cruise

　早朝のバードウォッチングクルーズは, カワセミ類を中心に鳥が近くで見られることで人気が高い。ケアンズから北に車で2時間ほど。海岸沿いに北上し, ポートダグラス, モスマンを過ぎた先になる。デインツリー村は両脇に店が数軒あるだけの小さな観光地だが, 複数の会社がリバークルーズを催行している。バードウォッチングクルーズとして人気があるのはDaintree Boatman Nature Tours と Daintree River Wild Watchの2社。どちらも定員が10人ほどの小型ボートで催行している。基本的に早朝1回のみの催行で, 朝6時ごろから約2時間。出発が早いので付近で一泊するのもいいだろう。近くにあるレッドミルハウスは昔からバードウォッチャー向けの宿として知られている。キングフィッシャーパークロッジからデインツリーまでは45分ほどかかる。
　クルーズではタカサゴクロサギ, スマトラサギ, ヒメミツユビカワセミ, ルリミツユビカワセミ, パプアガマグチヨタカ, テリヒラハシなどが目玉

で, ほかにワープーアオバト, ヒジリショウビン, ハシブトセンニョウムシクイなどもよく見られている。ここ数年はシラボシリュウキュウガモの記録も増えている。カワセミ類は潮が高いと見る機会が減るので注意が必要。予約の際に確認しよう。潮や鳥の状態によっては午後にクルーズを行うこともある。

マングローブの生い茂る川を小舟で進む

学名索引

Index of Scientific Names

◆

英名索引

参考文献

・Anderson, A. N., P. Jacklyn, T. Dawes-Gromadzki, I. Morris, 2005: TERMITES OF NORTHERN AUSTRALIA, CSIRO

・Andrew, G., L. Agnew, S. Harding, 2007: SHOREBIRDS OF AUSTRALIA, CSIRO

・Beolens, B., M. Watkins, 2003: WHOSE BIRD?, HELM

・Barrett, G., 他 , 2003: THE NEW ATLAS OF AUSTRALIAN BIRDS, BIRDS AUSTRALIA

・Barrett, G., A. Silcoks, S. Barry, R. Cunningham, R. Poulter, 2003: THE NEW ATLAS OF AUSTRALIAN BIRDS, Royal Australasian Ornithologists Union

・Campbell, I., S. Woods, N. Leseberg and G. Jones, 2015: BIRDS OF AUSTRALIA A PHOTOGRAPHIC GUIDE, PRINCETON UNIVERSITY PRESS

・del Hoyo, J., Elliott, A., Sargatal, J., Christie, D.A. & de Juana, E. (eds.) (2017). Handbook of the Birds of the World Alive. Lynx Edicions, Barcelona. (retrieved from http://www.hbw.com/ on 30 January 2017).

・Debus, S., 1998: THE BIRDS OF PREY OF AUSTRALIA, J.B.BOOKS

・Debus, S., 2013: THE BIRDS OF PREY OF AUSTRALIA 2ND EDITION, J.B.BOOKS

・Derek Onley, D., P. Scofield, 2007: ALBATROSSES, PETRELS & SHEARWATERS OF THE WORLD, PRINCETON UNIVERSITY PRESS

・Fraser, I., J. Gray, 2013: AUSTRALIAN BIRD NAMES, CSIRO

・Foreshaw, J. M., 2010: PARROTS OF THE WORLD, PRINCETON UNIVERSITY PRESS

・Handbook of Australian, New Zealand and Antarctic Birds, Oxford University Press, Melbourne
  Vol. 1 Ratites-Ducks, (ed.) S. Marchant and P.J. Higgins, 1990
  Vol. 2 Raptors-Lapwings, (ed.) S. Marchant and P.J. Higgins, 1993
  Vol. 3 Snipe-Pigeons, (ed.) P.J. Higgins and S.J.J.F. Davies, 1996
  Vol. 4 Parrots-Dollarbird, (ed.) P.J. Higgins, 1999
  Vol. 5 Tyrant-flycatchers-Chats, (ed.) P.J. Higgins, W. K. Steele, 2001
  Vol. 6 Pardalotes-Shrike-thrushes, (ed.) P.J. Higgins and J. M. Peter, 2003
  Vol. 7 Boatbill-Starlings, (ed.) P.J. Higgins, J. M. Peter and S. J. Cowling, 2006

・Harrison, P., 1987: SEABIRDS OF THE WORLD, PRINCETON UNIVERSITY PRESS

・Hogbey, N., 1987: PHOTO GUIDE OF AUSTRALIAN WILDLIFE, READER'S DIGEST

・Hollands, D., 1999: KINGFISHERS&KOOKABURRAS, REED NEW HOLAND

・Jobling, J.A., 2010: HELM DICTIONARY OF SCIENTIFIC BIRD NAMES, CHRISTOPHER HELM

・Johnstone, R.E., G. M. Storr, 1998: HANDBOOK OF WESTERN AUSTRALIAN BIRRDS, WESTERN AUSTRALIAN MUSEUM

・Lees, J.F., D. A. Christie, 2005: RAPTORS OF THE WORLD, PRINCETON UNIVERSITY PRESS

・Menkhorst, P., D. Rogers, C. Rohan. 2017: The Australian Bird Guide, CSIRO Publishing

・Message, S., D. Taylor, 2005: SHOREBIRDS OF NORTH AMERICA,EUROPE,AND ASIA PRINCETON UNIVERSITY PRESS

・O'Brien, M., R. Crossley and K. Karlson, 2006: THE SHOREBIRD GUIDE, Houghton Mifflin, New York

・Paulson, D., 2005: SHOREBIRDS OF NORTH AMERICA, PRINCETON UNIVERSITY PRESS

・Pizzey, G., F. Knight, 2003: THE FIELD GUIDE TO THE BIRDS OF AUSTRALIA 7TH ED, HARPER COLLINS

・Portmann, A. 2003　鳥の生命の不思議 , どうぶつ社

・QUEENDSLAND MUSEUM, 2000: WILDLIFE OF TROPICAL NORTH QUEENSLAND, QUEENDSLAND MUSEUM

・Shirihai, H., 2002: A COMPLETE GUIDE TO ANTARCTIC WILDLIFE SECOND EDITION, A&C BLACK

・Simpson, K., N. Day, 2004: FIELD GUIDE TO THE BIRDS OF AUSTRALIA 7TH ED, PENGUIN BOOKS

・Slater, P., P. Slater, R. Slater, 2003: THE SLATER FIELD GUIDE TO AUSTRALIAN BIRDS, REED NEW HOLAND

・五百沢日丸 , 新訂日本の鳥 550 山野の鳥 , 2014：文一総合出版

・桐原政志 , 日本の鳥 550 水辺の鳥 , 2000：文一総合出版

・真木広造 , 大西敏一 , 五百澤日丸 , 日本の野鳥 650：平凡社

・箕輪義隆 , 海鳥識別ハンドブック：文一総合出版

・岩波生物学辞典第 4 版 1996　岩波書店

・三省堂新辞林　三省堂

Jun Matsui

With a lifetime interest in wildlife in general Jun started bird guiding in 1993 when he worked as a volunteer ranger at the Hikarigaoka nature park in Tokyo, Japan. After working at Yatsu-higata Bird Observatory in Tokyo bay where he collected and managed data and involved in setting up environmental education program and guiding as well as general management, he first arrived in Australia in 1999. Spending a year traveling around and volunteering at various bird hotspots including Broome Bird Observatory he eventually took a job as a specialist bird tour guide based in the tropical Far North Queensland town of Cairns. Joined Sicklebil Safaris (www. sicklebillsafaris.com) on 2007.

松井 淳（まつい・あつし）

1973年生まれ。千葉大学卒。谷津国設鳥獣保護区管理員，谷津干潟自然観察センター勤務の後，オーストラリアへ。各地でボランティア活動，鳥類調査に参加。一周の後，動物観察ツアーのガイドに。現在はシックルビルサファリ（www.sicklebillsafaris.com）のガイドとして，オーストラリア・パプアニューギニア・ソロモン諸島などオセアニア地域を主に担当する。ケアンズ在住。（www.chiemomo.com）

オーストラリア ケアンズ探鳥図鑑

2018年1月31日　　初版1刷発行

著	松井 淳（まついあつし）
発行者	斉藤博
発行所	株式会社　文一総合出版
	〒102-0812　東京都新宿区西五軒町2 5
	TEL：03-3235-7341　FAX：03-3269-1402
	URL：http://www.bun-ichi.co.jp　振替：00120-5-42149
印刷	奥村印刷株式会社

©Atsushi Matsui 2018
ISBN978-4-8299-8811-4 Printed in Japan
NDC：488　A5（140×210mm）　352ページ